本书为“教育部人文社会科学研究青年基金资助项目”（编号：11YJC760045）

国家级新区绿色发展丛书

PRACTICAL OF
MOUNTAIN PASTORAL CITY

# 山水田园城市实践

## 贵安村社微标准质量建设实录

梁盛平　王修坤　著

社会科学文献出版社
SOCIAL SCIENCES ACADEMIC PRESS (CHINA)

# 国家级新区绿色发展丛书编委会




本书由贵安新区市场监管局、贵安新区质量发展领导小组参编

## 序

# 从山水林田湖生命共同体说起

习近平同志指出，山水林田湖是一个生命共同体，人的命脉在田，田的命脉在水，水的命脉在山，山的命脉在土，土的命脉在树。山水林田湖生命共同体指出了山水田园城市的根本理念，指出了生命共同体的根本是人的命脉，也指出了加强创新“人脉”村社治理的紧迫性，尤其是指出了当下在城乡一体发展目标下新村社生命共同体的供给侧改革需求。

贵安新区作为国家级新区，新兴城市的试验区，在一张“白纸”上开始谋划制定美丽乡村标准化建设体系，探索在城乡本底层构建绿色标准社会建设单元暨新村社生命共同体，探索提出了就地提升型、整体搬迁型、未来整合型和文化社区类、贵安小镇类、传统村寨类、产业村寨类、新兴村寨类“三型五类”村社建设发展模式，提出了空间、产业、建设、服务“四位一体”标准单元发展体系，创新探索两委加监委和两委加十户长“三横三纵”村社互助自治网，融合了物质、社会、精神供给，其目的是促进山水田园新兴城市更加可持续健康发展，为百姓提供更加便捷舒适的服务，增强农民作为城市主人翁的感觉，让人民生活得更加美好，切实推进村社基层社会治理建设。

书中围绕贵安城乡一体化规划、贵安村社微标准体系建设（空间、产业、建设、服务）、贵安安顺平坝区塘约村（塘约道路）调查、贵安直管区与非直管区 14 个村社和 6 个实施部门问题调查以及村社绿色发展讨论等进行展开并记录，尝试对贵安村社微标准制定实施过程进行调查并分析，同时通过村寨绿色主题讨论（绿色文件、绿色消费、绿色文化、贵安村寨复兴、贵安村寨提升、贵安村寨搬迁等）展开对贵安乃至国家级新区绿色发展的讨论思考。尤其是“博士微讲堂”深入到马场镇甘河村、普贡村和高峰镇长陇村等村寨使专家直接与老百姓进行交流，深度对话。聚焦贵安国家级美丽乡村建设标准化试点实施质量调查，期望能不断促进新兴城市基层村社治理健康发展。

笔者认为，新村社生命共同体是从传统家族共同体瓦解到小农业村社共同体形成而后又渐弱的基础上以及“逆城市化”发展趋势前提背景下提出的。坚持问题导向深化改革，坚持以人民为主体、以共同富裕为目标、以集体所有制为依托、以党建为组织保障和以绿色发展为核心理念，探索两委统揽村社全局的多层级自治组织，培养内生发展动力体系，精细互助单元，新村社生命共同体由村寨和社区耦合而成，包括都市型和乡村型，目的是修缮山水田园城市的社会发展本底，完善基层社会组织，进一步释放新型城镇化可持续发展红利，努力探索“五大发展新理念”未来新兴城市绿色之路。

中国新村社生命共同体是国家制度自信、道路自信、理论自信和文化自信的凝汇。通过生命共同体巩固国家治理之基是国家未来抵御各种风险、推动国家治理体系和治理能力现代化的重要举措，推进山水田园城市发展实践的根本。

# 目录 CONTENTS

## 第一部分　规划篇



## 第二部分　体系篇

## 第三部分　调查篇

## 第四部分 讨论篇

# 第一部分 规划篇

# 第一章

# 贵安微目标：一体两翼

贵安新区按照“三型五类”的建设发展模式推进“新村社生命共同体”社会基本标准单元建设，推进融城乡一体新兴城市开发，将在未来形成“青山绿水抱林盘，大城小镇嵌田园”的山水田园城市的和谐空间布局。首先将于新区直管区在户籍、产权、土地等事项上推进系列改革，努力构建覆盖城乡、均等完善的基础设施和公共服务体系，全面加快基础设施建设，完成“八横五纵”骨干路网和33个公建配套项目，开工建设贵安高铁站、轨道交通S1号线、13个安置小区，加快建设“城市中的田园”和“田园中的城市”，逐步形成以新区核心职能集聚区为一体、特色职能引领区与文化生态保护区为两翼的城乡一体化格局。

## 第一节　贵安城乡一体化规划概况

### 一　规划范围

贵安新区直管区包括4个乡镇，具体为党武乡、湖潮乡、马场镇、高峰镇，行政总面积约470平方公里，共涉及84个行政村（包括366个自然村庄）、2个居委会，现在总人口约12.72万人（2013年）。

### 二　规划期限

规划期限为2014～2030年：2014～2020年为近期；2021～2030年为远期。

## 三 指导思想

按照可操作、可复制、可持续的总体要求，紧紧围绕全面提高新区建设质量，探索转变城乡一体发展方式，以人的发展为核心，有序推进城乡一体化建设；以综合承载能力为支撑，提升可持续发展水平；以体制机制创新为保障，走以人为本、四化同步、优化布局、生态文明、文化传承的中国特色新型城镇化城乡一体统筹发展道路，促进经济转型升级和社会和谐进步。

（1）牢固树立城乡一体化协调发展思想不动摇。按照全面建成小康社会和建设贵安新区特色城乡一体发展模式的要求，既要从新区实际出发，脚踏实地，又要解放思想，开拓进取，与时俱进，努力探索一条有贵安特色的城乡发展一体化道路。

（2）着力夯实城乡发展一体化的根基。依据新区农业发展实际，加强现代农业建设，着力形成现代农业发展的基础设施，着力形成现代农业发展的科技支撑，着力形成促进现代农业发展的体制机制。

（3）加快实现城乡基本公共服务均等化。进一步推进城乡基本公共服务均等化进程。一是优先发展教育；二是提高农村医疗卫生水平；三是统筹推进城乡社会保障体系建设；四是促进城乡文化事业发展。

（4）协调推进城镇化和产业发展转型。科学规划布局，增强城镇产业发展、公共服务、吸纳就业、人口积聚功能，有序推进农业转移人口市民化和基本公共服务全覆盖。尤其要重视社区和小镇规划布局、公共基础设施建设、公共服务到位和就业机会的创造。

（5）建立完善城乡发展一体化的体制机制。制度建设是推进城乡发展一体化的重要保证。建立完善城乡一致的基本公共服务制度，建立健全统筹城乡文化、就业、保障住房、社会安全等制度，全面持续提高城乡基本公共服务均等化水平。

## 四 规划原则

（1）“四化”同步，统筹城乡。推动信息化和工业化深度融合、工业化和城镇化良性互动、城镇化和农业现代化相互协调，促进城镇发展与产业支撑、就业转移和人口集聚相统一，促进城乡要素平等交换和公共资源均衡配置，形成以工促农、以城带乡、工农互惠、城乡一体的新型工农城乡关系。

（2）生态文明，绿色低碳。把生态文明理念全面融入城乡一体发展进程，着力推进绿色发展、循环发展、低碳发展，节约集约利用土地、水、能源等资源，强化环境保护和生态修复，减少对自然的干扰和损害，推动形成绿色低碳的生产生活方式和建设运营模式。

（3）优化布局，集约高效。根据资源环境承载能力构建科学合理的城镇化宏观布局，以综合交通网络和信息网络为依托，科学规划建设，严格控制建设用地规模，严格保护永久基本农田，合理控制建设开发边界，优化区域空间结构，促进区域紧凑发展，提高国土空间利用效率。

（4）文化为本，持续发展。根据不同区域的自然历史文化禀赋，体现差异性，提倡形态多样性，防止同质化，发展有历史记忆、文化脉络、地域风貌、民族特点的文化社区、特色小镇、美丽村庄，形成符合实际、特色突出的城乡一体发展模式。

（5）以人为本，公平共享。以人的综合发展为核心，合理引导人口流动，有序推进农业转移人口市民化，稳步推进城乡一体的基本公共服务常住人口全覆盖，不断提高人口素质，促进人的全面发展和社会公平正义，使全体居民共享现代化建设成果。

（6）市场主导，政府引导。正确处理政府和市场关系，更加尊重市场规律，坚持使市场在资源配置中起决定性作用，更好地发挥政府作用，切实履行政府制定规划政策、提供公共服务和营造制度环境的重要职责，使城乡一体化成为市场主导、自然发展的过程，成为政府引导、科学发展的过程。

## 五　基本情况

直管区范围包括花溪区党武乡、湖潮乡，平坝县马场镇、高峰镇，总面积约470平方公里。根据2013年贵安新区管委会提供的资料，直管区总人口为12.72万人（其中少数民族人口共有4.98万人，占人口总数的39.15%），农业人口9.82万，非农业人口2.9万，城镇化率22.8%。目前省直管区共有84个行政村（包括366个自然村庄）、2个居委会，共有乡村户数31444户（农业户口）。75%以上人口居住于乡村；乡村劳动力人数6.72万人，外出务工人口1.95万，乡村从业人员为4.72万人。2012年直管区四乡镇实现农林牧业总产值约53726万元，2012年末耕地总量为16035公顷（240539亩），人均耕地1.89亩；经果林总量为1813.6公顷，约27204亩，人均经果林面积0.21亩；种植大户364户，养殖大户312户。

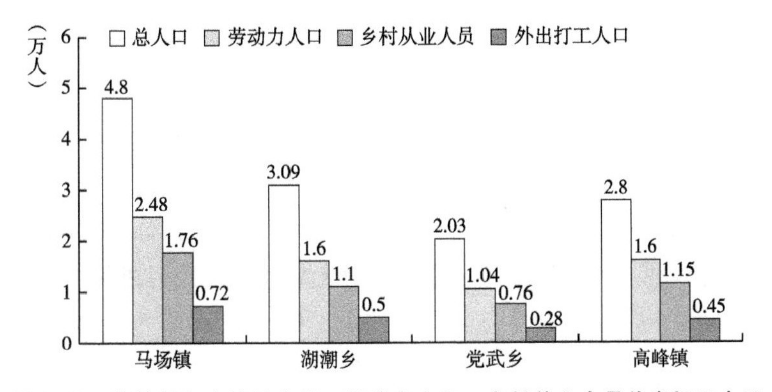


**图1-1　直管区各乡镇总人口、劳动力人口、乡村从业人员外出打工人口**

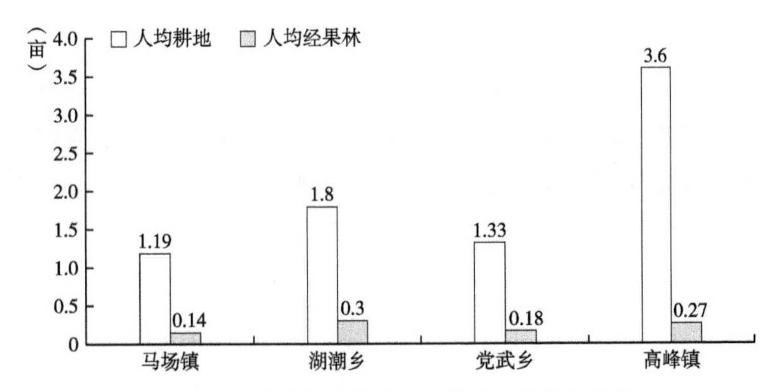


**图1-2　直管区各乡镇人均耕地、人均经果林**

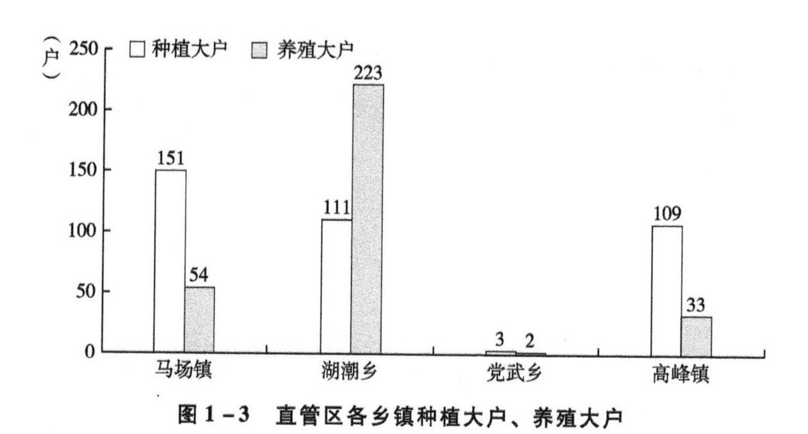


**图 1-3　直管区各乡镇种植大户、养殖大户**

（一）现状分析

**1. 村庄数量与密度**

按直管区行政辖区面积计算，直管区每平方公里土地上分布 0.18 个行政村、0.78 个自然村。

**2. 村庄人口规模**

按自然村总人口规模，直管区村庄分 4 类：其中人口小于 100 人的村庄数量 26 个，人口在 100～500 人之间的村庄 282 个，人口 500～1000 人的村庄 49 个，人口大于 1000 人的村庄 10 个。

**3. 村庄经济发展现状**

本次分析的 366 个自然村庄中，年人均收入在 3000 元及以下的有 104 个，占总数的 28%；年人均收入在 3000～6000 元（包括 6000 元）的有 161 个，占总数的 44%；年人均收入在 6000～10000 元的有 93 个，占总数的 25%；年人均收入在 10000 元及以上的有 9 个，占总数的 3%。从空间分布情况分析，农民收入有东北多西南少、由四周向中间逐渐增多的总体趋势。年人均收入大于 10000 元的村庄所占比例较小，主要分布在湖潮乡、马场镇，年人均收入在 6000～10000 元的村庄主要分布在湖潮乡、党武乡，年人均收入在 3000～6000 元（包括 6000 元）以及 3000 元及以下的村庄最多，主要分布在马场镇、高峰镇，这与马场镇、高峰镇多数村庄缺乏较为便捷的外部交通连接，以及距周边城市中心较远有关。

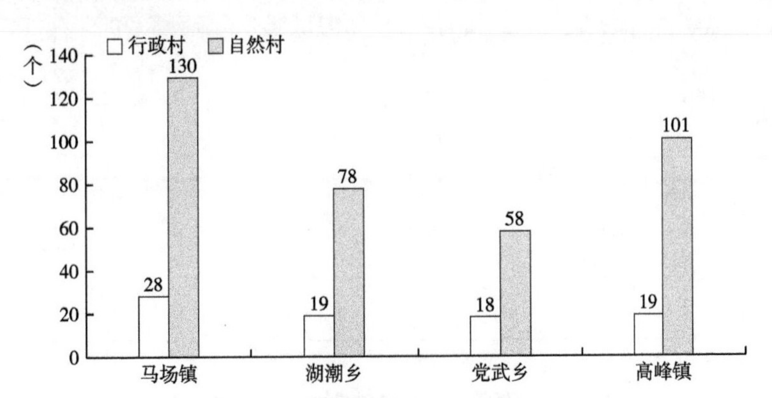


**图 1－4　直管区各乡镇村庄数量**

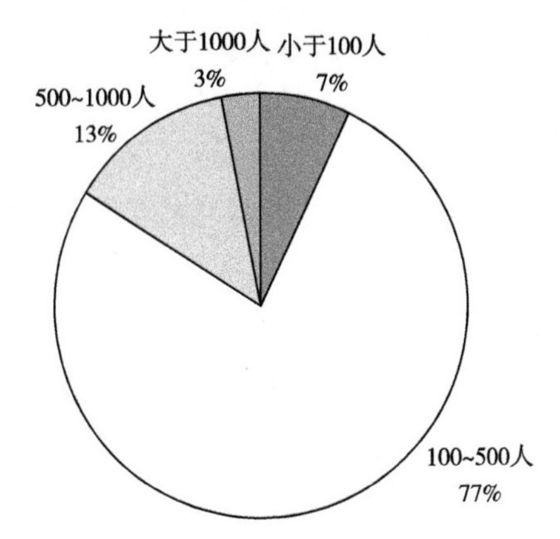


**图 1－5　直管区人口等级自然村人口分布比**

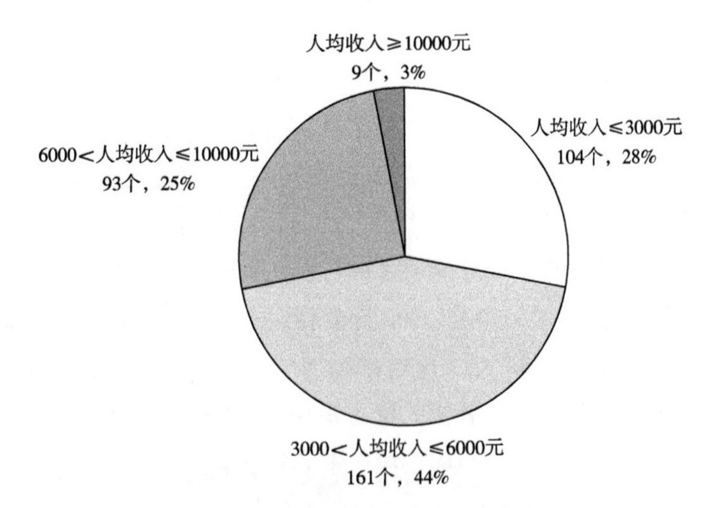


**图 1－6　直管区农民人均收入分布**

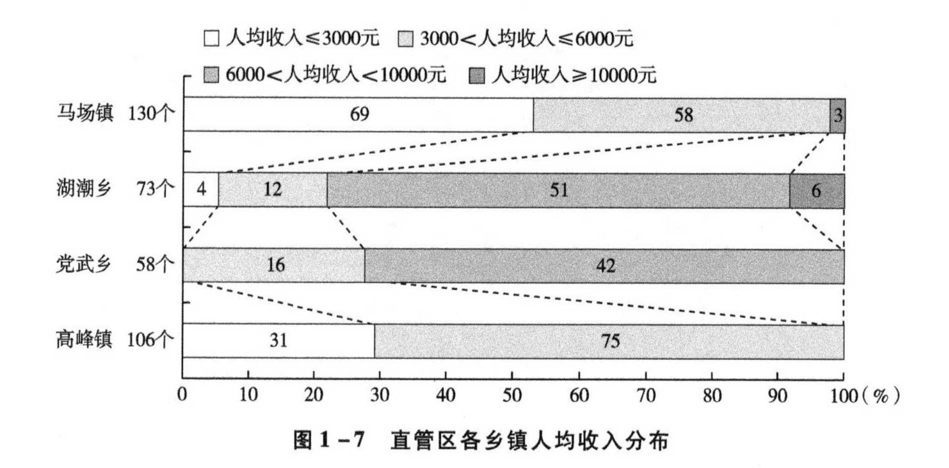


**图1-7 直管区各乡镇人均收入分布**

## (二)村庄建设用地分析

### 1. 乡村建设用地规模

2012年直管区乡村居民点用地约为28.76平方公里，若以现在农村户籍人口12.72万人计算，乡村居民点人均用地高达226平方米。高出贵州省2010年平均水平109.2平方米达116.8平方米。村庄规模小，分布分散且用地粗放是直管区建设城乡建设美丽乡村亟须解决的矛盾。

### 2. 乡村建设用地分布

从整体空间情况来看，村庄建设用地主要呈点状分散布局，村庄空间相对均匀，局部地区有一些呈带状分布，行政村之间距离多为1.5公里左右。其中小于100人以及人口大于1000人的自然村庄基本上是分布较少，人口100~1000人的自然村庄所占比例最高，此类村庄分布较多。这主要是由以下几个方面原因造成的：一是地理位置。直管区地处黔中山地、丘陵、山间坝子接合的区域，此类区域村庄分布所呈现出来的就是这种村村相邻均匀分布的特征。二是主导产业。直管区大部分村庄的主导产业是农业，在每个村庄建设用地周边是各村庄的农业生产用地，这样的用地布局也必然导致了直管区村庄均匀分布。三是耕作方式。目前中国乡村大多数还是以人力耕作为主、机械为辅的耕作方式进行农业生产活动，农民耕作的出行时间和距离限制了产业生产用地和农民居住地之间的空间距离，这也是直管区村庄分布均匀的原因之一。在原来的农业生产方式和交通条件

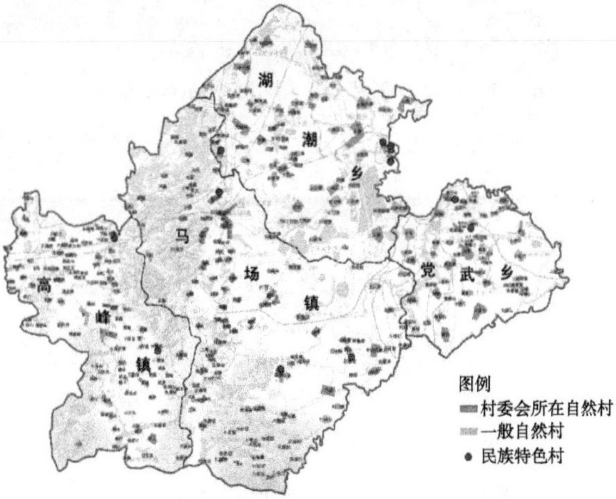

图1-8 直管区各乡镇自然村与民族特色村分布

| 湖潮乡 | | | | 党武乡 | | | |
|---|---|---|---|---|---|---|---|
| 兰安村 | △兰花破 | 上午村 | 四寨河 | 摆家村 | 大寨 | 路寨村 | △路寨 |
| | 高堡 | | 大林树 | | 大坡上、长冲 | 茅草村 | △茅草 |
| | 安妹井 | | △谷井 | | 苗里井 | 松柏村 | △松柏 |
| 马路村 | 大龙井 | | 上龙潭 | | △鲊章 | 翁岗村 | 大破上 |
| | △马路 | | 洞口 | 摆牛村 | 摆酬院 | | 黄坡寨 |
| 元方村 | 小寨 | | 打朗 | | △摆牛 | | 对门寨 |
| | 大寨 | 下坝村 | 上坝 | | 马场地 | | △大寨 |
| 中八村 | △中八寨 | | 赵庄 | | 大井口 | | 小寨 |
| | 长岭寨 | | △下坝 | 曹家庄村 | 曹家庄 | | 新寨 |
| | 狮子山 | | 龙午 | | 小黄马 | | 岩脚寨 |
| 汪官村 | △汪官大寨 | | 平寨 | | △大黄马 | 下坝村 | △下坝 |
| | 网官小寨 | 新民村 | 新寨 | 当阳村 | 大寨 | | 长冲 |
| | 汪官新村 | | △杨梅寨 | | 河坝头 | | 栋青 |
| | 团寨 | | 云贡 | 党武村 | 老街上 | 思丫村 | △思丫 |
| 湖朝村 | △大寨 | 中一村 | △中一寨 | | 旧场 | | 斗篷山 |
| | 小黑石头 | | 大坡脚 | | △阁里场 | | 石板井 |
| | 冷饭河 | | 栗木寨 | | 阁里场对门寨 | | 小龙坛 |
| 芦官村 | 大园头 | | 皂角坝 | | 周播 | 大坝龙井 | 午落洞、外院 |
| | △大寨 | | 安迁寨 | | 摆贡 | | △内院 |
| | 茶翻寨 | | 春菜坡 | | 大土小寨 | | 对门院 |
| 岐山村 | 坡脚 | 池菇村 | 小寨 | | 大土大寨 | | 下院 |
| | △大寨 | | △池菇塘 | 果落村 | △上院 | 掌克村 | △掌克 |
| | 对门寨 | 芦猫塘村 | △大坡脚 | | 三家院 | 葵林村 | △葵花寨 |
| | 屯脚 | | 新移组 | 葵花山村 | △葵花山 | 龙山村 | 新寨 |
| 磊庄村 | △大寨 | | 芦猫塘 | | 坝狂 | | 大坑 |
| | 杨柳旧寨 | | 农牧场 | | 摆榜 | | 萝卜井 |
| | 杨柳新寨 | 平寨村 | △平寨 | | 张家坟 | | △大寨 |
| 广兴村 | 大坡 | | 韭菜汤 | | | | |
| | 黄泥堡 | | 黑土 | | | | |
| | 新寨 | | 桐木 | | | | |
| | 打铁寨 | 车田村 | 上寨 | | | | |
| | △广兴街上 | | △中间寨 | | | | |
| | 石头山 | | 下寨 | | | | |
| | 对门寨 | 汤庄村 | △汤庄大寨 | | | | |
| | 茶叶湾 | | 尖坡 | | | | |
| | | | 白庄 | | | | |
| | | | 上寨 | | | | |
| | | | 蜈蚣桥 | | | | |

| 马场镇 | | | | | | | |
|---|---|---|---|---|---|---|---|
| 场边村 | △关口寨 | 刘家村 | 利民路 | 滥坝村 | △上坝 | 沙坝村 | △大寨村 |
| | 场边寨 | | 文化路 | | 下坝 | | 小桥坝 |
| 枫林村 | 枫林组 | | △磊林路 | | 大陇 | | 老鹰岩 |
| | △坡脚寨 | | 盐线村 | 林卡村 | 烂坝 | | 烂塘 |
| | 芦猫塘 | | 刘家寨 | | △林卡 | 四村村 | 羊角寨 |
| | 白泥田 | 马安村 | △马安 | | 金家坝 | | 哑巴田 |
| 加禾村 | △上寨 | | 蔡家 | 川心村 | 新街 | | △打铁寨 |
| | 下寨 | | 太平 | | 后山 | | 大石坡 |
| | 马安 | | 下洞 | | 代家坡 | | 凯儒 |
| | 长陇 | 马路村 | 王帮寨 | | 杨柳 | | 平寨 |
| 龙山村 | 河心寨 | | 帮普 | | 石头井 | | 小青山 |
| | △龙山寨 | | 马路寨 | | 黄坡寨 | | 小长坡 |
| | 羊艾寨 | | △马路街 | | 对门山 | | 大长坡 |
| 栗木村 | 曾家 | 平阳村 | 大坡寨 | 甘河村 | △甘河 | | 小坝洋 |
| | 大林 | | △平阳大寨 | | 刘家庄 | | 大坝洋 |
| | 烟元 | | 鹅洞寨 | 马场村 | △马场 | | 龙井 |
| | △栗木 | 平寨村 | 破塘 | | 小栗树 | | 三岔田 |
| | 水塘 | | 磨界 | 洋塘村 | 屯脚 | 松林村 | △松林 |
| | 白岩 | | △平寨 | | 小陇 | | 鸡窝 |
| | 孟寨 | | 克酬 | | 山脚 | | 新寨 |
| | 青松 | | 龟山 | | 牧场 | 新院村 | 二湾 |
| | 谢家 | | 新寨 | | △新寨 | | 狗场坝 |
| 新村村 | △新村 | | 大坝 | | 洋塘 | | 朱朝普 |
| 建林村 | △园头 | | 旧寨 | | 牛路 | | △新院 |
| | 佳林寨 | 普贡村 | 鲤鱼塘 | 鱼雅村 | 小寨 | 新寨村 | △新寨大寨 |
| | 新寨坡 | | 小寨 | | △大寨 | | 竹林山 |
| | 云水塘 | | 中院 | | 刘家院 | | 对门寨（旧寨） |
| 凯洒村 | 新庄 | | 旧寨 | | 施家院 | 三台村 | △三台 |
| | 水井 | | 波萝哨 | | 红岩脚 | | 白腊陇 |
| | △小寨 | | 苗寨 | 凯掌村 | △大寨 | | |
| | 毛栗 | | 小金 | | 中寨 | | |
| | 大元 | | 老凹坡 | | 小寨 | | |
| | | | △普贡寨 | | 岩下寨 | | |
| | | | 刘家庄 | | 梓木井 | | |
| | | | 泉塘 | | | | |

| 高峰镇 | | | | | |
|---|---|---|---|---|---|
| 岩脚村 | 河湾 | 石甲村 | △石甲村 | 白岩 | △白岩 |
| | △岩脚 | 老胖村 | △老胖 | | 老郎 |
| | 萝卜 | | 岩上 | | 下长冲 |
| 桥头村 | 桥头、腊么 | | 龙潭 | | 新院 |
| | △下花坝排 | | 中岩 | | 冷水 |
| | 蛇场坝 | | 林场 | | 车坝 |
| | 马厂坝 | 湾子头村 | △湾子头 | | 小河 |
| 栗木村 | 大拢 | | 马硐 | 尧上村 | 大芦坝 |
| | 新寨 | | 半边山 | | 外朗田 |
| | △沙戈 | | 郭家院 | | 青菜冲 |
| | 栗木 | | 新农村 | | △尧上 |
| | 麻杆 | 大乐歌村 | 六甲堡 | | 铁林寨 |
| | 桥边 | | 小寨 | 龙宝村 | 江青 |
| 大狗场村 | △大狗场 | | 龙潭 | | 关口 |
| | 小狗场 | | 黑土田 | | 刘凤 |
| | 上兴堡 | | 郑家院 | | 刘勉 |
| 王家院村 | 各屯坡 | | 漆家院 | | 毛口 |
| | 下大坡 | | △大乐歌 | | 狮子山 |
| | △青鱼塘 | | 乐歌场 | | △龙宝 |
| | 庄上 | | 冬瓜田 | | 上马 |
| | 下院 | | 跳花场 | | 下马 |
| | 洞元 | | 杨家兴寨 | 毛昌村 | △鸡窝寨 |
| | 坪上 | | 洗澡塘 | | 柏杨山 |
| | 七甲 | 麻郎村 | 石头 | | 毛昌堡 |
| | 麻窝 | | 团坡 | | 栗木寨 |
| 普马村 | 腊么寨 | | 麻朗 | 岩孔村 | △岩孔 |
| | 普马寨 | | 贺郎 | | 小东吹 |
| | 小湖坝寨 | | 新庄 | | 高吹 |
| | 下兴堡寨 | | △花排 | | 招果 |
| | △九甲寨 | 黄猫村 | 马鞍山 | 湖坝坎村 | △猫猫洞 |
| | 后二寨 | | 白头 | | 石桥 |
| 活龙村 | 台子上 | | 河湾 | | 湖坝坎 |
| | 小普 | | △黄猫 | | 哨脚 |
| | 后寨 | | | | 哨理洞 |
| | 田下堡 | | | | 小洛戈 |
| | △场上 | | | | 下坝 |

较为落后的条件下，村庄沿早期的灌溉河道和过境交通廊道分布。

从空间分布特征上看，分布在直管区东北部的村庄由于空间上和周边中心城市较近，虽然在贵安新区规划建设之前还未纳入城镇体系进程，但人口和集体资产总量较多，空间上表现为总体分散、局部集中的态势。分布在直管区东南部的村庄，这类村庄由于经济发展缓慢、总体经济水平较低、主要从事农业生产等原因，还是呈现星罗棋布、布局均匀的自然村寨形式。沿一定的带状分布在直管区西南部的村庄，主要沿交通或水系进行发展，如省道 210 沿线、麻线河沿岸、马场河沿岸。这是因为河流和便利的交通为农民生产生活提供了基本的物质条件。

### （三）村庄环境与文化特征分析

#### 1. 村庄山水格局分析

直管区地处长江流域和珠江流域的分水岭地带，西南喀斯特地貌的中心地带，地形复杂多样，山地、丘陵、山间坝子都有分布，以丘陵、山地、坝子为主。主要有松柏山、高峰山等山脉，把直管区划分为若干台地和坝子。根据自然村庄与山水环境的关系，可分为以下 5 种类型村庄：滨湖型村庄，如湖潮乡汪官村所有自然村庄；滨河型村庄，如高峰镇王家院村的多数自然村庄；山林型村庄，如马场镇四村村的多数自然村庄；坝子型村庄，如马场镇栗木村的所有自然村庄；山地型村庄，如党武乡葵林村的多数自然村庄。

#### 2. 村庄文化特征分析

（1）评价。直管区主要有汉、苗、布依、仡佬、水族 5 个民族，呈大混居、小聚居的民族分布格局。苗族主要分布于马场镇、湖潮乡、党武乡，布依族主要分布于高峰镇、马场镇、湖潮乡，仡佬族聚居于高峰镇狗场村大狗场以及马场镇加禾村长陇寨。文化与环境特色村庄主要有黑土苗寨（平寨村）、阿崂苗寨（场边村）、南蛮苗寨（王家院村）、中八苗寨（中八村）、摆贡苗寨（党武村）、车田村 6 个，这些村庄具有较好的民族文化特色，前四个村庄曾经作为贵州西线旅游线上重要的旅游服务点。汪官村、凯掌村、松柏村、池菇村、普贡村、龙山村、王家院村、岩孔村等村庄都具有较好的景观资源。总体来说，直管区村庄文化可分为以下四类区域：一是布依族聚居区。位于高峰镇东南、马场镇克酬水库沿线、湖潮乡三岔河沿线。二是苗、布衣、汉聚居区。位于高峰镇中北部地区、马场镇红枫湖沿岸。三是汉、苗聚居区。位于党武乡大部、湖潮乡东南部。四是以汉族为主的多民族聚居区。各乡镇均有分布。

选取村庄山水环境、民族文化、经济发展、交通区位、人口规模5个要素作为村庄现状评价的评价因子，通过评分赋值构建综合评价体系，对直管区84个行政村共计366个自然村庄进行综合评价。山水环境分为滨湖型、滨河型、山林型、坝子型、山地型5种类型；民族文化分为特色村庄、少数民族村庄、混居村庄3种类型；经济发展分为人均年收入大于8000元、6000~8000元、4000~6000元、2000~4000元以及2000元以下5种类型；交通区位分为位于高速公路互通周边、省道沿线、道路交叉口、县道沿线以及其他道路周边5种类型；人口规模（包括常住人口和流动人口）分为人口规模500人以上、300~500人、200~300人以及200人以下五种类型。

村庄现状综合评价结论：根据评价因子分析得出，四个乡镇范围内一类村庄（21~25分）大约占2.0%，二类村庄（16~20分）大约占37.7%，三类村庄（10~15分）大约占50%，四类村庄（10分以下）大约占10.3%。湖潮乡：一类村庄1个，二类村庄35个，三类村庄37个，四类村庄1个；党武乡：一类村庄1个，二类村庄24个，三类村庄33个，四类村庄0个；马场镇：一类村庄1个，二类村庄56个，三类村庄59个，四类村庄12个；高峰镇：一类村庄1个，二类村庄11个，三类村庄65个，四类村庄29个。

（2）问题。一是直管区现状农村户籍人口多，解决农村问题的负担重；二是直管区村庄数量多，而且村庄规模小，若按照现有自然村个数进行公共设施、基础设施投入，不符合各类设施投入的经济集约原则；三是直管区刚刚启动规划建设，对于统筹城乡发展建设美丽乡村的资金投入存在难度，因此资金的高效产出十分重要；四是过度分散的村庄建设用地与直管区城市发展建设之间存在矛盾，导致城市开发建设成本偏高，而城市的健康发展是影响农村健康发展的主要因素。

## （四）评价结果

155 个自然村庄位于城镇建设用地区域，211 个自然村庄位于非城镇建设用地区域。42 个自然村庄位于贵安生态新城，35 个自然村庄位于马场科技新城，38 个自然村庄位于花溪大学城，37 个自然村庄位于东部水库生态保育区，85 个自然村庄位于高峰山生态治理区，58 个自然村庄位于都市农业发展区，13 个自然村庄位于大偏山生态治理区。

### 1. 纳入城市建设圈的村庄

纳入城市建设圈的村庄主要是指在未来即将纳入新区省直管区城市建设的村庄，这些村庄随着新区直管区城市化进程的不断发展将会最终完全纳入城市建设圈中来。到那时将出现土地价值的激增，同时由于城市用地的高强度利用和集约，导致居民点空间迁移和拆迁再利用。在村庄改造过程中，由于完全打破了原有的农村社会生活形态系统，因此，其他因素的影响很弱。这些村庄发展与城市发展关系紧密，极具经济活力，普遍水平好于其他地区的村庄。当这些村庄被纳入城市建设圈时，城市政府可以通过土地增值解决村庄搬迁建设的资金和农民失地的安置问题。由于城市建设形态与农村建设形态差异巨大，将农村完全纳入城镇发展统一考虑，但在迁并的实施过程中要采用合理的方式方法。策略：把这些村庄纳入城市建设管理范围，村庄的迁并以符合城市规划的管理为前提，针对它们的迁并思路是实施迁村入城、迁村入镇，不再引导原有的村庄型的空间聚集类型。同时为了避免大量新的农村类型的建设与城市规划产生冲突，防止“城中村”现象的发生，在村庄未纳入城市（镇）之前，保持原有的村庄形态，以改善村庄生活条件的设施投入为主，不宜进行大规模建设投入。

### 2. 邻近城市建设圈的村庄

邻近城市建设圈的村庄是指那些位于城市建设用地规划区边缘的村庄。此类村庄的划定依据是，村庄与规划城市建设用地空间距离与交通联系的紧密程度。根据对城市规划的分析，在邻近城市建设圈的村庄还分为两类：一类是城镇周边型；另一类是城市发展控制区型。

（1）城市周边型

城市周边型村庄是指那些与规划新城或镇区空间关系密切的村庄，也就是城乡接合部的村庄。特点：这些村庄现状与规划城市建设区紧邻。对于这类村庄发展趋势判断，可以参照现状城市周边型村庄：当城市规模扩张到村庄边缘时，村庄各类设施共享、功能互补以及人员往来等方面与城市之间紧密互动，具备良好的经济发展条件。但由于依然维持乡村社会经济运行体制，过多小规模村庄的为极核的发展会导致目前城镇周边型村庄的经济发展迅速，但社会、环境综合效益低下的问题影响着城市和乡村本身的健康发展。由于在城市建设用地圈的划定时没有考虑到保持农村行政边界完整的因素，因此很多村庄存在部分农用地被划入城市建设圈，而农村居民点依然独立存在着问题。策略：为了防止出现城市周边型村庄的问题，政府应该使这一类型村庄在城市周边形成聚集规模较大的村庄，符合土地经济规律。根据贵安新区规划意图，这类村庄都按照迁入城（镇）区的方式，需要政府付出相当大的代价，因此，可操作性不强。

（2）城市发展控制区型

城市发展控制区型村庄是指那些位于城市禁止建设区和限制建设区内的村庄。特点：这些村庄由于位于城市生态绿化隔离带内，根据城市建设总体要求，不能进行大规模开发建设，甚至有些农田也被转换为生态林地。其中很多村庄与城市建设区相邻，存在很强的经济发展动力，但为了维护城乡总体生态环境，限制了它们的发展，尤其是第二产业的发展。策略：由于涉及区域面积大，村庄数量众多，如果完全采用生态搬迁的方式推行迁村并点，成本巨大。这些村庄原则上应该由政府建立“生态补偿”的机制和土地集约利用优惠政策，限制和鼓励某些产业的发展，以维护地区生态环境为目标，推动村庄的迁并。

**3. 远离城市建设圈的村庄**

（1）城市功能区型

特点：城市功能区型村庄是指那些位于城市独立的功能区附近的村庄，这些村庄利用城市功能区所带来的经济影响，依托邻近的城市功能区所带来的基础设施便利条件，以及前来消费人群带来的对村庄产业发展提升的机遇，整合资源发展农村经济。其存在着村庄迁并的经济性要素。可以加强公共设施建设，发展旅游、休闲、度假、服务等产业，为附近的旅游或生产等提供配套服务；积极培育和创造本地区的就业岗位，吸收和消化本地农业人口。鼓励其在政府和经济集团的引导、扶持下融入城市独立功能区综合发展。策略：这些村庄经济发展基础优于其他类型的村庄，政府应该因势利导，促进这一类型村庄农村经济与社会发展，要综合经济与社会性各类影响要素进行判断，选定发展方案。

（2）基础设施建设控制区型

特点：基础设施建设控制区型村庄，是指那些位于独立大型交通、市政设施用地范围内受其设施影响的村庄。这些设施占地面积大，同时对周边土地利用有一定限制，尤其是建设用地。当村庄农用地没有被征用，而又处于设施控制建设用地范围时，使得这些村庄自身发展上受到一定程度的限制。这些村庄一般都远离城镇发展的主要区域，经济发展动力不足；同时根据城市发展需要，存在远期搬迁的可能，或村庄用地受到限制。因此在经济发展上、居住环境适宜程度上都存在一定问题。尤其是邻近垃圾处理场的村庄，不适宜大规模开发建设。策略：这些村庄原则上应该由政府建立“生态补偿”的机制，鼓励向发展条件好的村庄迁并。

（3）农业产区型

特点：农业产区型村庄是指那些与新区空间距离相对较远的村庄，也就是大量以农业发展为主要产业的地区，其无论在土地用途、设施共享以及人员往来上受城市的直接影响较小。而这些村庄有时现状发展水平较低，各类生产生活设施相对缺乏，相对分散的居民点使得各类设施的市场化运行困难。是急需通过新农村建设资金投入，引导农村实现全面发展的地区。虽然其中不乏交通条件相对优越的村庄，但在目前的土地管理政策上，都限制了农用地转为非农产业用地。因此必须走一条通过政府政策与资金扶持，引导社会资本注入，通过土地整理节余出土地，发展符合国家土地政策的产业。策略：这些村庄不能通过城镇来满足它们基本的设施服务需求，必须以重点村寨为节点形成农村设施服务网络。对于这类村庄，应该通过公共设施配置与政府扶持和市场化手段来鼓励和引导其向重点村寨建设。

## 第二节 贵安城乡一体发展目标与“三型五类”建设模式

### 一 规划定位和发展目标

#### （一）总体定位

总体定位是城乡一体发展先行区、产城融合发展创新区、生态文明建设示范区、田园文化发展实践区。城乡一体发展先行区。在新区直管区全域范围内，统筹考虑产业功能集中地区、城市功能聚集地区和传统文化集中的乡村地区的发展需求，尤其对新区内广大的乡村地区进行特色识别和分类发展指引，以城镇发展为引领、以“三农”问题为切入点、现代农业和旅游发展相结合，提升农业生产效率，提升农村生活和生产环境，增加农民收入，保证城乡公共服务和基础设施共享，率先实现全面小康。产城融合发展创新区。新区直管区发展的重点是人才吸引和产业聚集，保证就近混合用地和均衡布局，构筑分层级、全覆盖、方便居民就近使用的生活服务设施网络，积极构建特色的多元化社区，产业和城市建设同步推进，构建安居乐业、和谐宜居新区。生态文明建设示范区。在“安全为限、生态为底、特色为魂”的区域生态安全格局下组织直管区发展；采取低冲击发展模式，创新城市用地空间利用和工程基础设施布局；依托新区宜人的气候和丰富的自然人文资源培育以生态文明为引领的科研、学术交流的高端服务，成为国家生态敏感地区生态综合治理与生态文明建设的示范区。田园文化发展实践区。依托独特的民族民俗文化资源、优越的自然和生态环境资源，构建文化区划版图，推动地域文化的多元发展和以文化为本的永续发展。在民族特色集中、自然风景优美的片区，注重民族文化展示和文化创意产业发展的结合，突出民族特色文化传承保护和地方开发示范统一，探索特色民族文化与旅游融合发展新路径，成为贵州在民族文化展示、文化创意等方面的影响力，创造性地构建具有地域山水环境特色、民族文化特点的城乡风貌，建设国家重要的乡村田园文化发展实践区。

### （二）形象定位

其形象定位为“山水之都·田园之城”“美丽田园·永续乡恋”。

### （三）发展目标

通过贵安特色文化社区、贵安小镇、特色发展村庄、现代农业风光、风景名胜等聚寨与文化景观的建设，有序推进农业人口市民化，切实提高居民生产生活水平，在就业创业、社会保障、基本医疗、住房等基本公共服务方面解决新区城镇化过程中基本公共服务问题；完善城乡一体化体制机制，推动新区现代农业发展；优化村庄空间布局；加强文化、生态建设，形成贵安特色文化社区体系、文化聚寨与田园景观体系。保障新区原有居民的生产生活品质，全力探索区域多元文化继承发展之路，使新区原有居民与全国同步达到小康。

通过优化国土空间开发格局，建立现代产业体系，促进城乡协调发展。切实节约集约利用土地，严格保护耕地和基本农田，建设生态文明，促进实现可持续发展。提供强有力的创新产城融合、城乡统筹先行、生态文明示范、文化发展等方面支撑。

## 二 “三型五类”建设策略

### （一）发展策略

#### 1. 总的策略

以国务院批复函和新区总体规划为指导，结合新区直管区村庄发展现状及其历史文化、国家新型城镇化社会经济发展战略、国家城乡一体化社会经济发展战略、2013 年中央城镇化工作会议等相关文件精神，村庄建设发展充分体现了探索欠发达地区后发赶超新路径，探索欠发达地区城市发展建设新模式。在以人为本、公平共享，“四化”同步、统筹城乡，优化布局、集约高效，生态文明、绿色低碳，文化传承、彰显特色，市场主导、政府引导，统筹规划、分类指导方面做出探索创新与示范。体现新区产城融合创新、城乡统筹先行、生态文明示范、民族文化展示的发展目标。

体系构建方面：在城市建设区建设以安置失地农民为主要职能的贵安特色文化社区，构建贵安特色文化社区体系。在非城市建设区建设包括贵安小镇、景区类村庄、文化保护类村庄、现代农业风光、风景名胜区域等聚寨与文化景观，构建文化聚寨与田园景观体系。

村庄建设方面：采用全域社区化的城乡一体建设模式，建立城乡一体的基础设施体系、公共服务设施体系、社会保障体系、教育培训体系、政策扶助体系、产业生计体系促进新区城乡一体化发展。

文化发展方面：以历史文脉和民族文化为基础，形成文化区划版图，建立地域文化多元承继发展格局，构建全域田园文化图景。

**2. 发展路径**

(1) 两大体系支撑

构建贵安特色文化社区体系、城市建设区，根据城市发展建设需要，将涉及搬迁的村庄建设为各具特色的贵安特色文化社区，形成贵安特色文化社区体系；构建文化聚寨与田园景观体系、非城市建设区，通过建设包括贵安小镇、景区类村庄、文化保护类村庄、现代农业风光、风景名胜区域等，探索构建国家乡村文化田园带（区），形成具有国家示范意义的文化聚寨与田园景观体系。

(2) 产业生计支撑

在社区产业发展、失地农民生计方面充分保障原有社区或居民的相关利益，制订相关劳动保障计划、扶助计划和优惠措施。

(3) 政策扶助支撑

根据国家关于乡村建设的相关要求，制定包括土地流转、土地经营权抵押贷款、家庭农场发展等相关扶助政策。

(4) 公共服务支撑

根据国家、省关于美丽乡村建设的要求，建设全域覆盖的公共服务设施体系。

(5) 社会保障支撑

根据新区建设的安排，建设全域覆盖的医疗保障、社会保障体系。

（6）基础设施支撑

根据国家、省关于美丽乡村建设的要求，建设全域覆盖的基础设施体系。

（7）教育培训支撑

结合新区发展建设，优化基础教育设施布局的同时，提供免费的职业技能培训、社区发展培训，提高区域劳动力人口的综合素质。

（8）形象景象支撑

在贵安小镇体系、文化乡村体系建设过程中，着力保护、发展乡村文化景观、大力发展地域特色和文化特色，使人从乡愁变为乡恋。

## （二）“三型五类”建设策略

### 1. “三型五类”

（1）整体搬迁型村庄

贵安新区新型城市化建设过程中，因为项目建设、产业发展、生态保护、扶贫攻坚等原因需要整体搬迁，发展为有贵安特色文化社区或贵安小镇的村庄。根据现状村庄的分布位置可分为贵安特色文化社区建设类村庄和贵安小镇建设类村庄两类。第一类：贵安特色文化社区建设类村庄——位于城镇建设用地区域，需要整体搬迁的村庄。发展为具有新型城镇化特征的贵安特色文化社区。第二类：贵安小镇建设类村庄——位于乡村区域，需要整体搬迁的村庄。发展为具有新型城镇化特征的贵安小镇（部分村庄融入贵安特色文化社区）。

（2）保留提升型村庄

贵安新区新型城市化建设过程中，具有旅游景区发展条件、具有历史文化保护价值、具有民族文化保护价值的村庄，根据村庄价值的不同分为景区建设类村庄和文化保护类村庄两类。

第三类：景区建设类村庄——发展为具有旅游休闲功能和特质的美丽乡村。

第四类：文化保护类村庄——发展为具有文化保护展示功能和特质的美丽乡村。

(3) 未来整合型村庄

贵安新区新型城市化建设过程中，位于城市建设用地范围以外；不具备文化保护价值和开发利用价值的村庄。由于发展与建设动因不明确，考虑在未来根据区域的综合发展情况进行整合，形成贵安小镇。这类村庄统称为未来整合型村庄。

第五类：未来整合型村庄——近期发展为一般类型的美丽乡村，进行乡村基础设施建设，预留贵安小镇建设用地，根据情况远期可建设为具有新型城镇化特征的贵安小镇。

**2. 两大建设类型**

(1) 贵安特色文化社区、贵安小镇建设

贵安特色文化社区建设类村庄，建设具有新型城镇化特征的贵安特色文化社区（146 个）。

贵安小镇建设类村庄，建设具有新型城镇化特征的贵安小镇（33 个）。

(2) 美丽乡村建设

景区建设类村庄、文化保护类村庄、未来整合类村庄，均为建设美丽乡村。文化保护类村庄（58 个）、景区建设类村庄（20 个）、未来整合类村庄（109 个）。

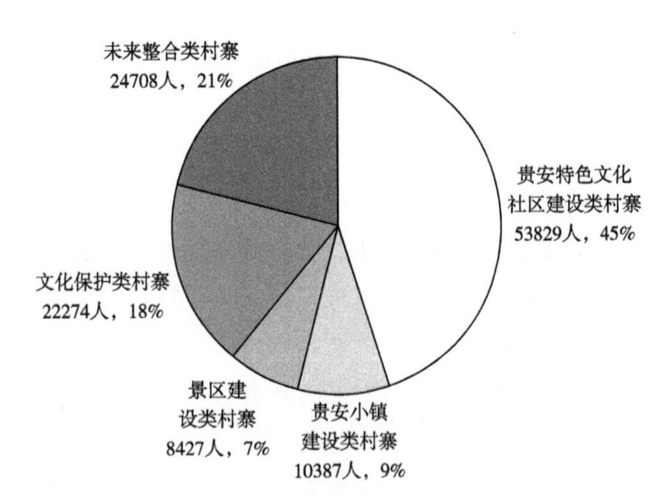


**图 1－9　各发展分类涉及的人数**

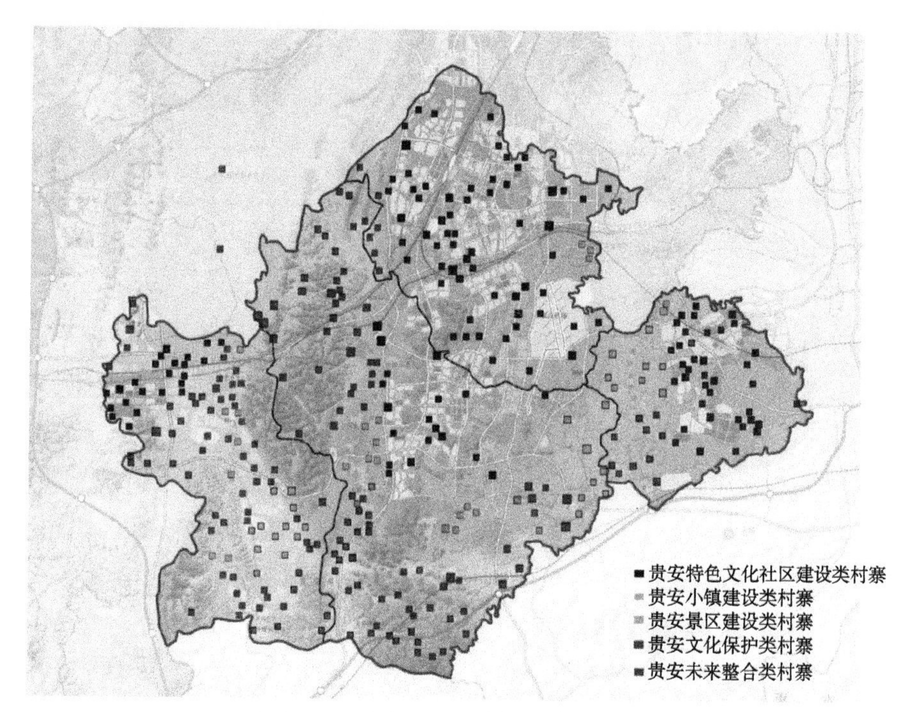


**图 1－10　直管区“五类”村寨分布情况**

（三）具体策略

**1. 贵安特色文化社区、贵安小镇建设**

以体现产城融合创新发展、生态文明示范发展为核心目标。从民意倾听理解、创新建设模式、生活生产引导、资源优化分配、生计发展扶助、就业技能培训、文化生态建设、社会服务管理 8 个方面入手，建设具有新型城镇化特征的贵安特色文化社区和贵安小镇。

（1）民意倾听理解

通过独立与深度的社区调查，包括社会学调查与影像记录，形成可以落实的社区参与模式，了解社区发展诉求，了解原居民对历史、乡土、文化的态度及其发展诉求。

（2）创新建设模式

由政府主导，社区高度参与。通过创新发展社区行业协会、创新土地政策、创新金融政策，积极促进社区居民以多种形式参与社区建设。

（3）生活生产引导

通过社区发展专家与社区居民的沟通，寻求一种共赢且满足社区发展的方案，更新居民生存方式，特别提倡针对成功案例有计划有目的地参观访问，诱发社区居民有责任感的主体意识。特别是让他们区分出未来的生活与现有生活的反差。

（4）资源优化分配

在环境资源、土地资源和文化资源的再分配过程中，既要保障原社区居民的权利，又要重视并强调全体居民对优质资源的共享。此条必须成为社区及其相关项目开发的重要理念和原则。

（5）生计发展扶助

区域内的后村民社区，居民与片区功能充分融合，居民服务于城市或区域，使社区居民充分就业，解决其就业与生计，完成他们生产生活方式转变、社会角色转变之后的居民自立与身份重建。其中，居民充分参与的社区股份制企业的建立至关重要。如将补偿金进行监管用于社保、教育和社区投资基金等，以社区公司的形式经营和规划预定的生计出路（如租房、商业街经营等）。

（6）就业技能培训

原社区居民的就业技能培训极为重要，整合职业教育与培训资源，全面提供政府补助职业培训服务，全面提高居民的就业创业能力。

（7）社会服务管理

通过社会服务管理创新，完善相关社区服务设施，在全方位完善社保、医保等社会福利的同时，帮助社区成立相应的自治管理组织，促进社区自主与社区自治的发展。

（8）文化生态建设

通过社区与城市之间以开放的方式互融，从空间到精神上的相互开放，去除形象上对立的边际关系，构建良好的社区文化生态，打造文化特型社区。

**2. 美丽乡村建设策略**

以体现城乡统筹先行发展、乡村文化展示发展为核心目标，从完善城乡统筹体制机制、发展现代农业、美丽乡村建设三大方面入手，建设贵安特色的美丽乡村。

一是遵循自然规律和城乡空间差异化发展的原则，统筹安排乡村基础设施建设和社会事业发展。适应乡村人口转移和变化的形式，建设各具特色的美丽乡村。按照景区建设类村庄、文化保护类村庄的美丽乡村发展分类，在尊重居民意愿的基础上，科学引导乡村社区建设方便居民生产生活。二是在全面自然村寨功能基础上，保持乡村风貌、民族文化，保护有历史、艺术、科学价值的传统村寨、少数民族村庄和民居。三是建设乡村基础设施和服务网络，因地制宜地解决乡村饮水问题，实施乡村电网改造，实施乡村清洁能源建设，完善乡村公路网络及公交体系，建设乡村旅游服务网络，完善邮政和宽带设施，完善生活服务网建设，开展美丽乡村综合环境建设。四是合理配置乡村教育基础设施，提升义务教育质量水平，加强乡村教师队伍建设，建立新型职业化农民教育、培训体系，建设乡村医疗服务体系，建设乡村公共文化和体育设施体系，完善乡村医疗保险及社会保险等。

### （四）“三型五类”内容

#### 1. 整体搬迁型村庄

合计 179 个自然村庄，占自然村庄总数的 49%；涉及 17430 户 64216 人，占总户数的 55%，占总人数的 54%。

第一类：贵安特色文化社区建设类村庄。合计 146 个自然村庄，占自然村庄总数的 40%；涉及 14657 户 53829 人，占总户数的 46%，占总人数的 45%。第二类：贵安小镇建设类村庄。合计 33 个自然村庄，占自然村庄总数的 9%；涉及 2773 户 10387 人，占总户数的 9%，占总人数的 9%。

#### 2. 保留提升型村庄

合计 78 个自然村庄，占自然村庄总数的 21%；涉及 7668 户 30701 人，占总户数的 25%，占总人数的 25%。

第三类：景区建设类村庄。合计 20 个自然村庄，占自然村庄总数的 5%；涉及 2090 户 8427 人，占总户数的 7%，占总人数的 7%。第四类：文化保护类村庄。合计 58 个自然村庄，占自然村庄总数的 18%；涉及

5578 户 22274 人，占总户数的 18%，占总人数的 18%。

**3. 未来整合型村庄**

第五类：未来整合型村庄。合计 109 个自然村庄，占自然村庄总数的 30%；涉及 6381 户 24708 人，占总户数的 20%，占总人数的 21%。

### （五）两大建设类型

**1. 贵安特色文化社区、贵安小镇建设**

具有新型城镇化特征的贵安特色文化社区 11 个，其中，3000～5000 人规模 3 个，5000～10000 人规模 7 个，10000 人规模以上 1 个。具有新型城镇化特征的贵安小镇 6 个（包含 4 个预留社区），其中，3000～5000 人规模 5 个，5000～10000 人规模 1 个。

**2. 美丽乡村建设**

景区建设类村庄 20 个，文化保护类村庄 58 个，未来整合类村庄 109 个。

## 第三节　贵安城乡一体空间结构

### 一　四城·三带·十一社区·六小镇

主要指直管区 470 平方公里部分。四城：贵安生态新城、马场科技新城、花溪大学城、高峰旅游新城；三带：东南部文化聚落与田园景观带、中部文化聚落与田园景观带、西部文化聚落与田园景观带；十一社区：岐山·贵安特色文化社区、下坝·贵安特色文化社区、湖潮·贵安特色文化社区、中八·贵安特色文化社区、马场·贵安特色文化社区、羊艾·贵安特色文化社区、川心·贵安特色文化社区、甘河·贵安特色文化社区、党武·贵安特色文化社区、翁岗·贵安特色文化社区、高峰·贵安特色文化社区；六小镇：麻郎·贵安小镇、林卡·贵安小镇、新寨·贵安小镇（预留）、掌克·贵安小镇（预留）、普贡·贵安小镇（预留）、活龙·贵安小镇（预留）。

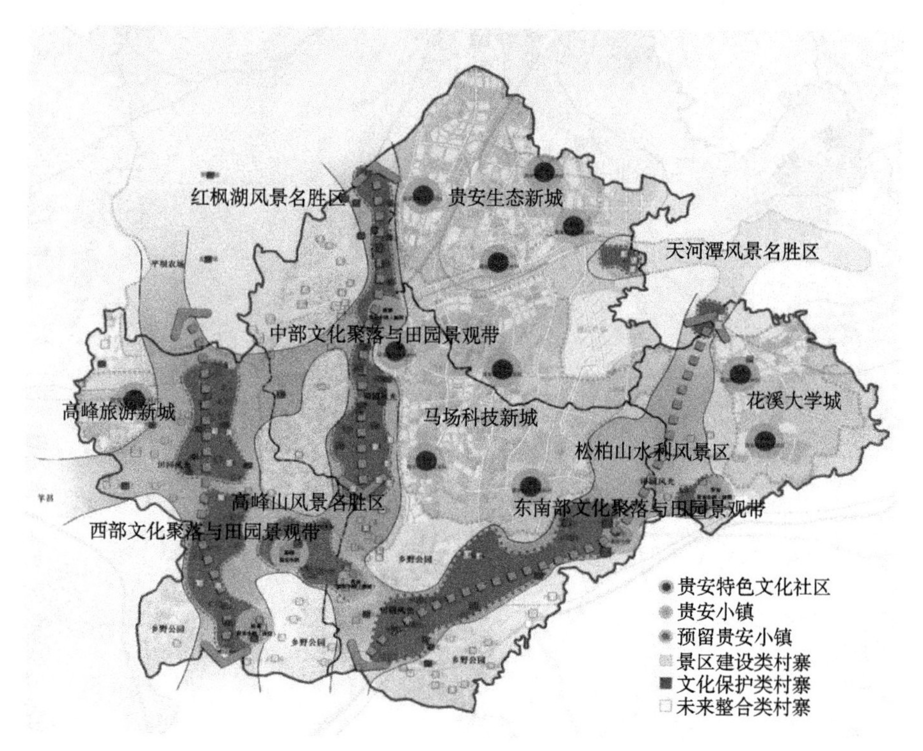


**图 1－11　直管区城乡一体空间结构示意**

## 二　远景空间构想——国家乡村田园文化带（区）

主要指贵安新区 1795 平方公里，涉及 21 个乡镇。分为红枫湖景区、马场河景区、高峰山景区、麻线河景区、松柏山景区、天河潭景区与羊昌田园区、邢江河风景区、邢江河田园区、大屯堡文化区，它们共同构成贵安新区国家乡村田园文化带。

形成一轴、三核、十三景区的国家乡村田园文化带总体结构。

一轴：国家乡村田园文化带旅游轴；三核：天河潭文化旅游核心、环高峰山文化旅游核心、大屯堡文化旅游核心；十三景区：天河潭景区、红枫湖景区、马场河景区、松柏山景区、高峰山景区、麻线河景区、飞虎山景区、邢江河田园区、邢江河景区、旧州景区、云山屯景区、天龙景区、天台山景区。

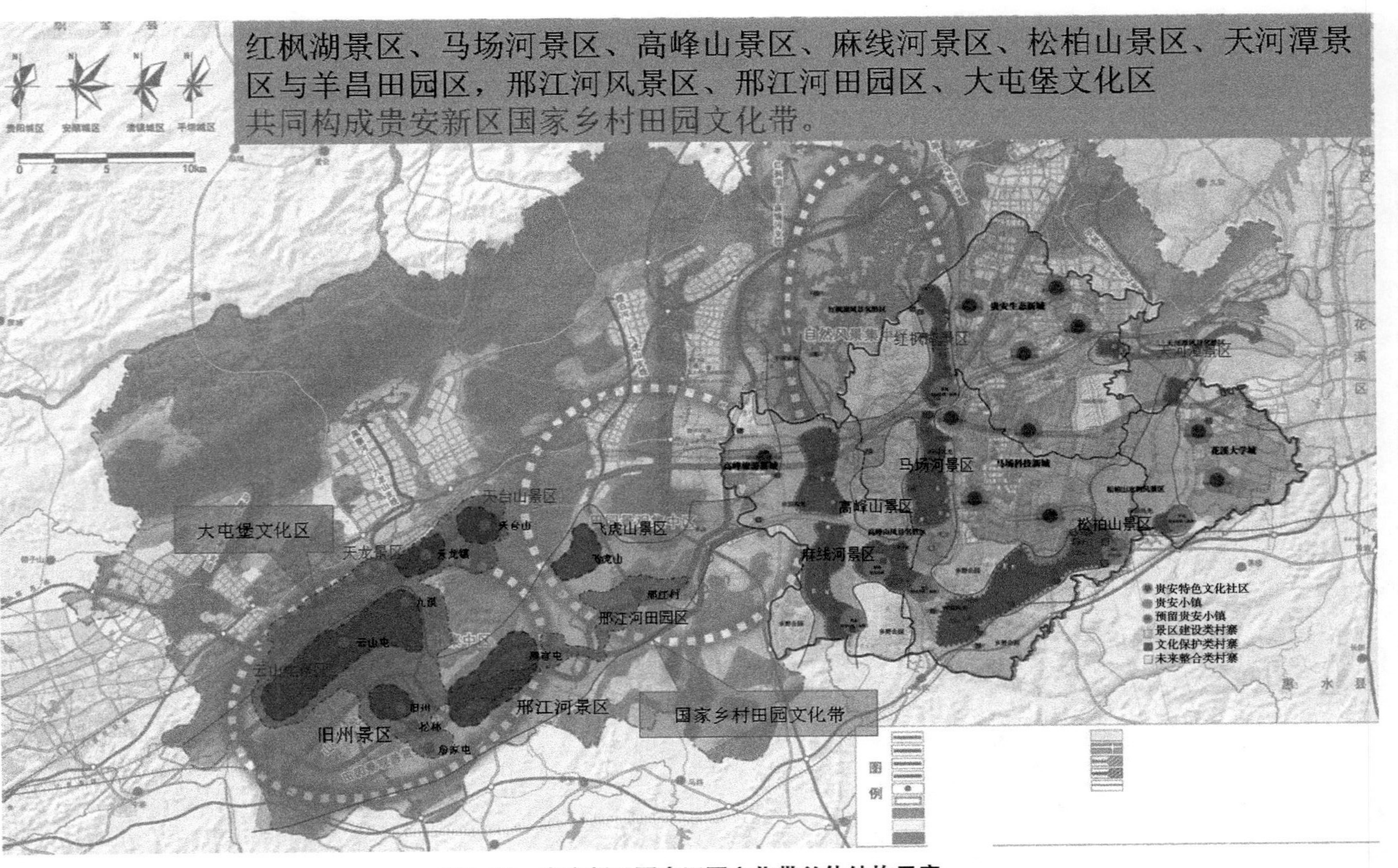


图1-12　贵安新区国家田园文化带总体结构示意

# 第二部分 体系篇

# 第二章

# 贵安微体系：一体四面

贵安围绕社会基层不断创新探索村社两委加村社监查委和村社两委加村社十户长形成“三横三纵”村社互助自治网，紧扣空间、产业、建设和服务“四位一体”（一体四面）村社标准单元体系推进建设。建立和实施村社标准单元体系是村社标准化工作的重要载体，科学管理的手段，以各子体系为基础，以最小的资源投入，获得更多的产出结果，使贵安建设和服务建立最佳秩序，使村社的规划、建设、管理、维护以及持续改进更加科学、规范和有效。阐述了贵安的方针目标、标准化规划、管理，描述了贵安标准体系组织机构及标准化职责，标准化人员及培训、管理、实施、评价、改进标准体系的要求，提出了贵安各部门在规划、设计、建设与服务方面的规范要求。既是贵安村社建设标准体系的总纲性文件，也是该标准体系的概括和各类人员开展标准化工作的依据，为贵安对外展示标准化管理的重要文件。

## 第一节　机构和职责

### 一　建立了完善并符合管理需要的组织机构

制定了《贵安新区农村综合改革美丽乡村建设标准化试点工作方案》，明确了各单位的标准化工作职责和权限。成立了贵安新区农村综合改革美丽乡村建设标准化试点工作领导小组，由管委会副主任任组长，成员由相关职能单位负责人组成，负责本区标准化工作重大问题的讨论、审批和决策。贵安新区农村综合改革美丽乡村建设标准化试点工作领导小组下设办公室。

## 二　农村综合改革美丽乡村建设标准化试点相关职责

### （一）新区工作领导小组职责

（1）组织贯彻落实国家标准化法律、法规、方针、政策和有关强制性标准；（2）负责标准化体系建设方面重大问题的研究、审议和决策；（3）组织研究和制定标准化体系的方针、目标，对服务标准化体系建设工作发展规划和年度计划进行审批；（4）确定各单位标准化体系管理机构、职责及其人员；（5）组织标准化体系运行管理评审和持续改进；（6）组织标准化体系建设工作的考核与奖惩；（7）确定与本区方针、目标相适应的标准化工作任务和目标；（8）审批标准化工作规划、计划和标准化活动经费；（9）组织建立本区标准体系，审批本区标准和标准体系；（10）鼓励、表彰为本区标准化工作做出贡献的单位和个人，对不认真贯彻执行标准，造成损失的责任者进行惩戒。

### （二）新区农村综合改革美丽乡村建设标准化试点工作领导小组办公室及其人员的职责

（1）组织贯彻上级标准化方针、政策、法律、法规；（2）组织制定并落实新区标准化工作指标和任务，编制新区标准化工作计划、规划；（3）制定或组织制定、修订本区标准，建立标准体系；（4）组织实施有关的国家标准、质量法律法规、行业标准和本区标准等；（5）做好标准化经济效果计算与评价，总结标准化工作经验；（6）收集相关的国内外标准资料，建立标准档案，统一管理本区标准化资料；（7）对本区有关标准组织宣贯学习，组织标准化基本知识的培训教育；（8）承担上级标准化单位委托的标准化工作任务。

### （三）新区农村综合改革美丽乡村建设标准化试点工作领导小组办公室及各成员单位职责

#### 1. 办公室职责

（1）负责为标准化建设所需的物资、资金、会务、资料装订等提供后勤保障；（2）负责涉及办公室管理标准的收集、整理，组织对有关规章制度进行修改完善，为制定标准提供依据；（3）负责制定标准化建设方案，对服务事项进行全面清理，制定事项服务质量标准，对所有标准进行划分、归类、统计；（4）负责新区标准化日常管理工作，组织制定并落实新区标准化工作任务指标，编制新区标准化规划、计划；（5）负责编制新区管理标准和工作标准体系表，建立和实施新区标准体系；（6）组织实施新区标准的制定、修订及复审，建立标准档案，统一管理各类标准，对标准实施情况进行监督检查；（7）组织制定本区标准化管理办法；（8）组织本区标准化培训；（9）收集和管理标准化信息，参加各类标准化活动；（10）负责组织相关单位对各单位提交的标准修改意见进行讨论，并将讨论结果进行反馈及修改相关标准；（11）严格执行本区批准实施的标准，对新区各单位的标准化工作实施考核、奖惩；（12）负责对本区农村综合改革美丽乡村建设标准化试点工作进行宣传报道，通过电视、网络、会议等形式，对标准化建设进行宣传，营造标准化建设的良好氛围；（13）承担本区标准体系内各标准修订、复审以及相关国际、国家、行业标准的收集和管理工作；（14）严格执行本区批准实施的标准，对涉及各科标准实施情况进行监督检查；（15）组织实施本区下达的其他标准化工作任务。

**2. 各成员单位职责**

（1）组织实施本区标准化体系建设领导小组下设办公室下达的标准化工作任务；（2）负责涉及单位的标准的拟定、整理，为制定标准提供依据；（3）严格执行本区发布实施的标准，对本区各单位的标准化工作实施考核、奖惩；（4）建立标准档案，管理与本单位有关的标准，搜集国内外标准化信息，传递给标准化体系建设领导小组办公室；（5）按相关的管理标准和工作标准对工作人员进行宣贯培训并监督；（6）做好各项记录并妥善保管。

**3. 专（兼）职标准化工作人员职责**

（1）确定并落实标准化法律、法规、规章中与本单位相关的要求；（2）落实标准化相关工作任务和目标；（3）建立和实施本单位标准体系，编制管理标准体系表；（4）组织制定、修订本单位标准，并实施相关的标准化培训；（5）组织实施纳入本单位标准体系的有关国家标准、行业标准、地方标准和本单位标准；（6）参与对于新政策、规定、制度的贯彻执行，提出标准化要求，负责标准化审查。

## 第二节　标准化人员及培训

### 一　各单位标准化管理机构应配备满足管理需求的专（兼）职标准管理人员

管理人员应具备的知识和能力：（1）具备一定的组织协调能力、计算机应用和文字表达能力；（2）熟悉并能执行国家和地方有关标准化的法律、法规、方针和政策；（3）熟练掌握业务管理要求；（4）具备与所从事的标准化工作相适应的专业知识、标准化知识和工作技能，经过培训取得标准化管理的上岗资格；（5）承担本单位标准的制（修）订、宣贯培训、组织实施、持续改进和解释工作；（6）负责本单位标准化体系建设工作信息的收集和交流；（7）负责本单位标准化体系有关文件的管理。

### 二　培训

#### （一）培训对象及内容

（1）标准化专（兼）职人员：标准化基本知识及业务知识培训；（2）中层以上领导干部：标准化基本知识，标准化法律、法规、规章普及培训；（3）其他管理人员：标准化基本知识培训；（4）工作人员：标准及标准化基本知识培训。教育及培训范围及内容如下：（1）标准化专（兼）职人员：标准化业务知识培训；（2）中层以上领导干部：标准化基本知识，标准化法律、法规、规章普及教育；（3）其他管理人员：标准化基本知识教育；（4）工作人员：标准及标准化基本知识教育。

#### （二）教育及培训方法

（1）其他人员的教育培训可采用请专家来本区举办学习班进行培训，或由本区标准化人员担任讲课老师进行有关的教育培训；（2）对教育、培训应做好教材、课时、考试、考核的安排，保证培训质量。

### （三）教育及培训的组织

各单位应有计划地进行标准化相关知识培训，培训应达到的要求有：各单位管理者应熟悉国家有关标准化法律、法规、方针和政策，了解标准化基本知识，熟悉并掌握管理职责范围内的各类标准，能贯彻运行；专（兼）职标准化管理人员应达到本标准有关要求；相关人员能熟练运用与本职工作有关的标准。

### （四）新区编制了《标准体系手册》

为适应本区发展，新区应根据提供服务和管理对标准化工作的需求，有计划地开展标准化活动，建立、完善和不断改进标准体系。

## 第三节　标准管理

### 一　标准的制定原则与程序

### （一）标准的制定原则

在现实允许的情况下，应积极采用国际标准和国外先进标准；全部引用国家、行业和地方标准的，可以不再制定标准，但为了在贯彻执行中便于使用，应体现原标准号；根据情况，对国家、行业和地方标准只需采用部分内容时，应将国家标准进行简化、补充或节选，并按规定编写标准代号；标准的制定一般按“谁使用，谁起草”的原则进行，特殊情况允许组织其他单位或由专家组制定。

### （二）标准的制定流程

标准制定流程如图 2－1 所示。

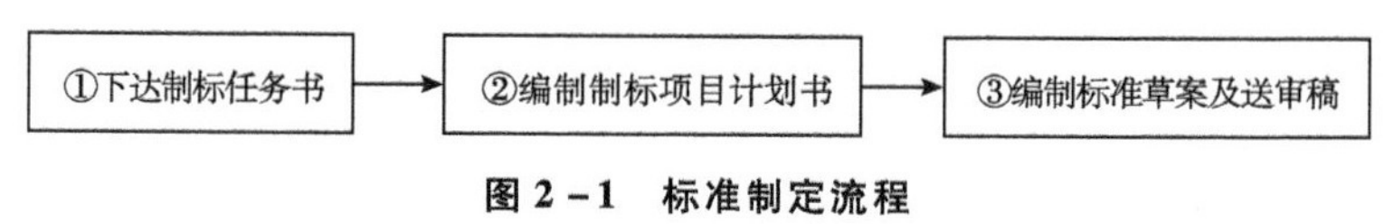


**图 2－1　标准制定流程**

①下达制标任务书：贵安新区农村综合改革美丽乡村建设标准化试点工作领导小组办公室应根据本区的年度制标计划及时向有关单位下达制标任务书。②编制制标项目计划书：负责起草标准的单位应根据制标任务书的要求编制一份制标项目计划，计划应包含起草人员、配合人员、草案完成日期、必要的验证或试运作项目及时间安排；如需外出调研、收集资料的还应定出外出时间安排等，并收集相关的标准和资料，为制定标准提供参考。③编制标准草案及送审稿：负责起草标准的单位根据制标项目，组织必要的调查研究，并在调查研究及相关参考资料基础上，起草标准草案。起草过程中，有关数据（或规定）的确立应征求相关单位、人员的意见，对标准主要内容（特别是一些重要参数、条款）的确定依据做出说明，最后形成标准送审稿。

## 二　具体要求

### （一）审查（会签审查或会议审查）

标准起草单位将标准送审稿（打印件）连同编制说明提交贵安新区农村综合改革美丽乡村建设标准化试点工作领导小组办公室组织审查。由贵安新区农村综合改革美丽乡村建设标准化试点工作领导小组办公室决定审查形式（会签审查、会议审查或两者结合）和参加审查的单位、人员，然后将标准送审稿、编制说明，按确定的形式组织审查。审查结果应填入标准审批表，并编制标准审查意见汇总表。审查意见未采纳的应做出说明；批准发布应符合下列要求：送新区农村综合改革美丽乡村建设标准化试点工作领导小组办公室负责受理后，将标准报批稿、编制说明、审查意见汇总表和标准审批表报主任批准发布；本区标准统一以正式文件向全区发布。

### （二）标准复审和修订

每三年复审一次，复审工作由本区标准化体系建设领导小组下设办公室负责组织。

### （三）引用标准的采用确认

新区农村综合改革美丽乡村建设标准化试点工作领导小组办公室应组织有关单位、人员对与本区相关的外来标准（国家标准、行业标准、地方标准）进行分析、研究，确定“直接采用”“选择采用”“补充制定”和“转化采用”。标准发放：标准批准发布后，由贵安新区农村综合改革美丽乡村建设标准化试点工作领导小组办公室确定分发的单位、人员及数量，并统一由贵安新区农村综合改革美丽乡村建设标准化试点工作领导小组办公室进行发放。发放到各相关单位、人员使用的标准，如遗失或破损影响使用时，可申请补发，经贵安新区农村综合改革美丽乡村建设标准化试点工作领导小组办公室批准后可以补发。

## 三 标准编制

### （一）标准编制程序

由标准制定单位负责进行调查研究和收集信息，包括所制定标准的内外部现状、统计资料、相关数据和发展方向；有关所制定标准的最新资料；各相关方的要求和期望；搜集与所制定标准有关的国内外相关标准。

### （二）起草标准草案

标准制定单位将收集到的信息资料进行整理、分析和处理，必要时进行试验对比和验证，然后编写标准草案和标准编制说明。

### （三）标准的修订

标准体系应及时根据修订后的内容进行修订，确保标准的适宜性。修订权限：当发现在用标准存在不适宜的内容时，使用单位、起草单位可以向贵安新区农村综合改革美丽乡村建设标准化试点工作领导小组办公室提出修订申请。

### （四）标准的审查与发布

标准审查与发布流程如下：（1）标准编制单位根据要求起草相关

标准；（2）填写《标准审查表》，报标准化体系建设工作领导小组办公室；（3）贵安新区农村综合改革美丽乡村建设标准化试点工作领导小组办公室组织召开内部审查会，标准审查人员在审查后签署审查意见；（4）通过审查的标准，由标准编制组统一编号并返回标准编制单位进行发布。

### （五）标准的实施

（1）基本要求。各单位均应组织相关人员学习并严格贯彻执行；在标准实施过程中，认为标准某内容不适宜，应向贵安新区农村综合改革美丽乡村建设标准化试点工作领导小组办公室反馈，不得私自更改。（2）实施程序。对一些重大或实施有一定难度的标准，标准起草单位应编制实施计划，必要时组织相关人员进行培训。（3）实施标准。在做好准备工作的基础上，由各单位分别组织实施有关标准。（4）标准实施的反馈及修改。各单位在标准实施过程中若发现现行标准有局部不合理或标准不能适应实际工作的情况，应提出标准修订申请。（5）标准实施的基本原则。国家标准、行业标准和地方标准中的强制性标准和强制性条款必须执行，纳入标准体系的标准应严格执行。（6）标准实施的程序。组织相关人员认真学习标准，必要时可以制订标准实施计划，应严格按照标准规定开展服务和管理活动。（7）标准实施的监督检查。标准实施的监督应纳入贵安新区农村综合改革美丽乡村建设标准化试点工作领导小组办公室管理范围，实施监督检查和考核。（8）监督检查结果的处理。负责监督检查的单位和人员，应确保监督检查的客观性和公正性，检查结果要形成书面意见作为标准化体系持续改进的依据。

## 四　标准体系的评价与修订管理

### （一）标准体系的评价

为确保本区标准化体系的适宜性、充分性和有效性，每年应组织一次自我评价；评价工作由贵安新区农村综合改革美丽乡村建设标准化试点工作领导小组办公室负责组织实施，其他单位配合。评价工作也可申请有资质的标准化评价单位实施，将评价中发现的问题及平时监督检查中发现的问题报贵安新区农村综合改革美丽乡村建设标准化试点工作领导小组办公室。

（二）标准的修订管理

本区标准的修订应严格控制，并按规定审批程序进行，当出现下列情形时允许对标准进行修订：（1）标准由于打印、校对等方面出现差错；（2）标准中部分内容不切合运作实际；（3）标准中内容与其他相关标准有冲突；（4）相关单位提出有充分理由的修改要求。本区标准的修订应按规定程序进行，即首先由提出修订要求的单位、人员填写《标准修订申请单》，经标准制定单位审核，再送贵安新区农村综合改革美丽乡村建设标准化试点工作领导小组办公室审核，最后由原标准批准人做出裁决。对经批准的修订应编制《标准修订通知单》，经批准人签发后发放到各标准持有单位进行标准的修订。

新区农村综合改革美丽乡村建设标准化试点工作领导小组办公室对需作保留参考的作废标准应在封面、前言和首页处盖上“作废留存”印章。

## 第四节　标准化工作规划及标准资料管理

### 一　标准化工作的规划

规划主要包括下列内容：标准化工作规划一般按三年一阶段进行编制，标准化计划按年度进行编制。编制工作由贵安新区农村综合改革美丽乡村建设标准化试点工作领导小组办公室负责，并报领导审批。

### 二　标准资料管理

（一）标准资料的范围

国家和地方有关标准化的法律、法规、规章和规范性文件；日常工作及管理等方面所需要的现行有效标准文本；国内外有关标准化的期刊、出版物、专著等；其他标准化信息资料。

（二）标准资料的收集

（1）向标准出版发行单位订购；（2）向有关标准情报单位索购；（3）外出学习、考察、出席会议等活动带回的标准资料。

（三）标准资料的管理要求

（1）及时收回废止标准，并盖上“废止”章，妥为保存；（2）建立标准化信息库，提供快捷服务；（3）本区使用的标准可根据使用需要，按规定进行分类汇编成册。

（四）标准归档管理应具备的材料

（1）标准发布文；（2）标准文本（正式稿）；（3）编制说明（简单的标准可不编）；（4）标准审批表；（5）标准审查意见汇总表；（6）标准修改通知单（有修改意见的填写）。

（五）办公室应掌握的标准化信息

与服务相关的各种有效标准文本；国内外有关标准化期刊、出版物；有关国家标准、行业标准、国际标准、企业标准、技术法规的中（外）文本；国家和地方有关标准化的法律、法规、规章和规范性文件；其他与本区有关的标准化信息。

## 第五节　标准实施的监督检查与评价

### 一　标准实施的监督检查

（一）监督检查内容

（1）已实施标准的执行情况；（2）所拟标准内容应符合有关工作要求。

### （二）监督检查的组织

标准实施监督采用统一领导、分工负责相结合的管理方式，即由贵安新区农村综合改革美丽乡村建设标准化试点工作领导小组办公室统一组织进行。

### （三）监督检查的方式

贵安新区农村综合改革美丽乡村建设标准化试点工作领导小组根据工作需要每年度开展一次监督检查，每次随机抽查体系中标准的执行情况，并填写《贵州贵安新区标准化体系监督检查记录表》。

### （四）监督检查结果的处理

贵安新区农村综合改革美丽乡村建设标准化试点工作领导小组办公室应确保监督检查的客观性和公正性，根据监督检查结果，填写《贵州贵安新区标准化体系监督检查记录表》并反馈至各单位，由责任单位针对检查中存在的问题进行定期整改，由贵安新区农村综合改革美丽乡村建设标准化试点工作领导小组办公室验证整改情况并对改进效果进行监督。

## 二 标准实施评价

### （一）评价原则

坚持以事实和客观证据为判定依据的原则；坚持标准与实际对照的原则；坚持独立、公正的原则。

### （二）标准体系自我评价

评审小组成员根据《贵州贵安新区标准体系检查记录表》的评价结果，对不符合标准要求的项目由评审小组开具《贵州贵安新区标准体系自我评价不合格报告表》，并按照有关规定判定不合格性质，由责任单位制定纠正和预防措施后，评审小组成员负责验证纠正措施的实施情况并对改进效果进行评价。（1）不合格情况分级。①轻微；②一般；③严重。（2）判定依据如下：①轻微不合格：个别的、偶然的、孤立的现象，并且是轻微的，在这种条件下，相应的工作没有受到影响；②一般不合格：个别的、偶然的、孤立的事件，对体系的有效性及服务质量影响不大；③严重不合格：区域性或系统性的失效或缺陷，可造成或已造成严重后果。（3）评价程序。①制订评价计划；②成立评价小组；③评价准备；④评价实施；⑤评价结果的处置：将《贵州贵安新区标准体系自我评价报告》发送责任单位，由责任单位填写原因分析制定纠正措施及完成时限、纠正措施实施后，返回评价小组，由评价小组成员对纠正措施进行验证；⑥由评价小组对各单位不合格项和整改情况评议后提出考核奖惩建议，由评价小组组长审核后实施奖惩。

## 第六节　标准体系的持续完善和编制说明

### 一　标准体系的持续完善

#### （一）按照P—D—C—A（计划—实施—检查—改进）管理模式进行

实施改进的信息应包括：（1）内、外部顾客反馈意见；（2）各种记录、报表中反映的数据；（3）干部职工的建议等；（4）员工的建议等。数据分析：各职能单位负责按照有关规定，收集实施改进的信息，对数据进行分析，确定现有的和潜在的问题根源，提出处理方案并提交标准化体系建设领导小组办公室。制定纠正和预防措施：贵安新区农村综合改革美丽乡村建设标准化试点工作领导小组办公室根据各单位提交的监督检查处理方案、自我评价结果，负责组织相关责任单位共同制定纠正和预防措施，并督促其实施改进。

#### （二）持续改进

通过实施纠正措施，对存在问题进行整改，直到达到预期的效果。各职能单位负责专业标准化工作的实施、监督检查及改进，配合开展体系评价工作。贵安新区农村综合改革美丽乡村建设标准化试点工作领导小组办公室负责根据定期和不定期的本区自我评价和社会确认中发现的不合格项采取纠正和预防措施，对改进和预防措施负责跟踪验证和记录。对于标准化工作中有显著效果的标准化成果给予奖励。

## 二　编制说明

### （一）制定目的和依据

为规范本区的规划、设计、建设与服务行为，保证工作与管理质量，维护顾客、员工和所有相关方的利益，提高本区的管理与服务水平，促进本区全面发展，依据《中华人民共和国标准化法》《中华人民共和国标准化法实施条例》、GB/T 13016、GB/T 13017 及国家有关法律法规的要求，结合本区工作、管理及提供服务的实际情况，建立本区标准体系、编制本区标准体系表。

### （二）原则要求

本区标准体系的建立遵循“切合实际、划分明确、系统协调、逐步优化”的原则，通过标准体系建立统一的管理服务平台，实现本区体系的有机整合。

### （三）标准体系主要结构

（1）通用基础标准体系；（2）田园社区规划布局标准体系；（3）田园社区建筑设计标准；（4）田园社区生态建设标准；（5）田园社区公共服务标准；（6）田园社区市民化促进标准；（7）田园社区文化建设标准；（8）和谐田园社区建设标准。

### （四）通用基础标准体系

通用基础标准体系中采用相关国家与行业标准，主要以本区美丽乡村各单位标准化工作特点和运作模式为基础，包含了标准化导则、术语和缩略语标准、符号与标志标准、数值与数据标准、量和单位标准在内的国家、行业、地方标准。

（五）服务提供标准体系

服务提供标准体系包括了政治部、经发局、社管局、公安局、环保局、统筹办6家单位的19项标准，为实施的服务行为提供技术上的依据和规范。

（六）标准体系框架图和明细表

编制标准体系基本框架图和层次结构图，明确标准体系的分类和层级关系，按照标准化对象的属性对标准实施系统性管理。

（七）标准的编号规则

标准体系代号为DB 520001，表示“贵安新区地方标准”。标准编号示例1：DB 520001/T 001—2015表示在标准体系中第1个标准，发布年号为2015年。服务本区标准体系结构图及标准体系明细表见附录A和B。

说明：《标准体系手册》由贵安新区农村综合改革美丽乡村建设标准化试点工作领导小组下设办公室组织编制，经标准化试点工作领导小组审核，标准化主管领导批准发布生效。

# 第三章

# 村社微空间：一张底图

## 第一节　贵安规划布局技术标准

### 一　规划布局范围原则

#### （一）规划范围

本标准规定了田园社区规划布局的术语与定义、规划布局原则、田园社区规模划分、田园社区规模划分、田园社区（村庄）布局、“三型五类”美丽乡村布局规划、田园社区功能板块基本要求等内容。本标准适用于贵安新区直管区村社建设规划布局技术规范，非直管区村社建设参照执行。

#### （二）布局原则

城乡发展一体化原则；产业发展一体化原则；生态建设一体化原则；社会保障一体化原则。

### 二　田园社区

#### （一）田园社区规模划分

按村民人口数量划分为特大型社区（村庄）、大型社区（村庄）、中型社区（村庄）、小型社区（村庄），其中，特大型社区（村庄）10000 人以上；大型社区（村庄）5000 ~ 10000 人；中型社区（村庄）3000 ~ 5000 人；小型社区（村庄）3000 人以下。

（二）田园社区（村庄）布局原则

符合上位规划；集约用地、集中布局；保护生态环境，挖掘地方文化，突出特色；结合村寨生存方式，体现乡村特色，避免城市化布局。

（三）布局规划要点

（1）空间形态；（2）公共空间布局；（3）建筑群体组织；（4）院落空间组织；（5）滨水空间利用；（6）保护村庄道路尺度、道路与建筑的空间关系、特色民居、古寺庙等；（7）民族文化传承；（8）地质安全；（9）三低一高。

（四）建设用地选择

选择建设用地应立足于旧村改造为主，应选择在水源充足，通风、日照和地质地形条件适宜的地段，应避开自然灾害影响的地段，应避免被铁路、高等级公路和高压输电线路所穿越，应采取集中紧凑发展的模式。

（五）规划布局类型

（1）集中式布局；（2）组团式布局；（3）分散式布局。

（六）“三型五类”美丽乡村布局规划

（1）湖潮乡美丽乡村（社区）建设布局：贵安小镇建设类社区（村庄）29个，景区建设类社区（村庄）15个，文化保护类社区（村庄）20个；（2）党武乡美丽乡村（社区）建设布局：贵安小镇建设类社区（村庄）40个，景区建设类社区（村庄）16个，文化保护类社区（村庄）28个；（3）马场镇美丽乡村（社区）建设布局：贵安小镇建设类社区（村庄）14个，景区建设类社区（村庄）6个，文化保护类社区（村庄）8个；（4）高峰镇美丽乡村（社区）建设布局：贵安小镇建设类社区（村庄）23个，景区建设类社区（村庄）10个，文化保护类社区（村庄）90个。

### （七）田园社区功能板块基本要求

（1）社区市政基础配套设施；（2）因地制宜的布局原则；（3）道路等级与宽度，在120~300米主要道路间距，4~6米路面宽度，在50~100米主、次要道路的间距，2.5~3.5米路面宽度；（4）道路铺装：主要道路宜采用硬质材料为主的路面；（5）宜采用环保、节能型道路照明；（6）停车场设置：村庄停车场地的布置主要考虑停车的安全和经济、方便，宜在村庄周边集中布置。

## 三 重点工程

给水工程、排水工程、燃气工程、垃圾处理工程、供电工程、电信工程、广播电视工程规划、清洁能源利用、环境卫生设施、社区公共服务设施。

## 四 专项规划设计

### （一）社区特色民居建设（含民居建筑风貌设计）

特点：规划应注重当地传统建筑的特色，新建建筑要延续当地建筑的传统风貌，新旧相协调。延续村庄自然肌理特征：传统村落村庄规划要注重延续村庄自然肌理特征，避免大拆、大建，保护村庄原始的自然增长边界特征。例如，倪园东村规划秉承延续村庄自然肌理的原则，对村庄院落逐一分类进行整治，避免大拆、大建，使得村庄不仅有完整的原生型内部生活空间，同时保护和呈现了“山村型”村庄自然增长边界的特征。传统村落空间的营造：传统村落空间一般拥有典型的村口特征、街巷空间、院落空间、宗祠宗庙、古井、戏台等特征。重点梳理村庄开敞空间作为公共空间，恢复村口、街巷，形成“公共空间—半公共空间—私人空间”和“街巷—组群—院落—建筑”的传统村落，同时考虑村体的高差，形成富有层次感、韵味感的坡地和台地空间。突出梳理街巷空间：规划保留原有街巷的空间格局，并对原有空间肌理进行修补、整合。

（二）社区生态环境规划

农村生活垃圾整治：实行农村生活垃圾“户集、村收、镇运输、县处理”的模式，充分利用市场经济的优越性，采用集中化处理和无害化处理，降低处理成本，实现可持续发展，建立市场运作的农村垃圾处理运行机制。农村水污染整治：要求与督促各区（市）县城区和所有乡镇做好农村污水处理的规划，并分步严格落实，依照轻重缓急的原则进行。同时，加大对饮用水的保护，特别是对饮用水水源的保护，在科学规划水源区的同时，对水源保护区的排污口予以坚决取缔，从而预防和处理水污染事故等。农业资源污染整治：开展土壤污染状况调查和污染超标耕地综合治理。全面推广使用可降解农膜，实施测土配方施肥，逐年削减化肥施用量，基本解决畜禽养殖污染。全面停用高毒高残留农药。搞好农作物稻秆综合利用，大力发展农村沼气建设。空气污染整治：加强对废气的强制处理，鼓励农村的中小企业集中发展，敦促废气排放完全达标，并对没有遵循相关条例危害农村生活环境的中小企业实行“关、停、并、转”。不得焚烧会产生有毒气体的生活垃圾，保证农村空气质量。农村建筑和道路垃圾整治：应及时清理农村建筑和道路垃圾。

（三）社区产业发展培育规划

统筹村域第一、第二、第三等产业的空间布局，合理确定生产、农副产品加工、产业园、物流市场、旅游发展等产业功能集中区的选址和用地规模；结合当地生产需求，合理安排村域村庄规划建设用地范围外的相关生产设施用地；村旅游、手工、加工、畜禽、水产养殖等业态宜集中安排，以利形成规模、提高效率、保障安全，便于治理和防疫；建立高效的流通服务体系，加快生产性服务业发展，积极推进科技的研发和推广。

（四）乡村旅游发展规划

乡村旅游资源分析与评价，确定旅游发展定位及其发展模式；建设一批特色旅游风情村寨和休闲农业示范点，发展农家乐等旅游产品；乡村旅游空间总体布局结合村寨范围内特色产业功能区划与特色资源类型分布，确定未来旅游业发展的总体空间形态、旅游发展目标、发展策略；绿色基础设施具有交通、生态、游憩、观光、旅游、体育、健身等多种功能的交往空间、生态绿色开敞延伸功能；民宿业利用自用住宅空间，以家庭副业方式经营，供旅客乡野生活、避寒度假疗养之住宿处所，以提供给旅客不一样的住宿体验为主要的吸引力，其经营形态则是多以家庭副业模式经营；旅游管理要完善配套基础设施和公共服务设施，包括旅游区的开发、旅游资源的利用与保护、旅游服务等，明确各职能部门的分工，提出旅游管理的措施。

### （五）社区减灾防灾规划

按规范设置、消防通道、消防设施要求，提出防洪设施标准，提出地质灾害预防和治理措施；按规范保证建筑和各项设施之间的防火间距，在水量保证的情况下可充分利用自然水体作为村庄消防用水；防洪规划应按现行 GB 50201《防洪标准》的有关规定执行，通常按照 10～20 年一遇标准；提出地质灾害预防和治理措施，提出相应的规划措施和工程抗震措施；提出疫情预防和治理措施。

## 五　重点规范

### （一）社区民族民俗历史文化保护和传承

要求：村庄整治中应严格、科学保护历史文化遗产和乡土特色，延续与弘扬优秀的历史文化传统和农村特色、地域特色、民族特色。对于国家级和省级历史文化名村、各级文物保护单位，应按照相关法律法规的规定划定保护范围，严格进行保护。

### （二）社区社会保障和社会管理

设立相应的社会保障和社会管理制度，保障全社会成员基本生存与生活需求，特别是保障公民在年老、疾病、伤残、失业、生育、死亡、遭遇灾害、面临生活困难时的特殊需要；制定养老保险和医疗保险保障条件，逐步分层次开展。在经济相对落后的贫穷地区，要有机地把社会保险与救济工作相统一，扶持贫困特困户参加到社会保险中，提高他们脱贫致富的能力；建立起完善的最低生活保障制度，制定科学的保障标准，确保标准的实效性，要合情合理，能够真正地解决农民的生活问题；建立多层次的社会保障体系和有权威的社会保障机构，建立起以法律为基础的社会保障体系为主，乡村保障和家庭储蓄保障为辅的多层次的社会保障体系，并成立有财政、民政、劳动等部门共同参与的社会保障机构，来负责农村的社会保障。根本上还是要增加农民的财政收入，提高农民的生活水平，减少农民对医疗卫生社会保障方面的需要。还要提高农民的社会保障意识，要从心理上、价值取向上改变、摒弃以前旧的思想。

### （三）平安和谐社区建设规范

完善城市社会保障体系，逐步扩大社会保障范围，提高社会保障水平，切实保障各方面困难群众的基本生活，使更多的群众都能享受到改革与发展的成果；公共服务完善，调整公共资源配置，加强社区五大服务网络建设，拓宽服务领域，改善服务质量，为群众提供便捷的服务；社会安全稳定，健全社区群防群治网络，坚持人防、技防相结合，完善安全防范体系，加强对流动人口的管理与服务，使社区安定祥和，社会秩序井然，广大居民安居乐业，生态环境良好；搞好绿化美化、垃圾与污水处理，提高市民的公德意识、环保意识，使群众养成节约、环保、卫生的良好习惯；邻里互助友爱，邻里和睦相处，互敬互爱，守望相助，形成遵纪守法、文明礼貌、尊老爱幼的良好社会风尚。

### （四）社区市民化建设规范

加强社区公共文化设施建设和制度文化教育，开展多种形式的文化活动，延伸社区文化服务功能，推进农民市民化；深化配套改革，促进城镇化的发展。应消除农民进城体制性、政策性障碍，改革户籍制度，放开进城落户的政策限制，鼓励引导农民向城镇集聚。大力发展农村产业化，围绕某主导产业和相关的若干骨干农产品，将产前、产中、产后的各个环节，结合成一个新的农业体系，实行种养、产供销、贸工农一体化经营。

（五）社区基层组织建设规范

抓好以村党组织为核心的村级组织配套建设，领导和支持村委会、集体经济组织、共青团、妇代会、民兵等组织和乡镇企业工会组织依照法律法规和章程开展工作。

## 第二节　贵安配套设施规划标准

### 一　新区村社配套原则与标准

（一）规划布局原则

基本配套设施统筹性原则：主要考虑基本配套设施在直管区 4 个乡镇 87 个行政村的布局；前瞻性原则：按照有利于社区管理和服务的要求，综合人口、户数、自然地域、区域功能及居民认同感等因素，对社区规模进行科学、合理划分和布局，进行前瞻性规划；协调性原则：充分考虑社区建设内涵广泛的特点与教育、医疗、文体、商贸、市政公用等方面的有关专项规划综合衔接，对街道和社区两个层面的公共服务设施和基础设施分别进行科学、合理的规划配套，能较好地满足居民群众不断增长的物质文化生活需求；可操作性原则：充分认识现有的基础条件、人文环境、社会资源和居民需求，立足于社区公共服务资源的优化配置，注重规划成果的可操作性，在规划文本中以图、表相结合的形式对社区布局规划和配套设施的实施、建设分级分类进行规划引导，使社区规划更有利于居民群众理解和认同，实现社区的可持续发展。

（二）建筑设计原则

建筑设计应满足相应的国家法律法规，以及地方相应规范要求，符合上级建设和施工标准；建筑设计应以贵州地方多元化建筑文化传统和本地自然环境的特点为基础，提倡设计创新。坚持通过城市设计的控制，塑造各具特色的片区，实现新区建筑风貌的整体协调。建筑设计应努力实践“乡土建筑现代化、现代建筑本土化”的理念，在满足实用功能的前提下，采用现代技术和材料，力求真实表达多彩贵州的地域文化，反对简单地照搬、拼贴，不搞追求怪异奇特的“形式主义”，要在吸收传统文化精髓和借鉴国外先进经验的基础上，不断创新，创造具有时代特征的贵州新建筑。贵安新区的城市形态、空间结构、城市肌理和公共空间应遵循“跟着水走、围着山转、顺应地形、融入自然”的原则，减少对本地环境的干扰，实现低冲击的开发。

### （三）基本配套设施配置标准

（1）社区管理六室一中心配置要求：按人口规模（特大型、大型、中型、小型）或者行政村（中心村）、一般自然村为划分依据，并结合社区管理、地域条件、人文状况以及实际需求，以表格的形式列出配置标准。社区管理六室一中心配置要求见表3－1。

**表3－1 社区管理六室一中心配置要求**

| 房间名称 | 办公室 | 党代表工作室 | 档案室 | 文体娱乐室 | 图书阅览室 | 警务室 | 便民服务中心 |
|---|---|---|---|---|---|---|---|
| 面　积 | 60平方米 | 120平方米 | 60平方米 | 200平方米 | 200平方米 | 60平方米 | 60平方米 |
| 功　能 | 使用面积较小，一般不超过三间办公室 | 同时还可作为居民会议室和特色工作室 | 存放社区内档案资料 | 供社区居民娱乐使用 | 同时可作为小会议室以及荣誉室 | 执勤警务办公室 | 村民办事服务大厅 |

（2）教育设施配置要求：幼儿园、小学配置要求见表3－2。

**表3－2 幼儿园、小学配置要求**

| 社区规划人数 | 公建名称设施 | 建筑面积 | 用地面积 | 规划设置要求 |
|---|---|---|---|---|
| 10000～15000人 | 幼儿园 | 9～12平方米/人 | 4个班以上幼儿园应该独立设置，人均面积15～20平方米/人 | 按照GB 50180执行，千人指标12～15人/千人，每班25～30人，服务半径500米 |
| | 小　学 | 6～8平方米/人 | 人均面积18～20平方米/人 | 按照GB 50180执行、《中小学布局规划》，千人指标70人/千人，每班45人，服务半径500米 |

续表

| 社区规划人数 | 公建名称设施 | 建筑面积 | 用地面积 | 规划设置要求 |
|---|---|---|---|---|
| 30000～50000人 | 幼儿园 | 9～12平方米/人 | 4个班以上幼儿园应该独立设置，人均面积15～20平方米/人 | 按照GB 50180执行，千人指标12～15人/千人，每班25～30人，服务半径500米 |
| | 小 学 | 8～10平方米/人 | 人均面积22～25平方米/人 | 按照GB 50180执行、《中小学布局规划》，千人指标45人/千人，每班50人，服务半径1000米 |

（3）医疗保健设施配置要求：卫生服务站、养老院配置要求见表3－3。

**表3－3 卫生服务站、养老院配置要求**

| 规划人数 | 公建设施名称 | 建筑面积 | 用地面积 | 规划设置要求 |
|---|---|---|---|---|
| 1000～3000人 | 垃圾收集点 | — | 40平方米 | 服务半径不大于70米 |
| | 养老院 | 不需要设置 | — | — |
| 4500～9000人 | 卫生服务站 | 150平方米 | — | — |
| | 养老院 | 不需要设置 | — | — |
| 10000～15000人 | 卫生服务站 | 300平方米 | 500平方米 | 按照GB 50180执行 |
| | 养老院 | 20平方米/床 | 规模50床/万人 | 宜靠近集中绿地，可与老年活动中心合并设置 |
| 30000～50000人 | 卫生服务站 | 2000～3000平方米 | 3000～5000平方米 | 按照GB 50180执行 |
| | 养老院 | 10～15平方米/千人 | 20～30平方米/千人 | — |

（4）文化体育设施配置要求：村史博物馆、民族民俗展示室、文化活动室、健身广场等文化体育设施配置要求见表3－4。

**表3－4 文化体育设施配置要求**

| 规划人数 | 公建设施名称 | 建筑面积 | 用地面积 | 规划设置要求 |
|---|---|---|---|---|
| 1000～3000人 | 文化图书室 | 不少于50平方米 | — | — |
| | 体育场地 | 人均用地大于1.08平方米 | — | 含中小学体育用地 |

续表

| 规划人数 | 公建设施名称 | 建筑面积 | 用地面积 | 规划设置要求 |
|---|---|---|---|---|
| 4500～9000 人 | 文化图书室 | 100 平方米 | — | — |
| | 体育场地 | 人均用地大于1.08 平方米 | — | 含小学体育用地 |
| 10000～15000 人 | 文化活动站 | 400～600 平方米（青少年活动建筑 20～30 平方米/千人） | 400～600 平方米（青少年活动建筑20～30 平方米/千人） | — |
| | 体育场地 | 人均用地大于1.08 平方米 | — | 含小学体育用地 |
| 30000～50000 人 | 文化活动中心 | 100～200 平方米/千人 | 200～600 平方米/千人 | 按照 GB 50180 执行 |
| | 体育场地 | 人均用地大于1.08 平方米 | — | 含小学体育用地 |

（5）商业服务设施配置要求：农贸市场服务设施配置要求见表 3－5。

**表 3－5　农贸市场服务设施配置要求**

| 规划人数 | 公建设施名称 | 建筑面积 | 用地面积 | 规划设置要求 |
|---|---|---|---|---|
| 1000～3000 人 | 农贸市场 | 500～600 平方米 | — | 服务半径不大于 500 米 |
| 4500～9000 人 | 农贸市场 | 800～1000 平方米 | — | 服务半径 500～800 米 |
| 10000～15000 人 | 农贸市场 | 800～1000 平方米 | — | 服务半径 500～1000 米 |
| 30000～50000 人 | 农贸市场 | 1000～1200 平方米 | — | 按照《城市居住区规划设计规范》设置，服务半径 500～1200 米 |

## 二　建筑设计通用技术规范

村支两委办公用的管理用房是按照法律规定，依据村镇建设规模按照比例建设的为村民提供日常服务办公的场所，产权规全体业主所有。建设风貌应符合村镇整体建设风貌。

## （一）教育设施建筑设计规范

### 1. 幼儿园建筑设计一般规定

托儿所、幼儿园的建筑热工设计应与地区气候相适应，并应符合《民用建筑热工设计规程》中的分区要求及有关规定；托儿所、幼儿园的生活用房应按相关规定设置。服务、供应用房可按不同的规模进行设置：（1）生活用房包括活动室、寝室、乳儿室、配乳室、喂奶室、卫生间（包括厕所、盥洗、洗浴）、衣帽贮藏室、音体活动室等。全日制托儿所、幼儿园的活动室与寝室宜合并设置。（2）服务用房包括医务保健室、隔离室、晨检室、保育员值宿室、教职工办公室、会议室、值班室（包括收发室）及教职工厕所、浴室等。全日制托儿所、幼儿园不设保育员值宿室。（3）供应用房包括幼儿厨房、消毒室、烧水间、洗衣房及库房等。建筑侧窗采光的窗地面积之比，不应小于本标准有关的规定。

### 2. 中小学设计规范一般规定

中小学校建设应为学生身心健康发育和学习创造良好环境；接受残疾生源的中小学校，除应符合本规范的规定外，还应按照现行有关标准规定设置无障碍设施；校园内给水排水、电力、通信及供热等基础设施应与中小学校主体建筑同步建设，并宜先行施工；由当地政府确定为避难疏散场所的学校应按国家和地方相关规定进行设计；多个学校校址集中或组成学区时，各校宜合建可共用的建筑和场地。分设多个校址的学校可依教学及其他条件的需要，分散设置或在适中的校园内集中建设可共用的建筑和场地；在改建、扩建项目中宜充分利用原有的场地、设施及建筑；环境设计、建筑的造型及装饰设计应朴素、安全、实用。

## （二）医疗保健设施建筑设计通用规范

门诊、急诊、住院应分别设置出入口；在门诊、急诊和住院主要入口处，应有机动车停靠的平台及雨棚；医院的分区和医疗用房应设置明显的导向图标；四层及四层以上的门诊楼或病房楼应设电梯且不得少于两台，电梯井道不得与主要用房贴邻。主楼梯宽度不得小于 1.65 米，踏步宽度不得小于 0.28 米，踏步高度不应大于 0.15 米；三层及三层以下无电梯的病房楼以及观察室与抢救室不在同一层又无电梯的急诊部，均应设置坡道，其坡度不宜大于1/10；通行推床的室内走道，净宽不应小于2.1米，有高差者应用坡道相接，其坡度不宜大于1/10；半数以上的病房，应获得良好日照；门诊、急诊和病房，应充分利用自然通风和天然采光，诊查室高度不能低于2.60米，病房不能低于2.80米，护理单元的备餐室、浴厕、盥洗室等辅助用房应力求减少噪声对病房的影响；病人使用的厕所隔间的平面尺寸，不应小于1.10米×1.40米，门朝外开，门闩应能里外开启，病人使用的坐式大便器的坐圈宜采用“马蹄式”，蹲式大便器宜采用“下卧式”，大便器旁应装置“助立拉手”，厕所应设前室，并应设非手动开关的洗手盆，如采用室外厕所，宜用连廊与门诊、病房楼相接。

### （三）社区卫生服务中心建筑标准

（1）区卫生服务中心站的建设，应贯彻安全、适用、经济、节能、环保的原则，建筑标准应根据不同地区的经济水平和地域条件合理确定。

（2）社区卫生服务中心站临床科室、预防保健科室和医技室用房应满足使用功能要求，每间使用面积不宜低于以下规定：①全科诊室10平方米，中医诊室10平方米，康复治疗室40平方米，抢救室14平方米；②预防接种室50平方米，儿童保健室10平方米，妇女保健室18平方米，计划生育指导室10平方米，健康教育室40平方米；③检验室18平方米，B超室12平方米，心电图室12平方米，西药房16平方米，中药房16平方米，消毒间10平方米，治疗室8平方米，处置室8平方米，观察室60平方米，健康信息管理室12平方米。

（3）社区卫生服务站用房：全科诊室10平方米，治疗室8平方米，处置室8平方米，观察室20平方米，预防保健室10平方米，健康信息管理室6平方米。

（4）社区卫生服务中心站宜设集中候诊区，利用走廊单侧候诊，走廊净宽应不小于2.4米；两侧候诊，走廊净宽不应小于2.7米；不设置候诊的走廊净宽不应小于2.1米。

（5）室内净高不应低于以下规定：①诊室2.6米，观察室2.8米；②医技科室2.8米，或根据需要而定；③如果设置病房，病房2.8米；

④社区卫生服务中心医疗用房层数为二层时宜设电梯或无障碍坡道，三层以上应设置电梯。

### （四）文化体育设施建筑设计通用规范

一般规定：体育建筑应根据所在地区、使用性质、服务对象、管理方式等合理确定建筑的等级和规模；确定建筑平台、剖面、结构选型和空间造型时，应根据建筑位置、项目特点和使用要求注意其合理性、经济性和先进性；根据功能分区应合理安排各类人员出入口。比赛用建筑和设施应保证观众的安全和有序入场及疏散，应避免观众和其他人流（如运动员、贵宾等）的交叉；在同一场地上应能开展不同的运动项目。内部辅助用房应有一定的适应性和灵活性，当若干体育设施相连时，应考虑设备、附属设施的综合利用；应结合运动项目的特点解决朝向、光线、风向、风速等对运动员和观众的影响；根据当地气候条件，应充分利用自然通风和天然采光；应合理确定围护结构，采取节能、节水措施；在建筑处理上应考虑身材高大运动员的使用特点；对一般群众开放时，应考虑儿童、妇女、老人等不同使用对象的特殊要求；应考虑残疾人参加的运动项目特点和要求，并应满足残疾观众的需求；体育建筑应考虑维护管理的方便和经济性，使用中发生紧急情况和意外事件时应有安全、可靠的对策。

### （五）广场类型及要求

健身类具材市场出售各种成形的具材，多数为钢木材制品，价廉物美，如太空漫步、腹背牵引器等，也包含健身道路现在是健身广场的主要内容；运动类具材有各种小型的常规定型具材，如单杠双杠、吊环、羽毛球、乒乓球等，主要服务对象为中青年，在有较大场地的公园绿地可以见到这种布置；玩具类具材包括各种成组的小型多样具材，也包含沙坑等设施，主要服务对象为青少年，多数公园可以见到这种设施。

### （六）旅游服务设施设计规范

选址要求：旅游服务接待中心对于地基的选择是游客接待中心设计的第一步，地基往往以自身的形态和条件成为制约设计的限定因素。对于中心的选址来说需要有多方面的考量：地基的地理位置、人文环境条件，地基自身的地理、地貌、日照、景观等条件都属于要考虑的范围，接待中心选址应具备的水、电、能源、环保、抗灾等基础工程条件，靠近交通便捷的地段，同时还要分析所选位置的生态环境，要因地制宜，充分顺应和利用原有地形，尽量减少对原有地形与环境的损伤或改造。外观设计要求：旅游接待中心的建筑设计应该具有贵州民族特色，反映时代精神；背景建筑应统一协调，其体量、色彩、材质等应服从整体风貌的要求。室内基本设施配置规定：旅游接待中心的功能主要包括：门厅、展示（展厅、多媒体展示、全景沙盘）、服务（问询接待、导游服务、售票、休息厅、多功能厅、购物、自动取款机、急救室）、管理办公（办公室、机房、控制、库房），各功能面积比应满足表 3 –6 要求。

**表 3 –6　旅游接待中心室内基本设施配置功能面积比**

单位：%

| 功能 | 活动内容 | 房间 | 设施设备 | 面积百分比 |
|---|---|---|---|---|
| 游客活动 | 问询、导游服务 | 门厅 | 咨询台、宣传栏 | 5 |
| | 了解景区信息、路线 | 展览厅、展览廊、陈列室、多媒体室（多功能厅） | 地图、沙盘、橱窗、陈列柜、多媒体录像 | 30 |
| | 休息、茶水 | 免费 VIP 休息厅、咖啡厅、茶室 | 座椅、沙发、饮水、洗漱设备、卫生间 | 15 |
| | 购买必需品、特产 | 商店（超市） | 货架、柜台、收银台 | 10 |
| | 存包裹、邮局服务、存取款、上网、医疗急救 | 小件寄存处、邮局、银行、网吧、急救室 | 柜台、贮存间、ATM 取款机、电脑、医疗器械 | 12 |
| | 餐饮 | 餐厅、厨房 | 餐桌椅、作业台、贮藏、冷冻、洗涤、更衣 | 附加 |
| | 住宿 | 旅馆 | 床、桌椅、卫生间 | 附加 |
| 管理 | 行政管理 | 售票间、值班室、办公室、会议室 | 办公设备、卫生间 | 18 |
| 辅助 | 贮藏、能源动力 | 仓库、配电间、空调机房 | 锅炉、水泵、配电房 | 10 |

## （七）海绵城市

根据《海绵城市建设技术指南》，城市建设将强调优先利用植草沟、雨水花园、下沉式绿地等“绿色”措施来组织排水，以“慢排缓释”和“源头分散”控制为主要规划设计理念；城市“海绵体”既包括河、湖、池塘等水系，也包括绿地、花园、可渗透路面这样的城市配套设施。雨水通过这些“海绵体”下渗、滞蓄、净化、回用，最后剩余部分径流通过管网、泵站外排，从而可有效提高城市排水系统的利用率，缓减城市内涝的压力。

## （八）商业服务设施设计规范

商店建筑按使用功能分为营业、仓储和辅助三部分。建筑内外应组织好交通，人流、货流应避免交叉，并应有防火、安全分区；商店建筑外部所有凸出的招牌、广告均应安全可靠，底部至室外地面的垂直距离不应小于5米；商店建筑外向橱窗平台高于室内地面不应小于0.20米，营业和仓储用房的外门窗如连通外界的底（楼）层门窗应采取防盗设施，外门窗应采取通风、防雨、防晒、保温等措施；营业部分的室内楼梯的每梯段净宽不应小于1.40米，踏步高度不应大于0.16米，踏步宽度不应小于0.28米；大型商店营业部分层数为四层及四层以上时，宜设乘客电梯或自动扶梯，商店营业厅应尽可能利用天然采光；营业厅内采用自然通风时，其窗户等开口的有效通风面积不应小于楼地面面积的1/20，设系统空调或采暖的商店营业厅的建筑围护结构应符合建筑热工要求，营业厅内应无明显的冷（热）桥构造缺陷和渗透的变形缝，通风道（口）应设消音、防火装置，营业厅与空气处理室之间的隔墙应为防火兼隔音构造，并不得直接开门相通。

## （九）餐馆建设设计一般规定

餐馆、饮食店、食堂由餐厅或饮食厅、公用部分、厨房或饮食制作间和辅助部分组成。餐馆、饮食店、食堂的餐厅与饮食厅每座最小使用面积应符合规范要求；饮食建筑在适当部位应设拖布池和清扫工具存放处，有条件时宜单独设置用房；餐厅、饮食厅和公用部分餐厅或饮食厅的室内净高应符合小餐厅和小饮食厅不应低于2.60米，设空调者不应低于2.40米，大餐厅和大饮食厅不应低于3.00米，仅就餐者通行时，桌边到桌边的净距不应小于1.35米，餐厅与饮食厅采光、通风应良好。天然采光窗洞口面积不宜小于该厅地面面积的1/16，自然通风开口面积不应小于该厅地面面积的1/16；就餐者专用的洗手设施和厕所应符合一、二级餐馆及一级饮食店应设洗手间和厕所，三级餐馆应设专用厕所，厕所应男女分设。厕所位置应隐蔽，其前室入口不应靠近餐厅或与餐厅相对，厕所应采用水冲式。外卖柜台或窗口临街设置时，不应干扰就餐者通行。外卖柜台或窗口在厅内设置时，不宜妨碍就餐者通行。

### （十）村史博物馆建筑设计通用规范

为适应博物馆建设的需要，保证博物馆建筑设计符合适用、安全、卫生等基本要求，为推进社会历史类和自然历史类博物馆的新建和扩建设计、改建设计及其他类别博物馆设计，特制定本规范。小型馆（建筑规模小于4000平方米）一般适用于各系统市（地）和县（县级市）博物馆。[①]

### （十一）文化活动室建筑设计一般规定

文化馆一般应由群众活动部分、学习辅导部分、专业工作部分及行政管理部分组成。各类用房根据不同规模和使用要求可增减或合并；文化馆各类用房在使用上应有较大的适应性和灵活性，并便于分区使用统一管理；文化馆设置儿童、老年人专用的活动房间时，应布置在当地最佳朝向和出入安全、方便的地方，并分别设有适于儿童和老年人使用的卫生间；儿童活动室的设计应符合儿童心理特点，装饰活泼，色调明快；群众活动用房应采用易清洁耐磨的地面；五层及五层以上设有群众活动、学习辅导用房的文化馆建筑应设置电梯。

---

① 建筑规模仅指博物馆的业务及辅助用房面积之和，不包括职工生活用房面积；博物馆建筑应符合城镇文化建筑的规划布局要求，并应反映所在地区建筑艺术、科学技术和文化发展的先进水平。

### （十二）老年人建筑设计一般规定

老年人居住建筑过厅应具备轮椅、担架回旋条件，户室内门厅部位应具备设置更衣、换鞋用橱柜和椅凳的空间，户室内面对走道的门与门、门与邻墙之间的距离不应小于0.50米，应保证轮椅回旋和门扇开启空间，户室内通过式走道净宽不应小于1.20米；供老人活动的屋顶平台或屋顶花园，其屋顶女儿墙护栏高度不应小于1.10米；出平台的屋顶突出物，其高度不应小于0.60米；老人院床头应设呼叫对讲系统、床头照明灯和安全电源插座；建筑物的出入口内外应有不小于1.50米×1.50米的轮椅回转面积；建筑物出入口应设置雨篷，雨篷的挑出长度宜超过台阶首级踏步0.50米以上；出入口的门宜采用自动门或推拉门，设置平开门时，应设闭门器，不应采用旋转门；出入口宜设交往休息空间，并设置通往各功能空间及设施的标识指示牌；安全监控设备终端和呼叫按钮宜设在大门附近，呼叫按钮距地面高度为1.10米；公用走廊的有效宽度不应小于1.50米。公用走廊应安装扶手，扶手宜保持连贯；墙面不应有突出物。老年人居住建筑各层走廊宜增设交往空间，宜以4~8户老年人为单元设置；扶手安装高度为0.80~0.85米，应连续设置。户门宜采用推拉门形式且门轨不应影响出入。卫生间与老年人卧室宜近邻布置。浴盆、便器旁应安装扶手。卫生洁具的选用和安装位置应便于老年人使用。便器安装高度不应低于0.40米；浴盆外缘距地高度宜小于0.45米。浴盆一端宜设坐台，浴盆旁应设扶手。老年人使用的厨房面积不应小于4.5平方米。应选用安全型灶具。使用燃气灶时，应安装熄火自动关闭燃气的装置。起居室短边净尺寸不宜小于3米。起居室与厨房、餐厅连接时，不应有高差。起居室应有直接采光、自然通风。

### （十三）美丽村寨建设

“美丽村寨”包括新设施、新环境、新房舍、新农民、新风尚5个方面建设内容。“新设施”指基础设施，道路、水电、广播、通信、电信等配套设施要俱全；“新环境”体现在生态环境良好、生活环境优美，尤其是在环境卫生的处理能力上要体现出新的时代特征；“新房舍”是农村要因地制宜地建设各具民族和地域风情的居住房，且房屋建设要符合“节约型社会”的要求，体现节约土地、材料和能源的特征；“新农民”即“四有农民”，有理想、有文化、有道德、有纪律；“新风尚”就是要移风易俗，提倡科学、文明、法治的生活观，加强农村的社会主义精神文明建设。

# 第四章

# 村社微产业：一业知兴

## 第一节　贵安产业发展指南

### 一　产业发展原则及培育规划

#### （一）发展原则

以城乡产业发展一体化为统领，以工业化、城镇化、信息化带动农业现代化，农业为工业发展提供原材料和人力支撑，提高城市和农村社区的统筹发展。

#### （二）培育规划

片区产业发展促进产业区域合作，以“文化聚落”为依据进行片区划分，最大限度地挖掘地区发展潜力，因地制宜地促进产业发展。特殊优势资源促进产业群落形成，构建区域产业发展合作体系。规划促进产业带动，协助产业合作，根据村庄所处空间位置进行产业发展建议，遏制恶性竞争，具体操作应由村庄根据自身特点决定。

### 二　现代山地高效农业发展

#### （一）大中型现代农业企业培育

完善扶持政策，促进农业产业化龙头企业做大做强。推行标准化生产，建立“公司基地＋农户＋标准化”的生产经营模式，实现从农业投入品、种子、育苗、种植、加工、检验、包装、贮存、销售、运输以及售后服务全过程的标准化管理；充分发挥生态环境资源优势，严格控制农药、化肥施用，着力打造无公害、绿色、有机农产品，积极创建国家地理标志保护产品、中国驰名商标、著名商标、贵州省名牌产品的品牌农产品，推动贵安新区农产品“走出去”。

（二）家庭农场培育

政府应对家庭农场的发展，提供政策支持、技术指导、科技推广和配套的基础设施等。家庭农场能力提升。家庭农场主应从以下几方面提升家庭农场能力：（1）有意识地提高自身素质，提高农业科技水平，提高劳动生产率；（2）提高组织化能力，推行连片种养殖方式，提高规模化和标准化水平；（3）及时跟踪市场变化，提高信息化水平，做好农产品市场调查，有效防控市场风险；（4）提高农产品质量，确保食品质量安全，维护农场市场诚信形象，实现增收节支；（5）加强对员工的技术培训，逐步提高员工待遇，关心员工健康安全，培育团队文化，营造互利共赢氛围。差异化发展。政府应根据总体规划和产业发展规划，结合新区各地资源优势，引导家庭农场突出各自特色，实行差异化发展，避免村村一品、家家一色。

（三）传统种植业提升

①粮食作物。加快优势粮食作物良种良法配套标准化种植技术推广。选择优质粮食作物品种，采取先进适用的栽培技术，科学施用肥料和农药，鼓励连片种植和标准化管理，重点打造有机、绿色粮食产品。加快优质粮食作物高产栽培技术的集成与示范推广，整合农业、科研、教学，推广技术力量，以高产、优质、高效、生态、安全为目标，推广全程机械化节本高效种植技术。做好常见或重大病虫的监测预报和防控，提高农业气象预测预报社会化服务水平，着力提升粮食作物的产量、质量，促进粮食生产加工的规模化、标准化和产业化发展。加大对广大村民粮食作物栽培技术的培训力度、充分发挥农村技术能手和致富大户的示范带头作用，选择有一定规模、村民组织化程度高、粮食作物产品特色明显的区域，适时开展农业标准化示范区建设。加强粮食作物产业化服务体系建设，建立和

建全种子、农资及植保等体系，加强对农作物新品种选育基地建设，强化粮食作物品质区划及产后深加工新技术应用。②经济作物（含蔬菜）。加大对经济作物基地建设和新品种选育、引进、繁育、推广、技术培训、科技队伍建设等项目的投入，改善经济作物基础设施条件，开展新技术推广和大面积高产、优质、高效示范区建设，做好经济作物产品的商品化处理、贮藏加工、产品流通和产业化开发、建设等工作。鼓励有条件的农户和经营组织，开展设施农业、观光农业、休闲农业和科技农业创新，提倡发展反季节时令蔬菜，引导和支持经济作物（含蔬菜）实行订单生产销售模式。③精品果林。根据适地适树和凸显区域经济的原则，结合产业发展布局及营造林经营目的设计营造林类型。根据项目建设规模，结合当地地理环境条件，密切跟踪市场需求变化，合理选择优先发展的精品水果和经济林，加大科技创新投入，推广先进适用技术，努力提高精品果林的产量、产值和附加值。加强林业和果树专业技术组织建设，提高精品果林专业技术组织服务质量，重点加大对村民经济林和果树的嫁接、修剪、病虫害防治等技术的培训。

### （四）传统养殖业提升

加强畜禽疫病防治，强化种畜种禽疫病检疫，建立健全区域性畜禽传染疾病处置和应急措施。

### （五）提高畜禽生态化养殖水平

提倡养殖大户等家庭农场生态养殖模式，注意与林业、果林发展相结合。坚持以服务新区生态环境建设和适应市场需求为导向，立足新区中心城区环境绿化、美丽乡村建设以及植树造林三年行动计划，放眼贵阳市城区以及新区周边花苗木需求，培育发展特色花卉、苗圃产业。

### （六）农业服务组织培育和提升

（1）农业技术推广服务组织。建立相应的农业技术推广组织投资增加制度，促进技术人员业务能力提升，开展服务质量满意度测评，建立服务质量纠纷投诉举报及处置制度。（2）畜牧兽医技术服务组织。建立健全动物疫病预防控制中心和畜牧科技推广站，落实相应人财物保障措施。加强业务培训，提高畜牧兽医技术人员的服务能力。

### （七）农业投入品经营服务

（1）种子。售前服务，对下一年度计划推广的农作物新品种应安排新品种示范展示，预先建立一定面积的示范田，对品种考察鉴定，确保拟推广品种的稳定性。应做好种子出现质量问题的应急处置工作，尽量不耽误农业生产季节，应查找问题原因，避免类似问题再次发生，并根据国家规定或者与村民约定，做好善后赔偿工作。（2）肥料。加强对肥料质量标准和施用技术的宣传和培训，让农民掌握化肥的相关知识。建立有效的化肥经营信用体系，对农户、经销商逐个建立数量、质量、经营信用等多项内容的客户档案，做好肥料质量问题溯源。对于生产销售假冒伪劣化肥等的生产者和经销商，质量监管部门应依法处理。（3）农药。加强危险化学品的安全管理，保障人民生命、财产安全，保护生态环境。依法、有序、规范地开展农药经营。

## 三　中草药业发展

### （一）中草药种植规划布局

应根据贵安新区总体规划、产业发展规划、土地利用规划要求，结合直管区气候、海拔、土壤、水源等地理条件，适当考虑大中型中草药生产企业愿望，合理规划中草药集中种植区域，避免与大型工业企业和中心城区接壤。

### （二）中草药种植品种选择

应尽量种植当地的地道药材品种，便于集中连片种植、良种良法配套以及质量认证，提高品牌打造的品质，引领品牌提升。引进外来优良品种应考察该品种是否适合当地的气候条件、土壤条件、灌溉和排水的条件，以及其他品种生长习性的特殊要求，同时经小面积试验成功后，方可大面积推广种植。

### （三）中草药业产业化推进措施

推动新区大医药健康产业发展，在品种选择培育过程中，应做好以下工作：（1）强化中药材种质资源保护与利用，推进建立区级中药材资源保护与利用工程技术中心，开展中药资源调查。对中草药集中连片种植，有利于集中管理，提高产量。（2）推行“公司＋农＋标准化的中药材订单生产”模式，构建产供销一体化的规模化、标准化、产业化中药材产业发展模式。

## 四　社区租赁服务培育

### （一）社区房屋租赁服务

鼓励村庄和企业开展闲置房出租，完善房屋租赁市场相关政策。房屋租赁过程中应注意以下事项：（1）政府及相关部门应对房屋租赁市场进行监督，对房屋租赁的市场价格应做到信息的及时流通，让承租者了解房屋出租的价格动态；（2）出租房屋人员应到房地产部门办理房屋登记，并同时接受房地产管理部门的监督；（3）在房屋租赁市场中，应按照房屋的租赁程序进行租约签订，维护房屋租赁人员和承租者的合法权益；（4）房屋租赁中介组织应具有良好的素质修养，做到互信合作，提高服务质量；（5）村民自留地的租赁合同履行时，承租人不得改变土地的使用性质。

### （二）社区农业生产设备租赁服务

鼓励具备一定经济实力的企业、经济组织或村民个人购置农业生产设备开展租赁服务，并通过以下措施提升市场竞争力：（1）实行设备和管理差别化。服务公司通过创造品牌标记来区别自己与其他服务公司的形象，通过不断创新服务获得竞争优势。（2）提高服务质量。提供比竞争者更为优质的服务是抢占市场份额的重要途径，主要包括提供与服务有关的技术质量和与服务有关的功能质量，注重承租人对农业生产设备使用过程的满意度。（3）注重人才的挑选。通过丰厚的薪资吸引人才、留住人才，使具有专业化水准的服务人才成为公司发展的中流砥柱，避免一味追求利益而使服务质量下降的情况发生。（4）建立完善的后期服务。定期电话回访承租人对于租赁设备的满意度和建议，是促进服务规范化和服务质量不断提升的重要举措。

## 五 社区宴席服务培育

### （一）社区上门宴席服务基本程序

鼓励饮食服务企业或社会组织开展上门承办宴席服务。服务流程如下：（1）预订宴席。订宴席方通过电话预订或者上门预订的方式，确定宴席的日期、性质、人数及举办时间，订宴席方和宴席服务方确定宴席的收费标准及菜式。（2）宴席具体事项确定。宴席的性质、宴席具体时间、宴席人数、宴席餐桌大小、菜式的确定，是否需要场地布置，舞台、音响设备等收费物品，并告知各项服务具体收费标准。（3）签订协议。为维护双方权益，宴席服务方需与订宴席方签署相关协议书，协议书上应标明所有收费项目的具体费用和订宴席方的具体要求，双方经确认无误后签字完成宴席的确定。（4）宴席下单。按协议书上各项要求做好食材、配料、订宴席方要求的设备的准备工作。（5）宴席承办。在约定日期完成上门宴席服务工作。（6）宴席后期工作。对订宴席方的满意度进行询问并请订宴席方填写意见调查表，建立客户档案。

### （二）社区宴席服务收费

订宴席方可自行购买食材和配料，也可按照自己选定的菜式委托宴席服务方统一办理，收费标准由双方自愿协商确定。

### （三）社区宴席服务采购食品质量控制

宴席服务采购食品、食品添加剂和初级农产品应符合食品质量安全相关规定，并做好索证索票工作。严格控制采购数量，避免造成不必要的浪费。

### （四）社区宴席服务食品安全突发事故应急处置规定

若发生宴席食品质量安全突发事故，应按以下程序处置：（1）对中毒者采取紧急处理。停止使用中毒食品；采集病人排泄物和可疑食品等标本，以备检验；组织好对中毒人员进行救治；及时将病人送往医院进行治疗；对中毒食物及有关工具、设备和现场采取临时控制措施。（2）对中毒食品控制处理。保护现场，封存剩余的食物或者导致食物中毒的食品及原料。（3）对相关用品采取相应的消毒处理。封存被污染的食品用具及工具，并进行清洗消毒。（4）及时将事故报告食品安全主管部门。食品安全事故发生以后，应尽快制定食物中毒事故报告，并报告食品药品监管部门，说明发生食物中毒的单位、地址、时间、中毒人数，以及其他相关内容。

### （五）社区宴席服务质量纠纷处置规定

除食品质量安全事故外的其他宴席服务质量纠纷，双方应协商解决；协商达不成解决意见的，可向市场监督管理部门申请仲裁或调解，也可向人民法院提起诉讼。

## 六　社区服务业发展

### （一）乡村旅游业培育

**1. 社区旅游景点挖掘**

从红枫湖（不含红枫湖一级水源保护区和二级水源保护区）、高峰山到邢江河沿线的整个区域，将整个地区最具价值的生态、历史文化、风景资源串联起来，构建保护与发展有机协调的功能地区，强调生态和文化景观资源的整合、保护，承载特色文化旅游活动。

**2. 社区旅游景重点培育对象**

（1）天龙—云峰屯堡文化园区。①空间范围：位于贵昆铁路线以南，包括安顺西秀区的七眼桥镇、大西桥镇以及平坝县的天龙镇、白云镇一部分。现已有天台山风景区、云峰寨景区、云山屯、伍龙寺国家重点文物保护单位，以及云屯、鲍家屯国家级历史文化名村等。②产业发展方向与重点：以平坝县的天龙屯堡景区和西秀区的云峰寨景区为核心，充分挖掘屯堡民间民俗文化资源，整合周边旅游文化和田园生态资源，重点发展以屯堡文化为特色的文化旅游业；以国际化标准，加强屯堡文化区配套基础设施建设和旅游服务体系建设；积极申报国家级风景名胜区，重树“中国屯堡文化之乡”新形象，积极打造国家乃至国际生态文化旅游目的地。

（2）邢江河传统民俗文化园区。①空间范围：主要包括邢江河沿线的旧州、刘官、黄蜡等乡镇。②产业发展方向与重点：依托旧州中国历史文化名镇及周边村落（詹建屯、松林、周官屯等）悠久的手工艺非物质文化遗存（芦笙、傩戏面具制作等），在旧州、刘官、黄蜡构建手工艺遗产保护与开发以及旅游度假相结合的手工艺遗产群落；依托山水田园风光和广阔田园的农副产出，重点发展观光农业和休闲度假农业等产业。

（3）高峰生态养生休闲园区。①空间范围：主要包括高峰镇镇区、高峰山景区及其周边区域，以及羊昌乡的农业地区，并拓展辐射到周边的夏云镇、白云镇。②产业发展方向与重点：依托区内平坝生态园、百亩中药材基地、果树园艺场、葡萄种植基地、麻线河两岸田园旅游风光以及区内独特民族民间文化，重点发展休闲度假、健康养生、医疗旅游等产业，积极打造黔中地区生态健康产业基地；依托平坝县现代高效农业示范园，重点发展现代高效农业，包括现代农业科技示范、蔬菜高效种植、精品水果采摘、特色优质米种植等；依托靠近乡镇建成区的果园、花圃、菜园，重点发展生态休闲农业和都市观光农业；并布局一批龙头企业引领的农产品深加工和近郊观光体验休闲项目。

（4）红枫湖国家风景名胜区。①空间范围：主要包括国家级红枫湖风景区及其周边区域，不包含红枫湖一级水源保护区和二级水源保护区。②产业发展方向与重点：依托红枫湖国家级风景名胜区的优质景观资源，修复滨湖湿地，结合统筹城乡居民点、生态建设修复，打造滨湖湿地群落。并通过旅游设施的功能提升和完善，提升景区的旅游服务功能。红枫湖是重要的水源保护地和主要饮用水水库，应以水环境保护为核心，在流域内统筹安排城镇布局，严格限制污染企业在景区周边布局，采取生态保护工程等手段保障水质安全。

**3. 社区旅游配套商业服务培育**

日用百货、旅游工艺品销售。除了一站式购物的基本要求，社区型百货企业（店主）应着力打造商品品牌，走差异化竞争发展道路。旅游工艺品要在加工、包装、提升档次上下功夫，加强民族特色宣传，使产品的文化内涵充分融入地方产品特色中，并逐步发展成为具有竞争优势和市场潜力的特色支柱产业。餐馆。社区食堂秉承“微利经营、服务社区”的理念，为社区居民开设就餐空间。景区（景点）餐馆要注意民族特色食品的开发和推介，做到食品特色、质量安全、明码标价、服务周到，全面提升饮食服务质量和服务态度。旅社。社区应根据新区规划、当地流动人口状况及发展趋势，有序发展旅社、旅馆、酒店等企业，为游客提供住宿及餐饮服务。旅社、旅馆、酒店等企业应根据功能定位配备相关基础设施、设备和器件，保持相关设施设备的质量和清洁卫生，做好内外环境卫生维护工作，制定服务人员规范着装、文明接待、公开收费、热情服务等服务质量标准，落实防盗、防火等安全保卫工作。酒店企业应认真执行采购食品索证索票制度，严格控制食品制作及经营、贮存过程的食品质量安全，抓好酒店电梯、锅炉等特种设备安全控制。摄影。摄影服务业经营者应在经营场所显著位置悬挂营业执照及资质证明，明示服务项目和收费标准，以及相关管理制度、顾客服务与投诉电话等。

**4. 社区旅游景点环境卫生服务**

（1）核心景区，重点整治乱泼乱倒垃圾、乱搭乱建、乱停乱靠、乱贴乱挂、乱喷广告，擅自摆摊设点，出店占道经营、制作等有损市容环境卫生的行为。并应采取以下措施确保景区（景点）环境卫生：①选择在核心景区内及城镇区街道两侧，设置和景区容貌环境相适宜的垃圾箱、桶等进行垃圾分类收集；②加大宣传力度，增强居民遵纪守法和维护市容环境卫生的自觉性；③强化保洁，增加清扫人员，加强清扫频率，确保全天候卫生保洁，彻底消除暴露垃圾现象；④以教育为主，对违章对象进行现场纠正；指出问题，责成相关单位按自行整改、督促整改、强制整改三个步骤进行限期整改；⑤经营者应严格执行国家医疗卫生相关法律、法规和政策，不断提高医疗技能和服务水平。

（2）社区药店服务培育。社区鼓励、支持社会力量从事西药和中草药经营服务，增加社会药品服务资源的有效供给。西药和中草药经营服务者应严格执行国家药品卫生相关法律、法规和政策，确保药品质量安全和提高服务水平。根据客户需要，鼓励西药和中草药经营服务者向客户提供送药上门、代客熬药、延长服务时间等快捷周到的特色服务。市场监督管理部门应加强对社区西药和中草药经营服务者销售的药品进行监督检查，维护市场药品经营秩序，严厉打击销售假药劣药的违法行为。

## （二）社区养老服务培育

### 1. 养老服务培育的主体方向

“社区养老”是以家庭养老为主、社区机构养老为辅，在为居家老人提供照料服务方面，又以上门服务为主、托老所服务为辅的整合社会各方力量的养老模式。

### 2. 养老院（敬老院）规划布局

基本要求。敬老院规划布局和建设应坚持以人为本的原则，在设计上突出体现环境服务于人、怡人、怡情的园林特点。在保留部分建筑及道路的前提下，统筹规划，科学规划，给老年人创造一个优美的环境。楼房建设与设计。在总体布局上，将建筑与绿化有机结合。使每栋楼都能在采光、通风等方面得到满足，保证每栋楼四季都能有充足的阳光。景观规划。根据各个空间的实际情况，因地制宜地进行设计。各个环境之间由道路两侧的行道树贯穿，既有区别又有联系。采用自然式或自然式与规则式相结合的设计方法。植物配置。植物造景是园林的精髓，侧重体现植物美。在不同的区域用孤植、群植、丛植等种植方式来体现植物的个体美、群体美，从而营造一个自然的氛围。在植物搭配上，应体现季相变化，形成“春花、夏荫、秋果、冬绿”的效果。

### 3. 养老院服务质量评价

应建立专业的服务队伍，配备合理的管理人员，健全服务设施，提高服务水平，满足社区居家老年人在生活上和精神慰藉方面的各种需求。积极推动建立和发展公建民营、民办公助以及政府采购相结合的模式，建立健全投融资机制，加大政府扶持力度，同时明确社区居家养老机构资金来源各方的责、权、利关系，提高服务资源利用率。应建立健全社区居家养老服务的评价指标体系，引入社会监督，在社区居家养老机构内形成“监督—反馈—调整—决策”的运行机制，有效利用社会各方资源，提高服务质量。

#### 4. 养老院服务政策支持

推动社会福利社会化进程，社会福利机构创办的敬老院，在规划、建设、税费减免、用地、用水、用电等方面，政府职能部门应给予与公办敬老院同等的待遇。

### （三）社区农民专业合作社培育

#### 1. 农民专业合作社设立程序

设立农民专业合作社，申请设立登记，应向市场监管局申请交以下材料、登记申请书，全体设立人签名、盖章的设立大会纪工，章程，法定代表、理事的任职文件及身份证明，出资清单，住所证明，其他相关文件。限申请日开始20天内办理完成，变更不收费。

#### 2. 农民专业合作社培育的重点任务

引导农民以合作社的方式壮大农村经济。对已经具备合作社雏形但尚未登记注册的，县乡级政府应加强业务指导，指导其完善制度，帮助其完成登记注册；对已成立的合作社，在市场营销、信息服务、技术培训等方面，加大支持力度，引导他们提质量、拓市场、创品牌；把产业特色明显、专业化生产程度高、群众愿望强烈的村作为重点帮扶对象，主动上门服务，帮助农民解决在创建过程中遇到的各种问题。应规范组织内部管理机制，认真落实理事会、监事会和成员（代表）大会制度，做到民主管理、民主决策，并通过订单生产、股份经营、劳资合作、二次返利等方式建立起内部稳定的利益联结关系；应建立推动产业发展机制，立足于特色和资源优势，把发展合作社与培育产业化龙头企业、建设农产品基地等统筹考虑、配套推进，夯实合作社发展的产业基础。坚持因地制宜、梯次推进，发展不同形式、不同层次、不同规模的合作社。政府应充分尊重农民的意愿，引导不强迫、支持不包办、服务不干预。把强化部门服务职能放在首位，从培训、管理、信息、资金等各环节为农民专业合作社的发展铺好路、打好基础。

#### 3. 农民专业合作社运作模式

分生产类合作社、流通类合作社、服务类合作社、信用类合作社。按合作社从事生产经营的类型，可采用下列运作模式：（1）“合作社＋基地＋农户＋标准化”运营模式，主要适用于生产类合作社和流通类合作社；（2）“合作社＋客户＋标准化”运营模式，主要适用于信用类合作社和服务类合作社。

**4. 农民专业合作社政策支持**

包括税收优惠、金融支持、财政扶持、农产品流通、人才支持等政策。免收增值税、免收印花税，财政安排专项资金扶持合作社自我发展能力，鼓励合作社直接与城里的消费平台对接、供应衔接，培训合作社带头人员其他专业人才，鼓励大学生村官参与、领办合作社。

### （四）社区建筑服务培育

**1. 社区小型建筑服务队（公司）设立程序**

小型建筑服务队（公司）设立登记程序与农民专业合作社登记程序相类似，向市场监督管理部门提交的材料，按本标准9.5.1的规定执行。小型建筑服务队（公司）的组织构架，按照“分工协作、人尽其才、职责清晰、层层负责”的原则，组织设计公司组织构架。公司可仅设置行政部（行政、人事、财务）、市场部、技术安全部（采购、质量安全管理、造价预算审核）、经营部（招标投、企业资质维护）、机械部5个部门，视公司业务扩大和发展速度，也可增设其他部门。

**2. 社区小型建筑服务队运行规范**

完善安全质量保障体系，实行资金集控管理，规范项目合同管理，加强项目成本控制，加强项目技术创新。

**3. 社区小型建筑服务队政策支持**

促进向专、特、精方向发展，拓宽发展的市场空间，发展建筑劳务企业，专业工程咨询服务，提供政策、融资等服务。

### （五）社区运输服务培育

**1. 社区小型运输服务队设立程序**

小型运输服务队设立登记程序与农民专业合作社登记程序相类似，向市场监督管理部门提交的材料，按本标准的规定执行。小型运输服务队组织架构按下列要求设计：（1）结合工作实际，按照有利于工作、有利于管理队伍、确保稳定的基本原则，积极稳妥、有条不紊地推进运行；（2）以精简统一、高效服务的原则，参考其他地市公安机关车队设立情况，合理设置车队机构，配置人员；按照公开透明、公正的原则，在队伍管理、班组长配备、驾驶员选用、绩效考核等关键环节广泛听取意见，加强监督，确保公平、公开、公正。

**2. 社区小型运输服务队运行规范**

认真贯彻《安全生产法》《道路交通安全法》《道路运输条例》《道路旅客运输及客运站管理规定》，坚持安全第一、预防为主的方针，实行安全生产责任制，明确各岗位人员职责。定期对司机进行安全培训和教育，定期对车辆进行检测和维护，车辆不超速超载运行，驾驶员不疲劳驾驶、酒后驾车、违章行驶。车辆技术状况应符合国家规定的一级车标准，车辆完好，能确保安全。驾驶员业务知识、技能过硬，职业道德高尚，并经培训合格持证上岗（驾驶员领取了与所驾车辆相适应的从业资格证），身体健康，能胜任工作。公司制定经营管理、财务、统计、安全、劳动和服务质量管理等制度并严格执行。公司所属车辆实行公司化经营，统一管理，统一调度，统一结算，不挂靠经营，不承包经营。严格按照运管机构核定的经营范围运行，不擅自暂停、终止经营，不非法转让货运经营权。诚实守信，文明服务。车辆统一标识，车容车貌整洁，车身外侧喷涂经营者名称。保持车辆清洁和车内空气清新。遵章守纪，依法经营。营运车辆各种证、牌齐全有效。自觉遵守道路运输行业管理的规定，服从各级交通、旅游主管部门和运管机构的管理，按时缴纳规费。

**3. 社区小型运输服务队政策支持**

社区应给车队日常管理、车辆维护、运营等提供有力的支持。

### （六）社区美容美发服务培育

**1. 美容美发院（点）设立程序**

地点的选择。所开美容院应考虑以下商业因素：（1）所处的是住宅区、办公区、闹市区、办公住宅混合区还是郊区；（2）周围人口构成如何，尤其要注意是人口流入区还是流出区；（3）美容院内消费者消费能力及消费者特征；（4）商区是否完整，是否受车站、码头、河流、交通主干道的影响；（5）所处的位置内服务设施的配套是否完整；（6）所处的位置内交通是否便利。美容院的定位。店名定位：是专业美容（院）还是美容店还是综合美容美体中心或者说是美容美发中心等，然后才考虑门面装饰和招牌写法。店的经营定位：目标顾客定位、价格定位、产品定位、服务定位、规模定位等。

**2. 手续的办理**

持本人及员工的有关证件（法人身份证，房地产产权证或租赁协议书，上岗证或初、中级美容证等）到政府有关部门（市场监督管理部门、税务部门、卫生部门等）申请批准，取得法人资格的工商营业执照及必要的卫生部门的许可证和税务部门的纳税登记。一般程序如下：（1）持本人身份证、美容上岗证或技术等级证、员工（有效证件）、房屋产权证或租赁合同到当地卫生行政部门办理卫生许可证；（2）持卫生许可证、身份证、房屋产权证（合同租赁证）或其他有效证件到当地公安部门办理特殊行业许可证；（3）持卫生许可证、特种行业许可证、身份证等有效证件到当地工商行政部门办理美容厅或美容院营业执照；（4）持营业执照正副本、有效印章和其他证件到当地税务部门登记领取税务发票。

**3. 美容美发用品质量审购须知**

采购的公共用品用具应符合国家有关卫生标准和规定要求。采购的一次性卫生用品、消毒用品、化妆品等物品的中文标识应规范，并附有必要的证明文件。采购的公共用品用具应向经销商索要产品卫生质量检测公告或有效证明材料，物品入库前应进行验收，出入库时应登记，文件和记录应妥善保存，便于溯源。

**4. 美容美发服务质量评价**

服务设施。有固定的、相对独立的经营服务场地，配有必需的美容美发、足浴座椅（床、凳），专用洗涤水槽（盆），专用消毒柜（锅、盒），符合质量安全的工具（刀剪、推子、胡刷、卷发器等），符合卫生要求的用具、用品（围布、毛巾、洗染发液、消毒液、化妆用品）。技术服务。从业服务人员身体健康，无传染性疾病和皮肤病，按规定定期健康检查并取得健康合格证。掌握推剪烫、洗头、刮脸（修面）、吹风等技法，了解和掌握一般化妆美容、护肤美容操作技术。能满足客户一般发型（洗、理、烫、吹），肩部以上按摩需要，并达到质量安全规范的要求。经营服务。从业人员应遵纪守法、信守职业道德、礼貌服务；经营场地明亮、整洁、卫生、安全；店内用品、用具摆放有序；定时对器械进行维护、保养、清洗、消毒；店内用品建立索票登记，发生质量安全便于追溯。卫生操作。美容美发场所应根据卫生服务需要配有足够数量的毛巾（面巾）、公共用品用具，其配备的数量满足消毒周转的要求，上岗穿着专用工作服装，着装保持整洁，对患有皮肤病或传染病的客户，配有专用工具，做到及时清理消毒分类存放。监督管理。建立监督管理规范制度，店内张贴服务项目收费标准、卫生监督制度、经营服务流程标准及顾客投诉电话号码。

### （七）社区农贸市场培育

应符合 GBT 21720—2008 农贸市场管理技术规范的要求。

### （八）社区学前教育服务培育

#### 1. 社区民办托儿所（幼儿园）设立程序

社区民办幼儿园的设立程序主要包括以下 4 个部分：（1）审批权限。举办民办幼儿园，应由县级以上人民政府教育行政部门按照国家规定的权限审批。（2）审批材料。达到举办民办幼儿园标准的，可直接申请设立，并提交《民办教育促进法》的第十二条和第十四条的（三）、（四）、（五）项规定的材料。（3）审批时限。审批机关应当自受理举办民办幼儿园的申请之日起 30 日内以书面形式做出是否同意的决定。同意举办的，发予举办批准书。不同意举办的，应说明理由。（4）登记注册、备案。城市幼儿园的举办，应由所在贵安新区直管区的教育行政部门登记注册。

#### 2. 社区民办幼儿园服务质量控制

园舍硬件设施建设是幼儿园的重要内容，能够为幼儿园教育质量、师资队伍建设和幼儿的身心发育提供良好的环境。幼儿园建筑应满足标准 JGJ 39—1987 托儿所、幼儿园建筑设计规范。民办幼儿园的各项日常事务的处理应常规化、制度化，务必使园区教职工的各项工作有章可依。各民办幼儿园应制定出园区管理规章制度，以保证民办幼儿园的管理效率和教学质量，创造和谐、规范，有利于幼儿身心发育和智能开发的良好教学环境。民办幼儿园的课程设置应合理、多样，避免课程冲突，避免幼儿园课程“小学化”现象，确保开设的课程可适应幼儿的认知和对知识的接受能力。提高民办幼儿园教师的专业化水平，教育主管部门要注重幼师的业务学习，多开展教学经验交流会、幼师职业技能进修、邀请名师进行专题讲座等活动，确保师资队伍的专业化水平能适应教学发展的需要。

**3. 社区民办幼儿园收费管理**

规范收费标准。各民办幼儿园应在幼儿开学入园之前将该园的各项收费标准和收费细则报所在地教育行政主管部门予以备案，并将收费标准告知家长。避免各幼儿园之间不正当的收费抬高和价格竞争，约束各幼儿园收费管理的标准化。规范收费项目。各民办幼儿园只能使用区域保育教育费（含管理费、杂支费）、伙食费等两类收费项目的费用，任何民办幼儿园不得另行设立其他任何收费项目，不得变相收费，应切实做到收费有章可循，有理可依，符合规范。规范监督环境。各民办幼儿园应将投诉电话在幼儿园的宣传资料中或者以其他形式告知家长和向社会公布，创造一个“家长监督，共同参与”的良好办园氛围。

**4. 社区民办幼儿园环境卫生和安全要求**

环境卫生控制。各民办幼儿园应在卫生间分设男女宝宝的专用设备，并采取定时消毒制度。游戏室、多功能室、隔离室、保健室等，也应定期清洁，务必保证幼儿所处环境卫生安全。各幼儿园的幼师也应保证自身的身体健康，如身体不适，或发生流行性感冒等，应暂停工作，待身体恢复以后再回到岗位，确保幼儿的身体健康。安全要求应满足标准 GB/T 29315—2012 中小学、幼儿园安全技术防范系统要求。

**5. 社区民办幼儿园服务质量投诉举报处理**

社区民办幼儿园以园区硬件设施和师资力量作为重要考察标准，将民办幼儿园分为两园并分级管理，对于完全符合办园条件的幼儿园设为一类园，对于基本符合办园条件的幼儿园设为二类园。各民办幼儿园应将服务监督电话告知幼儿家长并向社会公布，接受公众监督。对于家长投诉园方存在幼师无证上岗的现象，相关教育主管部门应勒令定期整改，杜绝无证上岗现象。对于家长举报园方的不规范操作导致幼儿发生食品中毒或重大安全事故的，应取消幼儿园的办园资格，并追究相关人员责任。对于家长投诉园方教学质量下降的情况，教育部门应要求园方停业整顿、通报和降级处理。

**6. 社区民办幼儿园政策支持**

增加对民办幼儿园的资金支持：一是向办园存在资金困难的幼儿园提供一定的资金扶持；二是向保教服务质量高的民办幼儿园进行政策性奖励。除此之外，政府可考虑对有需要的民办幼儿园减免部分税收，鼓励更多的地方企业投身于公益建设，为民办幼儿园的办园资金来源保驾护航。提高民办幼儿园教师薪资，促进幼教队伍专业化。加大政策落实的监督力度，创造良好的发展氛围。

### （九）社区小微型企业

**1. 小微型企业申报条件及确认**

小微型企业是一个相对概念，一般而言是指生产规模小、企业人数少、资产数额较低的法人企业和自然人企业。从业人员 20 人及以上，营业收入 300 万元及以上的为小型企业；从业人员 20 人以下，收入 300 万元以下的为微型企业。

**2. 小微型企业开业资质及办理程序**

小微型企业开业资质是指小微型企业有完成一项工程的能力证明。审批部门自受理起 60 日内完成。

**3. 小微型企业生产经营质量管理**

生产加工型小微型企业质量管理。生产加工型企业应大力引进先进生产的技术和设备，增强产品质量的可信赖度；应加强对相关人员的知识培训和技能运用培训，尤其是一线工作人员，更应熟练掌握操作流程，以避免因操作不当而造成的产品质量问题，降低次品产生率。完善生产加工的规章制度，奠定产品质量基础。结合自身行业具体情况，建立一套适用的规章制度，并通过一系列的监督惩罚方式确保规章制度的切实执行，在企业内部形成“有法可依、有法必依、违法必究”的良好氛围。建立健全小微型企业质量管理体系。从原材料的购入到产品的生产运输和储藏，各环节严格把好质量关，做好相关记录工作，切实保证发生质量问题以后，可以追溯到具体环节，促进各环节的操作更加规范。加强质量意识。上到小微型企业管理者，下至小微型企业一线工作人员，要时时刻刻将质量意识谨记在心，建立产品质量岗位责任制，明确质量问题责任担当人并定期考核。生产性服务业小微型企业质量管理。明确各部门的职能。应根据服务业的行业特点，将部门结构进行简化，从而使之适应服务业市场需求变化快的特点，更快地完成信息的传递和提高做事的效率。不断地更新适应市场的服务标准，所制定的服务标准应当是言简意赅，细化各环节服务标准。重视对市场需求的把握度。加强对市场的调研，了解客户需求，根据客户需求适当就生产项目和数量做出调整，力争把握市场大动脉，抢占市场先机。注重对服务人员的服务质量进行监测。选拔服务人员时应严格考察从业人员的基本素质，且对进入服务行业的工作人员定期培训，提高其职业素养和沟通技能，以保证服务质量的优良和标准。生活性服务业小微型企业质量管理。生活性服务业主要分为以下几类：餐饮业，住宿业，家政服务业，美容美发业，摄影业，维修服务业，交通运输业，文化、体育和娱乐等。生活性服务业小微型企业质量管理应将提高服务质量和产业素质，加强人力资源投入和开发作为重点，使自身走上健康、可持续发展的道路。商品销售型小微型企业质量管理。应加强销售团队的建设，给予销售人员更加丰厚的与业绩相匹配的薪资，并提高从业者的服务质量，定期组织销售技巧的培训，为销售人员提供一个公平、公正的工作环境。保障所销售商品的质量，做好采购商品的索证索票工作。做好市场调研，为社会提供适销对路的商品。及时、合理处理好与客户的质量纠纷，维护企业市场形象。

**4. 小微型企业政策支持措施**

融资难问题：筹集信用保证金，用于金融机构小微型企业贷款风险补偿；鼓励小微型企业通过多渠道融资。财政资金扶持问题：设立小微型企业发展专项资金，支持本地区小微型企业健康发展，务必保证专款专用，确保资金落到实处。建立公共服务平台：政府通过建立公共服务平台，公开相关扶持小微型企业的政策动态，为确有需要的小微型企业提供技能培训，通过网络建设为微小型企业铺路搭桥，举办小微型企业交流会，开展相关扶持活动。

## 第二节　贵安劳动就业标准

### 一　基本要求和服务体系建设

就业信息覆盖率达到100%。登记失业率控制在5%以下。工伤保险参保率达到100%。就业技能培训政策知晓率达到100%。创业培训覆盖率达到100%。无劳动工伤鉴定纠纷和劳动者权益保护纠纷。

美丽乡村劳动力就业服务窗口建设。建设具备就业信息、职业介绍、技能培训、就业援助等功能的村就业服务窗口，落实服务人员，推行标准化管理。村人力资源分市场建设。在村（社区）建立人力资源分市场，安装就业信息电子屏，通过电子屏、手机短信、微信等手段定时定向发布就业信息。

### 二　扶持与培训

#### （一）产业就业扶持

就业信息管理。依托劳动力市场信息系统，建立村劳动力资源管理台账，对村劳动力数据如人力资源结构状况、劳动力就业现状和失业现状、劳动力求职意向和技能培训意向、就业困难人员就业援助对象、内容、措施和效果等进行动态管理。落实创业就业扶持政策。确保国家、省和新区现有扶持创新创业、小型微型企业、“三农”金融支持和强农惠农富农的一系列政策措施得到落实，为创业就业者提供落户和户籍管理、子女入学、住房、基本医疗、卫生保健、社会保障等方面的政策咨询和便利措施。就业介绍与指导。免费提供求职者求职登记、招聘单位用工登记和电子大屏幕人才推荐等各种服务，帮助求职者了解 就业形势与当前就业状况。援助。确保有劳动能力和就业愿望的居民家庭中至少有一人实现就业或转移就业。

#### （二）职业培训

提供培训信息。劳动者根据自身培训愿望选择参加就业技能培训或创业培训，培训信息应符合 GB/T 29358 的要求。培训信息的覆盖面达到100%。实施技能培训。加强对村（居）民的职业技能培训，80%以上的劳动力人口掌握一门以上的就业技能。开展创业培训。提供项目信息、开业指导、小额贷款、政策咨询等服务，提高村（居）民创业能力和经营管理水平。创业培训覆盖面达到100%。

## 三　服务与保护

劳动工伤鉴定与补偿咨询。劳动工伤鉴定与补偿的相关知识普及率达到90%以上。

劳动者权益保护。健全劳动者权益保护长效机制，设立劳动者权益保护督察员，构建和谐劳动关系；掌握用人单位违反劳动保障法律法规的情况，积极配合新区有关部门打击非法用工等行为，对农民工工资支付排查等系列活动进行执法检查，维护劳动者的合法权益。

# 第五章

# 村社微建设：一绿新风

## 第一节　贵安生态建设标准

### 一　生态文明示范社区创建规范

#### （一）建设指标

生态文明示范社区建设指标见表 5－1。

**表 5－1　生态文明示范社区建设指标**

| 系统 | 序号 | 指标 | 单位 | 指标值 | 指标属性 |
| --- | --- | --- | --- | --- | --- |
| 生态经济 | 1 | 主要农产品中有机、绿色食品种植面积的比重 | % | ≥60 | 约束性指标 |
| | 2 | 农用化肥施用强度 | 折纯，千克/公顷 | <220 | 约束性指标 |
| | 3 | 农药施用强度 | 折纯，千克/公顷 | <2.5 | 约束性指标 |
| | 4 | 农作物秸秆综合利用率 | % | ≥98 | 约束性指标 |
| | 5 | 农膜回收率 | % | ≥90 | 约束性指标 |
| | 6 | 公众节能、节水、绿色出行的比例<br>节能电器普及率<br>节水器具普及率<br>绿色出行率 | % | <br>≥80<br>100<br>≥20 | 约束性指标 |
| | 7 | 应当实施清洁生产审核的企业通过审核比例 | % | 100 | 约束性指标 |
| 生态环境 | 8 | 雨水综合利用率 | % | ≥80 | 参考性指标 |
| | 9 | 社区绿化覆盖率 | % | ≥40 | 约束性指标 |
| | 10 | 河塘沟渠整治率 | % | ≥90 | 约束性指标 |

续表

| 系统 | 序号 | 指标 | 单位 | 指标值 | 指标属性 |
| --- | --- | --- | --- | --- | --- |
| 生态环境 | 11 | 公众对居住生产生活 环境的满意度 | % | ≥95 | 约束性指标 |
| | 12 | 农业灌溉水有效利用系数 | 立方米/万元 | ≥0.55 | 参考性指标 |
| | 13 | 畜禽养殖粪便综合利用率 | % | 100 | 约束性指标 |
| 生态人居 | 14 | 使用清洁能源的户数比例 | % | ≥80 | 约束性指标 |
| | 15 | 农村卫生厕所普及率 | % | 100 | 约束性指标 |
| | 16 | 集中式饮用水水源地水质达标率 | % | 100 | 约束性指标 |
| | 17 | 社区生活垃圾收集率 | % | 100 | 约束性指标 |
| | 18 | 生态文明宣传普及率 | % | ≥85 | 参考性指标 |
| 生态文明 | 19 | 开展生活垃圾分类收集的农户比例 | % | ≥80 | 约束性指标 |
| | 20 | 遵守节约资源和保护环境村规民约的农户比例 | % | ≥95 | 参考性指标 |
| | 21 | 制定实施有关节约资源和保护环境村规民约的行政村比例 | % | 100 | 参考性指标 |
| | 22 | 村务公开制度执行率 | % | 100 | 参考性指标 |

### （二）实施与监督

由贵安新区环境保护行政主管部门负责监督实施。

## 二 文明行为规范

### （一）原则内容与要求

#### 1. 基本原则

以人为本原则。在社区文明行为规范运行的过程中，应以提高社区居民文明素质和促进社区居民全面发展为目的；文明行为规范的实施应贴近基层、贴近群众、贴近生活，善于运用群众喜闻乐见的方式，搭建群众便于参与的平台；以社区居民的知晓率、支持率、参与度和满意度为依归，防止和克服形式主义。分类指导原则。从实际出发，区分层次，着眼多数，鼓励先进，循序渐进，引导人们在遵守基本文明行为规范的基础上，不断追求更高层次的文明行为标准。与时俱进原则。应找准文明行为规范与社区居民思想的共鸣点、利益的交汇点，坚持文明行为规范与社会主义市场经济相适应，尊重个人合法权益与承担社会责任相统一，综合运用教育、法律、行政、舆论等手段，积极推进理念创新、手段创新和社区工作创新，更有效地实施社区文明规范，促进社区文明行为。

**2. 内容与要求**

（1）语言文明。用语应谦逊友善，态度应诚恳亲切，语音应清楚自然。工作中应提倡讲普通话，不讲粗话、脏话和忌语，宜少讲或不讲方言土语。工作生活中应使用日常礼貌语。（2）仪表文明。在公共场合衣着应整洁端庄，不应脏污不洁、破乱不整，着装不宜暴露，不赤膊，不穿拖鞋。讲究个人卫生，在公共场合及人前不做剔牙齿、挖鼻孔、掏耳屎、修指甲、搓手掌污垢等不雅行为。在公共场合应坐有坐相，行有行姿，不应躺卧。（3）心理文明。在遭受挫折和打击的时候，努力能够做到不气馁，并冷静反思。在和他人发生冲突的时候，应控制自己的情绪和行为。对自己的过失言行感到惭愧，并勇于承认错误。养成文明的生活习惯，具备健康的心理状态。杜绝封建迷信、邪教。（4）家庭文明。不虐待和遗弃老人、妇女和儿童，无家庭暴力。不溺爱、纵容、偏袒子女，不重男轻女。主动分担家务劳动，夫妻间相互体贴、爱护。不搬弄是非，妥善处理家庭矛盾。文明用餐，不铺张浪费，盲目攀比高消费。家庭娱乐活动不打扰邻居，远离“黄赌毒”。不拖欠公用缴费。（5）居住文明。不搭建违法建筑，不损坏房屋结构；高层居住者不抛撒废弃物，不在屋顶、阳台外和窗外吊挂、晾晒、堆放有碍社区容貌的物品；居住用房不作经营用途；不占用、堵塞、封闭疏散通道、安全出口、消防通道、无障碍通道。饲养动物不干扰他人正常生活，携带宠物应及时清除其粪便。不在楼道乱倒、乱丢生活垃圾。与邻里互谅互让、互敬互爱，与人方便，不干扰邻居正常生活。（6）交通文明。（7）公共秩序文明。在公共场所不大声喧哗，无污言秽语、嬉闹现象，无吵架、斗殴等不文明行为。（8）公共设施文明。（9）公共环境卫生文明。（10）经营文明。（11）安全文明。危难时刻，先帮助老人、妇女和儿童离开险境。在发生自然灾害或者事故灾难时，积极救人、抢险、救灾。应教育小孩不玩火。在严禁火种的地方，不抽烟。使用火种顾及环境安全。安全用电、用气，发现漏电、漏气和电线、管道破损老化及时维修或更换。出门前应检查水、电、气的安全情况。及时检举、揭发和控告违法犯罪行为和人员，勇于与各种危害安全的行为做斗争。（12）生态文明。生活垃圾袋装化，定点存放，分类回收。使用环保型商品和节能型产品。节约用水、电、纸等公共资源，减少废气、废水、废物等各类污染物排放。（13）公共关系文明。对社会事件应明辨是非，解决问题应实事求是，待人真诚、处事公允，面对纠纷，应联系实际设身处地，坚持理性和包容的原则，不过激、不偏执、不推波助澜、不落井下石。友善对待外来办事人员。单位同事关系和谐，社区人际关系融洽。经常、积极参与救灾捐助和慈善捐赠活动。积极主动参与社区志愿组织和志愿服务活动。

### （二）实施与保障

#### 1. 组织与实施

（1）社区有关部门应制订实施社区文明行为建设的中长期规划和年度计划，文明行为建设的主要指标应纳入社区发展规划、年度工作目标和年度考核，相关部门应成立文明行为建设（指导）委员会，有健全的工作制度和具体的保障措施，能有效指导与协调文明行为的规范、宣传、教育和管理工作；落实各成员单位责任制，做到事事有人管、件件有着落。(2）社区相关部门支持协调社区志愿者队伍经常性开展社区志愿服务活动。充分发挥社区基层党组织、共青团、妇联、残联、红十字会、志愿者协会等组织对社区文明行为的倡导、规范和支持作用。(3）社区相关部门制定鼓励居民参与志愿服务的政策措施，建立社会化、多渠道的志愿服务筹资机制，鼓励社会组织承接社区文明活动，举办公益事业。(4）与相关部门、组织共建“网格化定位，责任化分工，精细化管理，多元化参与，规范化运行，信息化支撑”的社区文明行为实施体系。

#### 2. 宣传与促进

（1）社区有关部门利用宣传栏、手册、宣传海报、电子屏幕、微信、微博等多种方式，深入持久地宣传文明行为规范，让小区家喻户晓，让居民人人皆知。(2）社区有关部门建立健全有效的社区文明行为促进机制，开展文明社区、文明单位、文明家庭、文明个人等各类创建活动；对文明社区、文明单位、文明家庭、文明个人实施表彰奖励制度，在行政许可、资格认定、公共服务等方面依法出台对文明行为者的优待政策。（3）社区有关部门引导、支持和规范社区居民参与制定、践行文明行为规范，使之成为居民自我管理、自我监督、自我约束的良好行为，鼓励和保障社区居民敢于向不文明行为说“不”，致力于形成文明行为光荣、不文明行为可耻的文明社区氛围。

**3. 劝诫与制止**

（1）社区有关部门通过明确业委会、居委会、物业企业发现、报告不文明行为的义务，鼓励社会志愿者、社区居民投诉和举报不文明行为，在公共场所公布专用电话、电子邮箱，指定专人负责处理，并做好记录和档案，建立健全社区不文明行为的投诉、举报和申诉制度。（2）社区有关部门建立规范和完善的不文明行为处置措施、督办机制，及时劝阻、制止不文明行为；依法制定不文明行为惩戒措施，对不文明行为者依法单独或者联合实施惩戒；属于违法行为的，应及时制止，并通知有关行政执法部门协助取证。

## 第二节　贵安文化建设标准

### 一　文化保护类规划设计建设规范

#### （一）历史文化名城

**1. 一般规定**

（1）历史文化名城保护的内容包括：历史文化名城的格局和风貌；与历史文化密切相关的自然地貌、水系、风景名胜、古树名木；反映历史风貌的建筑群、街区、村镇；各级文物保护单位；民俗精华、传统工艺、传统文化等。（2）历史文化名城保护规划应分析城市的历史、社会、经济背景和现状，体现名城的历史价值、科学价值、艺术价值和文化内涵。（3）历史文化名城保护规划应建立历史文化名城、历史文化街区与文物保护单位三个层次的保护体系。（4）历史文化名城保护规划应确定名城保护目标和保护原则，确定名城保护内容和保护重点，提出名城保护措施。（5）历史文化名城保护规划应包括城市格局及传统风貌的保持与延续，历史地段和历史建筑群的维修改善与整治，文物古迹的确认。（6）历史文化名城保护规划应划定历史地段、历史建筑群、文物古迹和地下文物埋藏区的保护界线，并提出相应的规划控制和建设的要求。（7）历史文化名城保护规划应合理调整历史城区的职能，控制人口容量，疏解城区交通，改善市政设施，以及提出规划的分期实施及管理的建议。（8）地下文物埋藏区保护界线范围内的道路交通建设、市政管线建设、房屋建设以及农业活动等，不得危及地下文物的安全。（9）历史城区内除文物保护单位、历史文化街区和历史建筑群以外的其他地区，应考虑延续历史风貌的要求。

**2. 保护界线划定**

历史文化街区应划定保护区和建设控制地带的具体界线，也可根据实际需要划定环境协调区的界线。文物保护单位应划定保护范围和建设控制地带的具体界线，也可根据实际需要划定环境协调区的界线。保护建筑应划定保护范围和建设控制地带的具体界线，也可根据实际需要划定环境协调区的界线。当历史文化街区的保护区与文物保护单位或保护建筑的建设控制地带出现重叠时，应服从保护区的规划控制要求。当文物保护单位或保护建筑的保护范围与历史文化街区出现重叠时，应服从文物保护单位或保护建筑的保护范围的规划控制要求。历史文化街区内应保护文物古迹、保护建筑、历史建筑与历史环境要素。历史文化街区建设控制地带内应严格控制建筑的性质、高度、体量、色彩及形式。位于历史文化街区外的历史建筑群，应按照历史文化街区内保护历史建筑的要求予以保护。

**3. 建筑高度控制**

历史文化名城保护规划应控制历史城区内的建筑高度。在分别确定历史城区建筑高度分区、视线通廊内建筑高度、保护范围和保护区内建筑高度的基础上，应制定历史城区的建筑高度控制规定。对历史风貌保存完好的历史文化名城，应确定更为严格的历史城区的整体建筑高度控制规定。视线通廊内的建筑应以观景点可视范围的视线分析为依据，规定高度控制要求。视线通廊应包括观景点与景观对象相互之间的通视空间及景观对象周围的环境。

#### 4. 道路交通

历史城区道路系统应保持或延续原有道路格局；对富有特色的街巷，应保持原有的空间尺度。历史城区道路规划的密度指标可在国家标准规定的上限范围内选取，道路宽度可在国家标准规定的下限范围内选取。有历史城区的城市在进行城市规划时，该城市的最高等级道路和机动车交通流量很大的道路不宜穿越历史城区。历史城区的交通组织应以疏解交通为主，宜将穿越交通、转换交通布局在历史城区外围。历史城区应鼓励采用公共交通，道路系统应能满足自行车和行人出行，并根据实际需要应设置自行车和行人专用道及步行区。道路桥梁、轨道交通、公交客运枢纽、社会停车场、公交场站、机动车加油站等交通设施的形式应满足历史城区历史风貌要求；历史城区内不宜设置高架道路、大型立交桥、高架轨道、货运枢纽，历史城区内的社会停车场宜设置为地下停车场，也可在条件允许时采取路边停车方式。道路及路口的拓宽改造，其断面形式及拓宽尺度应充分考虑历史街道的原有空间特征。

#### 5. 市政工程

（1）历史城区内应完善市政管线和设施。当市政管线和设施按常规设置与文物古迹、历史建筑及历史环境要素的保护发生矛盾时，应在满足保护要求的前提下采取工程技术措施加以解决。

（2）历史城区内不宜设置大型市政基础设施，市政管线宜采取地下敷设方式。市政管线和设施的设置应符合下列要求：①历史城区内不应新建水厂、污水处理厂、枢纽变电站，不宜设置取水构筑物；②排水体制在与城市排水系统相衔接的基础上，可采用分流制或截流式合流制；③历史城区内不得保留污水处理厂、固体废弃物处理厂；④历史城区内不宜保留枢纽变电站，变电站、开闭所、配电所应采用户内型；⑤历史城区内不应保留或新设置燃气输气、输油管线和贮气、贮油设施，不宜设置高压燃气管线和配气站。低压燃气调压设施宜采用箱式等小体量调压装置。

（3）当多种市政管线采取下地敷设时，因地下空间狭小导致管线间、管线与建（构）筑物间净距不能满足常规要求时，应采取工程处理措施以满足管线的安全、检修等条件。

（4）对历史城区内的通信、广播、电视等无线电发射接收装置的高度和外观应提出限制性要求。

**6. 防灾和环境保护**

防灾和环境保护设施应满足历史城区保护历史风貌的要求。历史城区应健全防灾安全体系，对火灾及其他灾害产生的次生灾害应采取防治和补救措施。历史城区内不得布置生产、贮存易燃易爆、有毒有害危险物品的工厂和仓库。历史城区内不得保留或设置二、三类工业，不宜保留或设置一类工业，并应对现有工业企业的调整或搬迁提出要求。当历史城区外的污染源对历史城区造成大气、水体、噪声等污染时，应进行治理、调整或搬迁。历史城区防洪堤坝工程设施与自然环境和历史环境相协调，保持滨水特色，重视历史上防洪构筑物、码头等的保护与利用。

### （二）历史文化街区

**1. 一般规定**

（1）历史文化街区应具备以下条件：①有比较完整的历史风貌；②构成历史风貌的历史建筑和历史环境要素基本上是历史存留的原物；③历史文化街区用地面积不小于1公顷；④历史文化街区内文物古迹和历史建筑的用地面积宜达到保护区内建筑总用地的60%以上。（2）历史文化街区保护规划应确定保护的目标和原则，严格保护该街区历史风貌，维持保护区的整体空间尺度，对保护区内的街巷和外围景观提出具体的保护要求。（3）历史文化街区保护规划应按详细规划深度要求，划定保护界线并分别提出建（构）筑物和历史环境要素维修、改善与整治的规定，调整用地性质，制定建筑高度控制规定，进行重要节点的整治规划设计，拟定实施管理措施。（4）历史文化街区增建设施的外观、绿化布局与植物配置应符合历史风貌的要求。（5）历史文化街区保护规划应包括改善居民生活环境、保持街区活力的内容。（6）位于历史文化街区外的历史建筑群，应依照历史文化街区的保护要求进行管理。

**2. 保护界线划定**

（1）历史文化街区保护界线的划定应按下列要求进行：①文物古迹或历史建筑的现状用地边界；②在街道、广场、河流等处视线所及范围内的建筑物用地边界或外观界面；③构成历史风貌的自然景观边界。（2）历史文化街区的外围应划定建设控制地带的具体界线，也可根据实际需要划定环境协调区的界线。建设控制地带内的控制要求应符合有关规定。(3) 历史文化街区内的文物保护单位、保护建筑的保护界线划定和具体规划控制要求。

### 3. 保护与整治

(1) 对历史文化街区内需要保护的建（构）筑物应根据各自的保护价值按表 5－2 的规定进行分类，并逐项进行调查统计。(2) 历史文化街区内的历史环境要素应列表逐项进行调查统计。(3) 历史文化街区内所有的建（构）筑物和历史环境要素应按表 5－3 的规定选定相应的保护和整治方式。(4) 历史文化街区内的历史建筑不得拆除。(5) 历史文化街区内构成历史风貌的环境要素的保护方式应为修缮、维修。(6) 历史文化街区内与历史风貌相冲突的环境要素的整治方式应为整修、改造。(7) 历史文化街区外的历史建筑群的保护方式应为维修、改善。(8) 历史文化街区内拆除建筑的再建设，应符合历史风貌的要求。

**表 5－2　历史文化街区保护建（构）筑物一览**

| 类别 | 状况 | | | | | | | | |
|---|---|---|---|---|---|---|---|---|---|
| | 序号 | 名称或地址 | 建造时代 | 结构材料 | 建筑层数 | 使用功能 | 建筑面积（平方米） | 用地面积（平方米） | 备注 |
| 文物保护单位 | ▲ | ▲ | ▲ | ▲ | ▲ | ▲ | ▲ | ▲ | △ |
| 保护建筑 | ▲ | ▲ | ▲ | ▲ | ▲ | ▲ | ▲ | ▲ | △ |
| 历史建筑 | ▲ | ▲ | △ | ▲ | ▲ | ▲ | △ | △ | △ |

说明：▲为必填项目，△为选填项目，备注中可说明该类别的历史概况和现存状况。

**表 5－3　历史文化街区建（构）筑物保护与整治方式**

| 分类 | 文物保护单位 | 保护建筑 | 历史建筑 | 一般建（构）筑物 | |
|---|---|---|---|---|---|
| | | | | 与历史风貌无冲突的建（构）筑物 | 与历史风貌有冲突的建（构）筑物 |
| 保护与整治方式 | 修缮 | 修缮 | 维修改善 | 保留 | 整修改造拆除 |

说明：表中“与历史风貌无冲突的建（构）筑物”和“与历史风貌有冲突的建（构）筑物”是指文物保护单位、保护建筑和历史建筑以外的所有新旧建筑。

**4. 道路交通**

历史文化街区的道路交通规划应符合有关的规定，并对限制性内容的限制程度适度强化。历史文化街区应在保持道路的历史格局和空间尺度基础上，采用传统的路面材料及铺砌方式进行整修。历史文化街区内道路的断面、宽度、线型参数、消防通道的设置等均应考虑历史风貌的要求。从道路系统及交通组织上应避免大量机动车交通穿越历史文化街区。历史文化街区内的交通结构应以满足自行车及步行交通为主。根据保护的需要，可划定机动车禁行区。历史文化街区内不应新设大型停车场和广场，不应设置高架道路、立交桥、高架轨道、客运货运枢纽、公交场站等交通设施，禁设加油站。历史文化街区内的街道应采用历史上的原有名称。

**5. 市政工程**

历史文化街区的市政工程规划应符合有关规定，并对限制性内容的限制程度适度强化。历史文化街区不应设置大型市政基础设施，小型市政基础设施应采用户内式或适当隐蔽，其外观和色彩应与所在街区的历史风貌相协调。历史文化街区内的所有市政管线应采取地下敷设方式。当市政管线布设受到空间限制时，应采取共同沟、增加管线强度、加强管线保护等措施，并对所采取的措施进行技术论证后确定管线净距。

**6. 防灾和环境保护**

历史文化街区的防灾和环境保护规划应符合有关规定，并对限制性内容的限制程度适度强化。历史文化街区和历史地段内应设立社区消防组织，并配备小型、适用的消防设施和装备。在不能满足消防通道要求及给水管径 DN < 150 米的街巷内，应设置水池、水缸、沙池、灭火器及消火栓箱等小型、简易消防设施及装备。在历史文化街区外围宜设置环通的消防通道。

### （三）文物保护单位

文物保护单位应按照《中华人民共和国文物保护法》的规定进行保护。保护建筑应划定保护范围和建设控制地带的具体界线，也可根据实际需要划定环境协调区的界线，并按被保护的文物保护单位的保护要求提出规划措施。

**1. 文化保护社区民居规划设计建设要求**

（1）社区的规划布局，应综合考虑周边环境、路网结构、公建与住宅布局、群体组合、绿地系统及空间环境等的内在联系，构成一个完善的、相对独立的有机整体，并应遵循下列原则：①满足贵安新区总体规划要求；②方便居民生活，有利于安全防卫和物业管理；③组织与居住人口规模相对应的公共活动中心，方便经营、使用和社会化服务；④合理组织人流、车流和车位停放，创造安全、安静、方便的居住环境。（2）社区的空间与环境设计，应遵循下列原则：①规划布局和建筑应体现地方特色，与周围环境相协调；②合理设置公共服务设施，避免烟气（味）、尘及噪声对居民的污染和干扰；③精心设置建筑小品，丰富与美化环境；④注重景观和空间的完整性，市政公用站点等宜与住宅或公建结合安排；供电、电信、路灯等管线宜地下埋设；⑤公共活动空间的环境设计，应处理好建筑、道路、广场、院落绿地和建筑小品之间及其与人的活动之间的相互关系。（3）在重点文物保护单位和历史文化保护区保护规划范围内进行社区设计时，规划设计应遵循保护规划的指导；社区内的各级文物保护单位和古树文物保护单位和古树名木应依法予以保护；在文物保护单位的建设控制地带内的新建建筑和构筑物，不得破坏文物保护单位的环境风貌。

**2. 社区文化保护要求**

（1）社区文化保护通用要求。公民、人和其他组织可依法进行非物质文化遗产调查。进行非物质文化遗产调查，应当征得调查对象的同意，尊重其风俗习惯，不得损害其合法权益。对通过调查或者其他途径发现的濒临消失的非物质文化遗产项目，管委会文化主管部门应当立即予以记录并收集有关实物，或者采取其他抢救性保护措施；对需要传承的，应当采取有效措施支持传承。（2）社区文化保护建设技术管理。社区文化应走与旅游资源开发相结合的路子，以旅游作为平台，保护、传承与弘扬社区文化。旅游业的发展为社区文化的开发与保护提供资金支持、物质保障，反过来对于社区文化的保护又能更好地促进当地旅游业的发展而后完善。不得有纯商品化现象，走文化保护与发展相结合的道路。加强民族意识和普及民族文化知识教育。社区非物质文化保护和传承按《中华人民共和国非物质文化遗产法》的规定执行。

## 二　民族民俗文化保护和传承技术规范

### （一）基本要求与民族民俗文化类别

**1. 基本要求**

坚持“保护为主、合理利用、加强管理、抢救第一”的保护方针。坚持政府主导、社区参与，统筹规划、分类指导，突出重点、分步实施，积极促进新区“田园区”建设。坚持保护民族民俗物质文化遗产的真实性和完整性。坚持依法和科学保护，正确处理经济社会发展与民族民俗物质文化遗产保护的关系。

**2. 民族民俗文化的分类**

（1）具有历史、艺术、科学价值的古文化遗址、古墓葬、古窑址、古建筑、石窟寺、石刻以及手稿、古旧图书资料；（2）反映历史上各时代、各民族社会制度、社会生产、社会生活的代表性实物以及历史上各时代珍贵的艺术品、工艺美术品；（3）与重大历史事件、革命运动和著名人物有关的，具有重要纪念意义、教育意义和史料价值的建筑物、遗址、纪念物以及重要的革命文献资料。

### （二）民族民俗文化的调查

贵安新区文化主管部门负责组织对民族民俗物质文化进行普查、调查，由村支两委具体实施，并按照 GB/T 20273 的要求对民族民俗物质文化予以认定、记录，建立档案和数据库。单位和个人应在贵安新区文化主管部门的管理下依法进行民族民俗物质文化调查。地方村支两委开展民族民俗物质文化的调查、考察、采访和实物征集等活动时，应征得被调查对象同意，尊重其民族风俗、信仰和习惯，不得非法占有、损毁民族民俗文化的资料、实物。对濒临消失的民族民俗物质文化项目，贵安新区文化主管部门应及时予以记录和收集有关实物，并立即采取抢救性保护措施。贵安新区文化主管部门和其他有关部门对在调查中取得的民族民俗物质文化实物和资料应妥善保存，资料的保存应符合相关要求。贵安新区文化主管部门鼓励单位或者个人将民族民俗物质文化资料、实物捐赠给国家的收藏、研究机构，并根据具体情况给予奖励，并且发放证书。

## （三）实施措施

### 1. 民族民俗文化的保护措施

（1）不可移动文物。对具有历史、艺术、科学价值的文物，应依照有关法律法规的规定，核定公布为文物保护单位。（2）考古发掘基本秩序和规范要求。新区文物行政管理部门应组织考古发掘单位开展地下、水下文物的考古调查，并会同贵安新区规划土地、建设、水务等相关行政管理部门，对可能集中埋藏文物的区域，分别划定地下文物埋藏区或者水下文物保护区，报贵安新区管委会批准后向社会公布。（3）馆藏物质文化和民间收藏物质文化。①博物馆、图书馆以及其他文物收藏单位应按照规定建立藏品保护管理制度和藏品档案，对所收藏的文物应逐件登记，分级造册，账、物分别指定专人保管。②文物的等级由贵安新区文物管理部门组织鉴定，并报批省级行政管理部门。③乡级以上人民政府可以根据本地实际建立博物馆。④公民、法人和其他组织可以通过合法方式收藏文物，国家禁止流通的文物除外。⑤除经批准的文物商店、经营文物拍卖的拍卖企业外，其他单位或者个人不得从事文物的商业经营活动。⑥文物征集由依法设立的文物收藏单位进行。⑦依法没收、追缴的文物，有关机关应在结案后30日内连同有关资料无偿移交同级人民政府文物管理部门指定的物质文化收藏单位收藏。（4）物质文化流通和利用。从事文物收购、销售、拍卖活动的企业，应按照国家有关规定履行审批手续，并在核准的范围内经营。

### 2. 民族民俗物质文化的奖惩措施

（1）对有下列事迹的单位和个人，由贵安新区管委会或贵安新区文物行政管理部门给予表彰或物质奖励：①认真宣传、执行《中华人民共和国文物保护法》等国家有关文物保护的法律法规；②为保护文物与违法犯罪行为做坚决斗争的；③将个人收藏的重要文物捐献给国家的；④发现文物及时上报、上交或在文物面临破坏危险时，抢救文物有功的；⑤在文物管理和打击文物走私、投机倒把工作中，有显著成绩的；⑥在拣选、征集文物工作中有显著成绩的；⑦长期从事文物保护、研究工作有显著成绩或在文物保护科学技术上有重要发明的。（2）有下列行为之一，由贵安新区司法部门依法处理：①盗掘古墓葬、古窑址、古文化遗址的；②进行文物走私、投机倒把的；③贪污、盗窃国家文物的；④故意破坏珍贵文物、名胜古迹的；⑤国家工作人员玩忽职守，致使珍贵物质文化被盗、被毁、流失，造成重大损失的。(3) 有下列行为之一的，应给予行政处罚：①发现出土文物隐匿不报，不上交国家的，由公安部门给予警告或罚款，并追缴其非法所得的文物；②未经批准私自经营文物的，由工商行政管理部门给予警告或罚款，并没收其非法所得和非法经营的文物；③在文物保护范围内存放易燃易爆物品或进行影响文物安全活动的，由公安部门、文物行政管理部门责令其停止妨害，限期治理，可并处罚款。

## 三　非物质文化遗产保护和传承技术规范

### （一）基本要求与非物质文化遗产类别

**1. 基本要求**

政府主导、社区参与，突出“非遗”保护事业的公益属性。提升“非遗”保护水平，赋予文化资源新的时代内涵，实现“非遗”保护工作可持续发展。用市场和产业手段对传统文化资源进行保护、传承和发展，促进文化与旅游业的深度融合。

**2. 非物质文化遗产分类**

传统口头文学以及作为其载体的语言，传统美术、书法、音乐、舞蹈、戏剧和杂技，传统技艺、医药和立法，传统礼仪、节庆等民俗，传统体育和游艺，其他非物质文化遗产。

### （二）非物质文化遗产的调查和挖掘

**1. 非物质文化遗产的调查**

贵守村社协助主管部门进行普查、调查、认定、记录、建档、数据库、资料妥善保存，防止流失。

**2. 非物质文化遗产的挖掘**

开展非物质文化遗产的挖掘时，不得侵害被调查对象的合法权益；鼓励单位和个人向贵安新区文化主管部门提供非物质文化遗产线索，由贵安新区文化主管部门负责对非物质文化遗产进行深度挖掘。

### （三）非物质文化遗产的申报及评审

#### 1. 层级管理

贵安新区文化主管部门负责非物质文化遗产的申报及评审。贵安新区文化主管部门负责省级以上非物质文化遗产的初审，并向省级文化主管部门推荐省级以上非物质文化遗产保护。

#### 2. 申报程序

申报推荐非物质文化遗产代表性项目名录应提交材料；传承于不同地区并为不同社区、群体所共享的同类项目，可联合申报；新区文化主管部门根据申报推荐非物质文化遗产代表性项目名录的提交材料；评审委员会由新区文化管理部门有关负责同志和相关领域的专家组成；评审委员会应根据评审准则进行评审，推荐市级非物质文化遗产代表作项目，提交至贵安新区管理委员会办公室。对于省级非物质文化遗产代表作应推荐给省级文化管理部门；新区文化主管部门通过媒体对非物质文化遗产代表作推荐项目进行社会公示，公示期为30天；新区文化主管部门根据评审委员会的评审意见和公示结果，上报上一级相关管理部门批准、公布；新区文化主管部门应每两年批准并公布一次非物质文化遗产代表作名录；对列入非物质文化遗产代表作名录的项目，新区管理委员会应给予相应支持；新区文化主管部门组织专家对列入非物质文化遗产代表作名录的项目进行评估、检查和监督。

### （四）非物质文化遗产的保护措施

#### 1. 非物质文化遗产代表性项目名录保护措施

按照相关要求，新区文化主管部门负责本行政区域内的非物质文化遗产保护和档案管理工作，明确保护范围，提出长远目标和近期工作任务，新区管理委员会应制定非物质文化遗产保护规划，贵安新区文化主管部门应对保护规划的实施情况进行监督检查，发现保护规划未能有效实施的，应及时纠正、处理。

**2. 未列入非物质文化遗产代表性项目名录的一般非物质文化遗产保护措施**

未列入非物质文化遗产代表性项目名录的项目，贵安新区管理委员会应确定相应的保护责任单位；贵安新区村支两委协助文化主管部门对未列入非物质文化遗产代表性项目名录的一般非物质文化遗产进行保护与管理；对濒临消失的未列入非物质文化遗产项目，贵安新区村支两委应及时予以记录和收集有关实物，鼓励并弘扬未列入非物质文化遗产项目进行文学艺术创作活动，做好非物质文化遗产记录、翻译、校订、出版、研究和开发利用等工作，并建立未列入非物质文化遗产代表性项目名录电子信息库。

### （五）非物质文化遗产的传承与传播

（1）列入非物质文化遗产代表性项目名录的传承与传播。新区主管部门支持代表性项目代表传承人和责任单位开展传承活动，建立专门传承场所，对研究人才扶持培养，提供对应服务，涉密项目要按有关要求进行，设立专门委员会。

（2）未列入非物质文化遗产代表性项目名录的一般非物质文化遗产的传承与传播。由村社两委负责传播。鼓励本地区、中小学进行合理传播。

### （六）实施措施

**1. 非物质文化遗产的政策扶持措施**

对合理利用进行专项资金政策扶持，对相关收益进行合理分配，保护培养传承人。

**2. 奖惩措施**

（1）非物质文化保护、传承奖励范围。（2）非物质文化保护、传承的惩罚措施。在非物质文化遗产保护工作中，存在下列违法行为的，由贵安新区文化主管部门依法处理：①在申报非物质文化遗产代表性项目、代表性传承人过程中弄虚作假的；②在对非物质文化遗产考察、调查、采访、实物征集等活动中损毁非物质文化遗产的资料、侵害被调查对象的合法权益的；项目保护责任单位不履行职责的，或者导致非物质文化遗产实物、资料损毁、流失的；③对非物质文化遗产代表性项目进行虚假或者误导性宣传的。(3) 非物质文化遗产保护、传承奖励申报程序。新区文化主管部门负责组织非物质文化遗产保护、传承奖励申报工作。申请人须填写申请书和相应成果材料提交给贵安新区文化主管部门。贵安新区文化主管部门根据申请人提交的相关材料进行审查。贵安新区文化主管部门将审查结果报送给贵安新区管理委员会进行评审。贵安新区文化主管部门将奖励证书、奖励金额等发放于申请人。

## 第三节　贵安场所建设标准

### 一　建设规模与场所内外部设施

#### 1. 建设规模

田园社区村级活动场所，建筑面积≥600 平方米，附属院落≥400 平方米。

#### 2. 活动场所外部设施

(1) 院落。地面平整硬化，并根据场所条件规划体育、休闲设施或停车带。应根据场地实际规划花台或绿化带，并选择常绿花草树木种植。(2) 活动场所外部。顶部有“××社区”几个大字。旗杆应设置在办公楼前或楼顶，并符合下列要求：①设置在办公楼前，离地面 10~15 米；②设置在办公楼顶，向上延伸 2.5~3 米；③办公楼前设置电子显示屏（规格 0.4 米×3.5 米）或公告栏；④在办公楼门口两侧悬挂村党支部、村委会两块匾牌；⑤党支部、村委会匾牌制作方式：a) 村（社区）党支部匾牌应用铜底方正大标宋体红字，挂大门右边，内容为中国共产党贵安新区××镇××村（社区）支部（总支）委员会；b) 村委会牌匾应用铜底方正大标宋体黑字，挂大门左边，内容为贵安新区××镇××村（社区）村（居）民委员会；参考规格 2.4 米×0.3 米；c) 宣传栏。规格：1.2 米×3 米，共 2 块。便于群众观看的位置。内容为党务、政务知识，科普知识，工作情况，《人民日报》《贵州日报》刊载的重要内容等。要求为风格统一，版头一致，能直观生动地展示工作内容、体现工作特色、展现创新成果。

### 3. 活动场所内部设置

（1）进入活动场所两侧墙体设置。左侧墙体应设置3年发展规划及办事程序。右侧墙体应设置干部责任岗和去向牌。（2）楼梯间、过道墙体设置。一楼楼梯口放置楼层（活动室）平面示意图。各层楼梯间、过道墙体设置廉政文化墙、荣誉墙、风采墙或地方风景画。（3）活动室。通用要求：应悬挂统一规范的办公室门牌，室内有办公桌椅、台式岗位牌、文件柜、饮水机等办公设施。支部书记、村（居）委会主任办公室：应悬挂国家方针政策学习文件，党的资料期刊，村的建设发展规划，有关制度、职责等。计生办公室：应悬挂有关制度、职责、工作理念、工作流程等。生殖保健服务室：应有避孕节育知识宣传资料，有工作职责、操作规程，有计划生育服务制度等，有专门的药具柜（箱）。综治工作室（站）：应有综治工作制度，有纠纷调解流程和调解台账。其他办公室设置：根据综治工作室进行设置。（4）农家书屋。门旁悬挂“农家书屋”牌子，室内摆放桌椅、悬挂管理制度，有标准书架，图书存放规范、类别清楚，有专人管理，有借阅记录，登记规范详细。（5）小会议室。宽敞明亮，有降温和取暖设备，配备专门的会议桌椅，配有电视、小黑板等。（6）党员活动室（大会议室）。党员活动室设置应符合下列基本要求：①规模：面积≥党员数×1.2平方米，且不小于40平方米；②要求：配备投影仪、电脑、电视机、机顶盒、音响、报刊架、小黑板等；③设置：活动室设主席台，正墙面悬挂党旗、入党誓词；④桌椅：有专门的会议桌椅，按直线排列，横竖成行；⑤两侧：活动室两侧墙面悬挂党员活动宣传栏、党建标语等；⑥活动室可与“道德讲堂”“农民夜校”等整合设置。（7）党员群众综合服务站。门口悬挂“贵安新区××镇××村（社区）党员群众综合服务站”牌子。内墙为悬挂相关服务制度、职责、工作承诺等。配置办公桌椅、文件柜、电脑、打印机、休息沙发、饮水机等。设置相应服务岗位，可与村委办公室整合设置。

## 二　场所功能与资产管理

### 1. 场所功能

开展党员教育管理。开展村级民主管理。开展便民便利服务：按照村干部职责分工，为群众开展代理代办、行政审批、信息咨询、纠纷调解等便民利民服务。开展群众教育培训。开展群众文化娱乐活动：举办群众喜闻乐见、开展丰富多彩的文体活动，不断丰富农民群众的业余文化生活。

**2. 资产管理**

（1）产权。村级组织办公场所的产权归村集体所有，由村党支部、村委会负责管理和使用。（2）责任。村（社区）党组织书记是村级组织办公场所的直接责任人，村委会主任是具体责任人。（3）处置。无权处置：任何单位和个人都不得擅自改变村级组织办公场所的使用性质，不得私自买卖、租赁、挪用、侵占。必要处置：确因整合资源、规划开发等原因，经过一定程序可以对村级组织办公场所及其资产进行处置。处置程序：村支两委资产处置应按下列程序办理：①召开村党员大会和村民代表会议表决并公示；②乡镇党委研究同意后按照相关规定报新区财政局审批；③报贵安新区政治部备案。（4）管理。建立台账，乡镇、村（居）明确管理人员及职责，建立公物台账、报损制度，做到账实相符，做好设施设备的维护维修以及活动场所的安全防范工作。（5）公开。村级组织活动场所财产项目应向所有村（居）民公开。人员变动，在村（居）两委换届或其他原因调整设施和管理人员时，原管理负责人及时向新调整的负责人移交办公场所、办公用品及其他配套设施，做好移交记录。（6）维护。乡镇党委每半年对活动场所管理使用情况集中检查维护一次。（7）经费。乡镇将村级组织活动场所管理经费纳入财政预算。

## 第四节　贵安类型建设标准

### 一　小镇类规划设计建设规范

#### （一）社区人口及用地规模

**1. 社区建设用地选择**

社区规划应对规划范围内的建设用地及建设的适宜性做出评价，并结合实际情况和规划目标，因地制宜地采取规划对策；社区建设用地应避开山洪、风口、滑坡、泥石流、洪水淹没、地震断裂等自然灾害影响的地段，避开各类保护区、有开采价值的地下资源和地下采空区；社区应与生产作业区联系方便，居民交通便捷；社区对外有两个以上出口，避免被铁路、过境公路、高压输电线路穿越，避免沿过境道路展开布局。靠近铁路、公路、堤防建设的社区，应按相关规定后退防护距离；根据当地实际，全面综合协调安排社区各类用地。社区建设用地应集中紧凑布局，适当预留发展用地，避免无序扩张。不宜推山、砍树、填塘或刻意裁弯取直道路。

### 2. 社区规模

新型社区按居住户数或人口的规模可分为社区、组团两级。各级标准控制规模应符合表 5 -4 的规定。

**表 5 -4　社区及组团控制规模**

单位：户，人

| 类型 | 户数 | 人口数 |
|---|---|---|
| 社区 | 300 ~ 1600 | 1000 ~ 5000 |
| 组团 | 50 ~ 150 | 200 ~ 500 |

**表 5 -5　人均居住用地控制指标**

单位：平方米

| 人均居住用地控制指标 | 房屋类型 | 人均用地面积 |
|---|---|---|
| 社区 | 低层 | 30 ~ 42 |
| | 多层 | 25 ~ 32 |
| | 高层 | 15 ~ 24 |
| 组团 | 低层 | 25 ~ 35 |
| | 多层 | 21 ~ 24 |
| | 高层 | 12 ~ 20 |

说明：本表各项指标按每户 3.2 人计算。

### 3. 人均居住用地控制指标

根据耕地水平和聚居方式不同，新型社区的人均综合用地指标为 80 ~

100 平方米，并与土地利用规划相衔接。人均居住用地控制指标应按表 5－5 采用。表 5－5 人均居住用地控制指标（平方米/人）。

### （二）社区整体功能布局原则

#### 1. 社区布局基本模式

（1）按自然地理条件划分为平原地区模式、水网地区模式、丘陵地区模式，见图 5－1。

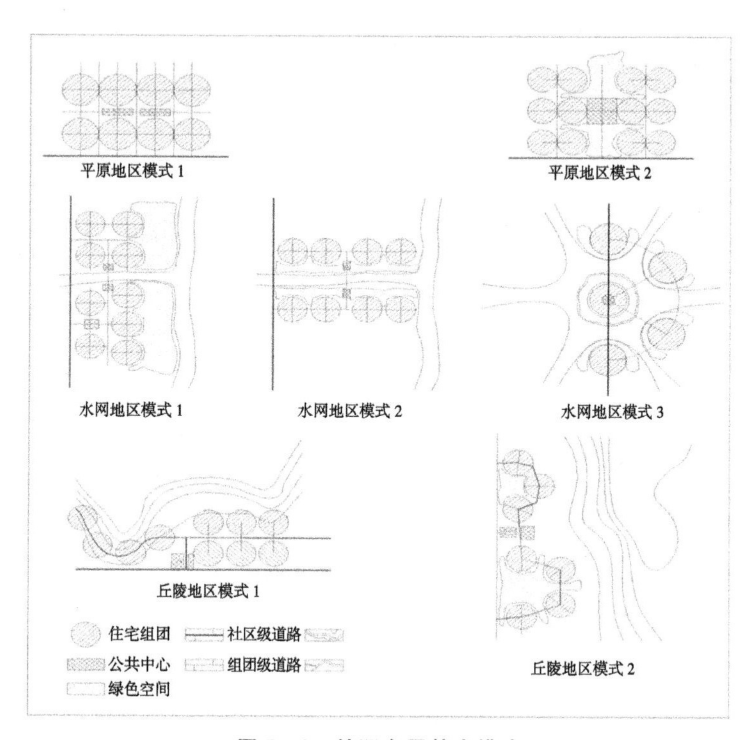


**图 5－1　社区布局基本模式**

（2）按社区人口划分为 500 人以下、1000～3000 人、3000 人以上，见图 5－2。

#### 2. 社区布局基本原则

规划布局应相对统一集中布置，不能沿过境交通两侧分别建设，配套公共活动中心，安全、便捷社区，绿地要系统组织。

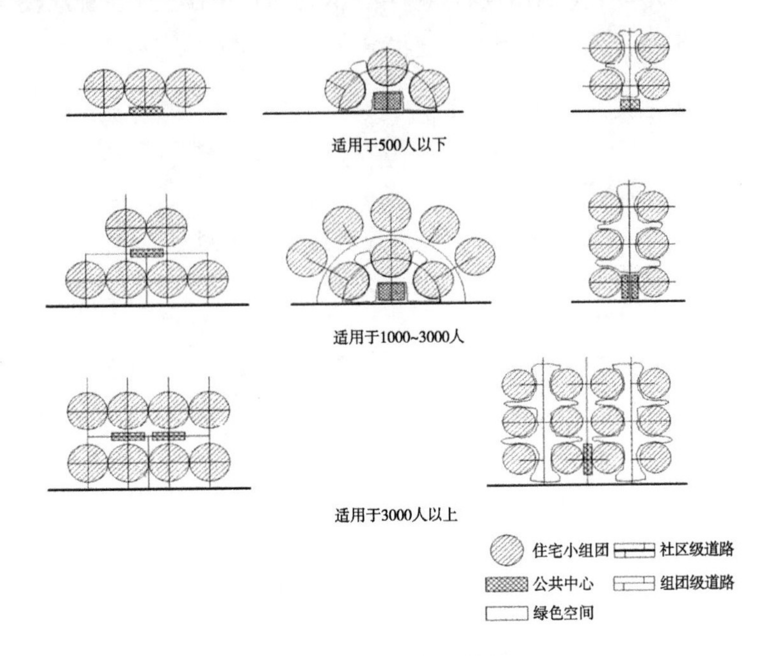


**图 5－2　社区人口划分**

## (三) 社区基本配套设施配置及建设规范

### 1. 道路改造与建设

(1) 新型社区道路路面必须硬化、绿化，与外部道路连接路面宽度不超过 6 米，确实需要超出 6 米的按照程序进行用地报批。(2) 主、次道路应通达顺畅，应打通主要道路的尽端路。(3) 新型社区道路标高原则上应低于两侧宅基地场院标高，并结合各类工程管线改造要求统一考虑。(4) 新型社区道路与过境公路、铁路等交通设施平交时，应符合有关规定。(5) 新型社区主要道路平面交叉时应尽量正交，必须斜交时，锐角应大于 60°。(6) 新型社区道路纵坡控制指标应符合表 5－6 的规定。(7) 新型社区道路横断面应设置横坡，坡度大小在 1%～3%。(8) 进入组团的道路，既应方便居民出行和利于消防车、救护车的通行，又维护院落的完整性和利于治安保卫。消防通道的设置应符合相关要求。(9) 在社区公共活动中心，应设置残疾人通行的无障碍通道。通行轮椅车的坡道宽度不应小于 2.5 米，纵坡不应大于 2.5%。(10) 社区道路边缘至建筑物、构筑物的最小距离，应符合表 5－7 的规定。

**表 5－6 社区内道路纵坡控制指标**

单位:%

| 道路类别 | 最小纵坡 | 最大纵坡 |
| --- | --- | --- |
| 机动车道 | ≥0.3 | ≤8.0，L≤200 米 |
| 非机动车道 | ≥0.3 | ≤3.0，L≤50 米 |
| 步行道 | ≥0.3 | ≤8.0 |

说明：L 为坡长（米）。

**表 5－7 道路边缘至建筑物、构筑物最小距离**

单位：米

| 与建（构）筑物关系 | 建（构）筑物层数 | 社区（级）路 | 社区组团（级）路 |
| --- | --- | --- | --- |
| 建筑物面向道路 | 底层 | 3 | 2 |
| | 多层 | 4 | 3 |
| | 高层 | 5 | 4 |
| 建筑物山墙面向道路 | 底层 | 1.5 | 1 |
| | 多层 | 2.5 | 1.5 |
| | 高层 | 4 | 2.5 |
| 围墙面向道路 | 不限 | 1 | 1 |

## 2. 给水

（1）新型社区给水工程建设，应符合当地饮水安全总体规划，积极采用适宜的先进供水技术，实现社区集中供水，满足小镇地区人畜安全、方便饮用。供水应首先满足生活用水、公共设施用水，水源允许的地区可考虑生产用水。（2）新型社区水源应遵循先地表水、后地下水原则。水源地周围应划定保护范围，并做好水源地卫生防护、供水设施的日常维护工作。（3）套内分户用水点的给水压力不应小于 0.05 兆帕斯卡，入户管的给水压力不应大于 0.35 兆帕斯卡；室外供水管网压力不应低于 0.1 兆帕斯卡。（4）新型社区给水工程的设计规模参考 GB 50188 和 GB 50788 规范，人均生活用水量指标为：①基本型：生活用水定额 50～120 升/人·日（最高日）。②提高型：生活用水定额 100～200 升/人·日（最高日）。（5）新型社区已纳入小镇安全饮水区域供水规划范围，目前暂无条件建设集中供水设施的，要采取多种措施加快建设，严格控制分散供水。(6) 利用屋顶有组织排水或建造人工集雨场及水窖收集雨水，经存贮净化处理后，可作为新型社区生活用水的补充水源或消防水源。

**3. 排水及污水处理**

(1) 排水体制。新型社区排水工程建设，应采用“雨污分流”制。(2) 排水量的确定。污水量可根据综合用水量乘以排放系数0.7～0.9确定，雨水量应根据暴雨强度、汇水面积、地面平均径流系数计算确定。(3) 污水处理方式。污水未经处理不得直接排放。(4) 雨水处理方式。新型社区雨水排放可根据地方实际采用明沟或暗渠方式。

**4. 排水沟渠的设计及养护**

排水沟渠的纵坡应不小于0.3%，排水沟渠的宽度及深度应根据各地降雨量确定，宽度不宜小于150毫米，深度不小于120毫米。

**5. 强、弱电**

(1) 统筹电力、广电、通信、信息网络系统的基本配置，并确保今后扩展的可能性。采用安全防范、管理与设备监控系统，暂时不能采用智能技术的乡村，宜预留管网位置，为扩充改造提供条件。(2) 社区主要道路应设照明设施参照表5－8。(3) 电网结构合理，供电容量充裕，能保障居民生产生活的用电需求，居民生活用电做到“一户一表”。(4) 网络线路配套齐全。

**表5－8 机动车交通道路照明标准值**

| 级别 | 道路类型 | 路面亮度 | | | 路面照度 | | 眩光限制阈值增量T1（%）最大初始值 | 环境比SR最小值 |
|---|---|---|---|---|---|---|---|---|
| | | 平均亮度Lav（cd/平方米） | 总均匀度Uo | 纵向均与度UL最小值 | 平均照度Eav（lx）维持值 | 均匀度UE最小值 | | |
| 1 | 快速路、主干路 | 1.5/2.0 | 0.4 | 0.7 | 20/30 | 0.4 | 10 | 0.5 |
| Ⅱ | 次干路 | 0.75/1.0 | 0.4 | 0.5 | 10/15 | 0.35 | 10 | 0.5 |
| Ⅲ | 支路 | 0.5/0.75 | 0.4 | — | 8/10 | 0.3 | 15 | — |

说明：表中所列的平均照度仅适用于沥青路面。若系水泥混凝土路面，其平均照度值可相应降低约30%；计算路面的维持平均亮度或维持平均照度时应根据光源种类、灯具防护等级和擦拭周期，维护系数确定；维护系数为光源的光衰系数和灯具因污染的光衰系数的乘积。

6. 燃气

有条件的地方应同步实施天然气管网敷设。

7. 厕所

公厕和户厕的建设、管理和粪便处理，均应符合国家现行有关技术标准的要求。

8. 垃圾处理

倡导垃圾分类处理。

9. 管线综合

（1）社区给水、雨水、污水、电力及燃气管线等宜采用地下敷设方式。

（2）各种管线的埋设顺序应符合要求。

（3）应根据各类管线的不同特征和设置要求综合布置，各类管线间的水平与垂直净距应符合表5－9和5－10的规定。

**表5－9 小镇新型社区各类管线之间最小水平净距**

单位：米

| 管线名称 | 给水管 | 排水管 | 燃气管 | 热力管 | 电力管 | 电信管 |
|---|---|---|---|---|---|---|
| 排水管 | 1.5 | 1.5 | — | — | — | — |
| 燃气管 | 1.0 | 1.5 | — | — | — | — |
| 热力管 | 1.5 | 1.5 | 1.0 | — | — | — |
| 电力管 | 1.0 | 1.0 | 0.5 | 2.0 | — | — |
| 电信管 | 1.5 | 1.0 | 1.0 | 2.0 | 0.5 | — |

说明：表中给水管与排水管之间的净距适用于管径小于或等于200毫米；表中的燃气管指低压管线，即小于或等于0.005兆帕斯卡的管线。

**表5－10 小镇新型社区各类管线之间最小垂直净距**

单位：米

| 管线名称 | 给水管 | 排水管 | 燃气管 | 热力管 | 电力管 | 电信管 |
|---|---|---|---|---|---|---|
| 给水管 | 0.15 | — | — | — | — | — |
| 排水管 | 0.40 | 0.20 | — | — | — | — |
| 燃气管 | 0.20 | 0.20 | 0.20 | — | — | — |
| 热力管 | 0.20 | 0.50 | 0.20 | 0.20 | — | — |
| 电力管 | 0.20 | 0.50 | 0.50 | 0.50 | 0.50 | — |
| 电信管 | 0.20 | 0.20 | 0.30 | 0.20 | 0.50 | 0.30 |
| 明沟沟底 | 0.50 | 0.50 | 0.50 | 0.20 | 0.50 | 0.50 |

(4) 管线建设应考虑不影响建筑物安全和防止管线受腐蚀、沉陷、震动或重压。各类管线与建(构)筑物之间的最小间距,应符合表5-11的规定。

**表5-11 小镇新型社区各类管线与建(构)筑物之间的最小水平间距**

单位:米

| 管线名称 | 建筑物基础 | 照明地上杆柱(中心) | 铁路(中心) | 道路边缘 | 公路边缘 |
|---|---|---|---|---|---|
| 给水管 | 3.0 | 1.0 | 5.0 | 1.5 | 1.0 |
| 排水管 | 2.5 | 1.5 | 5.0 | 1.5 | 1.0 |
| 燃气管 | 1.5 | 1.0 | 3.75 | 1.5 | 1.0 |
| 热力管 | 2.5 | 1.0 | 3.75 | 1.5 | 1.0 |
| 电力管 | 0.6 | 0.6 | 3.75 | 1.5 | 1.0 |
| 电信管 | 0.6 | 0.5 | 3.75 | 1.5 | 1.0 |

说明:表中的燃气管指低压管线,即小于或等于0.005兆帕斯卡的管线。

(5) 电力管与电信管应远离,并按照电力电缆在道路东侧或南侧、电信在道路西侧或北侧的原则建设。

(6) 管线建设遇到矛盾时,应按下列原则处理:临时管线避让永久管线;小管线避让大管线;压力管线避让重力流管线;可弯曲管线避让不可弯曲管线。

(7) 地下埋设管线不应横穿公共绿地和庭院绿地。与绿化树种间的最小间距的最小水平净距,应符合表5-12的规定。

**表5-12 管线、其他设施与绿化树种之间的最小水平间距**

单位:米

| 管线名称 | 乔木中心 | 灌木中心 | 草地 |
|---|---|---|---|
| 给水管、闸井 | 1.5 | 1.5 | 0.5 |
| 排水管、探井 | 1.5 | 1.5 | 0.5 |
| 燃气管、探井 | 1.5 | 1.2 | 0.5 |
| 热力管 | 2.0 | 2.0 | 1.0 |
| 电力管、电信管 | 1.5 | 1.0 | 0.5 |
| 地上杆柱(中心) | 2.0 | 2.0 | 0.5 |
| 消防龙头 | 1.5 | 1.2 | 1.2 |
| 道路侧石边缘 | 0.5 | 0.5 | — |

### （四）社区基本公共设施配置及建设规范

（1）小镇新型社区公建设施，应按规划的要求配套建设。（2）小镇新型社区配套公建的配建水平，应与居住人口规模相对应，并应与住宅同步规划、同步建设和同时投入使用。（3）小镇新型社区配套公建的项目见表5－13。

**表5－13 公共服务设施建设指标**

| 类别 | 设施名称 | 服务内容 | 建设规定与规模要求 |
| --- | --- | --- | --- |
| 社区行政管理及社区综合服务 | ▲社区委员会（物业管理） | 具备社区“八室”（社区党组织办公室、社区居委会办公室、综合会议室、警务室、档案室、阅览室、党员活动室、信访调解室） | 每社区1处，建筑面积200平方米以上 |
| | ▲社区服务中心 | 家政服务、咨询服务、代客订票、美容美发、洗浴、综合修理、辅助就业设施 | 每社区1处，建筑面积50～150平方米 |
| 社区行政管理及社区综合服务 | ▲医疗卫生服务站 | 可与卫生站合设 | 建筑面积20平方米以上（3000人以上或有条件的社区可分设） |
| | △养老院、民福院 | 老年人全托式护理服务 | 活动场地应有1/2的活动面积在标准的建筑日照阴影线之外；容积率不应大于0.6；床位数量要应按照40床位/百老人的指标计算 |
| | ▲治安联邦站 | — | 可与社区委员会合设，15～30平方米 |
| 教育 | △托儿所 | 保教小于3周岁 | 根据规划设置，托幼可以合设，根据实际情况确定全托与半托的比例，人均占地面积不少于15平方米 |
| | ▲幼儿园 | 保教学龄前儿童 | |

续表

| 类别 | 设施名称 | 服务内容 | 建设规定与规模要求 |
| --- | --- | --- | --- |
| 教育 | ▲小学 | 6~12岁儿童入学 | 12班≥6000平方米；18班≥7000平方米；24班≥8000平方米 |
| | △中学 | 12~18岁青少年入学 | 按规划设置 |
| | △远程教育、科普教育学校 | 可综合利用学校设施，以学校为基础扩展兼具基础教育、职业教育、小镇继续教育功能的新型小镇学校 | 按规划设置 |
| 医疗卫生 | ▲卫生站 | 社区卫生服务站 | 每社区1处，建筑面积60平方米以上 |
| 文化体育 | ▲文化活动中心 | 老年活动中心、儿童活动中心、社区培训中心 | 建筑面积50~200平方米 |
| | △小型图书馆 | 小镇科技活动、书刊与音像制品 | 靠近或者结合社区中心绿地或广场安排用地面积不小于100平方米 |
| | ▲全民健身设施 | 球类、棋类活动场地，儿童及老年人学习活动健身场地、用房 | 结合公共绿地安排 |
| 商业服务 | ▲农贸市场 | 销售粮油、副食、蔬菜、干鲜果品、小商品 | 占地面积100~300平方米，农贸市场可与食品加工点合设 |
| | ▲食品加工点 | 粮油、副食、蔬菜、果品加工 | |

说明：▲表示必设；△表示宜设。

（4）根据配套公建项目的使用性质和小镇新型社区的规划布局，宜采用相对集中与适当分散相结合的方式建设，并应利于发挥设施效益、方便经营管理、使用和减少干扰。（5）组团级服务设施的建设应方便居民、满足服务半径的要求，服务半径不大于300米。（6）停车。重点公建的停车位建设应符合表5-14的规定。

**表5-14 重点公建的停车位建设指标**

| 名　称 | 单　位 | 机动车（辆） |
| --- | --- | --- |
| 社区中心 | 车位数/每百平方米建筑面积 | ≥5 |
| 社区超市 | 车位数/每百平方米建筑面积 | ≥1.5 |

续表

| 名　称 | 单　位 | 机动车（辆） |
| --- | --- | --- |
| 集贸市场 | 车位数/每百平方米建筑面积 | ≥5 |
| 餐 饮 店 | 车位数/每百平方米建筑面积 | ≥2 |
| 医 疗 站 | 车位数/每百平方米建筑面积 | ≥2 |

说明：本表机动车停车车位以小型汽车为标准当量表示；其他类型的车辆停车位的换算办法，应符合国家相关技术规范。

（7）文化长廊。文化长廊建设应紧贴群众生活，绘制了涉及社会主义核心价值体系、道德建设、节能减排、“非遗”文化、文明交通、计划生育、生活常识、未成年思想道德教育、廉政文化及社会治安10个专题，集文化、宣传、知识性、趣味性、可读性于一体，内容新颖，图文并茂。（8）休闲走廊。休闲走廊的建设应强调地面铺装具有生动性和可塑性，并为居民提供良好的休息和活动场地。行走空间、休憩空间和游艺空间，宜通过不同铺装材料的组合进行分隔。通过色彩鲜艳的铺装，营造活泼、明快的气氛；又或者采用色彩柔和素淡的铺装。（9）绿色微田园布局。就是在建设过程中，为相对集中的民居规划出前庭后院，让老百姓在房前屋后和新村里面其他可利用空间，因地制宜、因时制宜，种植瓜果豆菜，这样形成的一个挨一个、一群又一群的“小菜园”“小果园”“小桑园”。

### （五）社区民居建筑设计要求

#### 1. 民居建筑设计原则

民居建筑设计风貌可选择汉族民居风貌或少数民族民居风貌，其他设计建设要求应符合有关规定；建筑布局应依山就势，顺风顺水，尊重地形地貌，做到节地节材，体现山地建筑特点；建筑体量应考虑城市规划对通风、视线、景观的要求，尽量降低建筑对城市环境的压迫感，不提倡大面宽的建筑体量；建筑体形不提倡造型怪异，建筑应充分尊重周边环境；建筑界面应完整统一，尊重城市规划对城市界面的要求；建筑第五立面应结合地方建筑特色，体现空间层次感；建筑材料应尽量就地取材或采用本地生产的建筑材料，建筑材料应体现节能、环保、生态、耐久、实用、美观、经济的原则；

建筑色彩应符合贵安新区建筑色彩导则的要求，提倡清新、亮丽的主色调；建筑细部应推敲比例尺度关系，突出精致感和层次感，体现地域建筑丰富的造型元素；建筑装饰应结合地域建筑特色，挖掘民族元素符号精髓，通过现代材质承载民族文化，体现多彩贵州丰富的民族内涵。

**2. 民居建设施工安全技术要求**

（1）应对安全技术措施的实施进行检查、分析和评价审核，过程作业的指导文件应使人员、机械、材料、方法、环境等因素均处于受控状态，保证实施过程的正确性和有效性。（2）建筑施工安全技术控制措施的实施应符合下列规定：①应根据危险等级、安全规划制定安全技术控制措施；②安全技术控制措施应符合安全技术分析的要求；③安全技术控制措施实施程序的更改应处于控制之中；④安全技术控制措施应按施工流程及工序、施工工艺实施，提高安全技术控制措施的有效性；⑤应以数据分析、信息分析以及过程监测反馈为基础，控制安全技术措施实施的过程以及这些过程之间的相互作用。（3）建筑施工安全技术应按危险等级分级控制并应符合下列规定：①Ⅰ级必须编制分部分项工程专项施工方案和应急救援预案组织专家论证履行审核、审批手续对安全技术方案内容进行技术交底、组织验收采取监测预警技术进行全过程监控；②Ⅱ级应编制分部分项工程专项施工方案和应急救援措施履行审核、审批手续进行技术交底、组织验收采取监测预警技术进行全过程监控；③Ⅲ级应制定安全技术措施、进行技术交底通过安全教育、培训、个体防护措施的手段予以控制。

**3. 民居建设质量验收程序**

（1）一般安全技术验收应由施工单位项目技术负责人会同现场监理工程师组织相关专业技术人员进行验收。（2）危险性较大的分部分项工程的安全技术验收应由施工单位技术负责人、工程项目总监理工程师及专业监理工程师、建设单位项目负责人和现场技术负责人、勘察设计单位工程项目技术负责人参加。（3）单位工程实行施工总承包的应由总承包单位组织安全技术验收，相关专业承包单位技术负责人应参加相关专业工程的安全技术的验收。（4）安全技术验收均应在施工单位自行检查评定的基础上进行。（5）安全技术验收应有明确的验收结果，且参加验收人员应履行签字手续，对验收结果负责。（6）当安全技术验收不符合要求时，施工单位应进行返工重做、加固处理或检测鉴定和设计复核后重新组织验收。(7) 对进入施工现场的涉及建筑施工安全的材料、构配件、设备等及其他涉及施工安全的设施按相关标准规定要求进行检验，对合格与否做出确认，重点应对下列范围的内容进行验收：①与安全技术有关的材料、构配件；②建筑施工机具和大型机械设备；③施工现场安全防护设施；④施工现场临时用电；⑤危险性较大分部分项工程；⑥其他需要进行安全技术验收的。

## 二 景区类规划设计建设规范

### (一) 景区总体功能布局原则

#### 1. 规划原则

(1) 游客为本、需求导向。旅游基础设施规划的出发点是满足广大游客的旅游公共需求，落脚点是要让人民群众满意。发展旅游基础设施，要以广大游客的实际需求为导向，科学发展。(2) 要始终贯穿以人为本的理念，使旅游更加安全、便利、惠民，不断增加旅游者福利，使旅游者更有尊严地旅游。(3) 城乡一体、全面覆盖。乡村建设作为一项造福于民的惠民工程，要与城市建设结合，必须从城市发展和农村建设的全局考虑，旅游基础设施建设要覆盖规划区，努力使景区基础设施建设得到改善。(4) 总体规划、分步实施。旅游基础设施的建设要结合直管区总体规划和功能区划分，总体规划、突出重点、合理安排，整合资源，分期、分批、分阶段实施，力求以最少的投入、最短的时间，取得最大的效果。

#### 2. 规划目标

通过旅游设施建设来嵌入旅游产品与旅游项目，同时满足乡村旅游的发展，来带动区域旅游与区域经济发展，整合已有的民生资源，建立起与建设旅游强区相适应的旅游基础设施体系。重要景区规划布局：规划东南部文化聚落与田园景观带、中部文化聚落与田园景观带、西部文化聚落与田园景观带为重要景区景点分布区域。东南部文化聚落与田园景观带规划车田乡村文化景区、龙山乡村文化景区以及松柏山景区；中部文化聚落与田园景观带规划东红枫湖乡村文化景区、马场河乡村文化景区、北斗湖—高峰山景区、凯掌乡村文化景区、麻郎风情小镇景区。西部文化聚落与田园景观带规划下麻线河观光农业景区、上麻线河乡村体验景区。

(二) 景区基本设施配套及建设要求

全面实施“小康路、小康水、小康电、小康房、小康讯、小康寨”基础设施建设。

(1) 道路改造与建设。景区道路纵坡控制指标应符合表5-15的规定。

**表5-15 景区内道路纵坡控制指标**

单位:%

| 道路类别 | 最小纵坡 | 最大纵坡 |
| --- | --- | --- |
| 机动车道 | ≥0.3 | ≤8.0, $L$≤200米 |
| 非机动车道 | ≥0.3 | ≤3.0, $L$≤50米 |
| 步行道 | ≥0.3 | ≤8.0 |

①景区道路横断面应设置横坡,坡度大小在1%~3%。

②景区边缘至建筑物、构筑物的最小距离,应符合表5-16的规定。

**表5-16 道路边缘至建筑物、构筑物最小距离**

单位:米

| 与建(构)筑物关系 | 建(构)筑物层数 | 社区(级)路 | 社区组团(级)路 |
| --- | --- | --- | --- |
| 建筑物面向道路 | 底层 | 3 | 2 |
| | 多层 | 4 | 3 |
| | 高层 | 5 | 4 |
| 建筑物山墙面向道路 | 底层 | 1.5 | 1 |
| | 多层 | 2.5 | 1.5 |
| | 高层 | 4 | 2.5 |
| 围墙面向道路 | 不限 | 1 | 1 |

(2) 给水。①景区给水工程建设,应符合当地饮水安全总体规划。②景区水源应遵循先地表水、后地下水原则。③景区给水工程的设计规模参考人均生活用水量指标。④景区已纳入小镇安全饮水区域供水规划范围,目前暂无条件建设集中供水设施的,要采取多种措施加快建设,严格控制分散供水。⑤景区的给水管线应沿主要道路一侧布置,并设置

消火栓，间距不应大于120米。给水管道与污水排放沟渠或管道的间距应不小于0.8米。⑥利用屋顶有组织排水或建造人工集雨场及水窖收集雨水，经存贮净化处理后，可作为新型景区用水的补充水源或消防水源。

（3）排水及污水处理。①排水体制。原则上可采用“雨污分流”制。②排水量的确定。污水量可根据综合用水量乘以排放系数0.7～0.9确定，雨水量应根据暴雨强度、汇水面积、地面平均径流系数计算确定。③污水处理方式。污水未经处理不得直接排放。④雨水处理方式。景区雨水排放可根据地方实际采用管网方式。

（4）强、弱电。统筹电力、广电、通信、信息网络系统的基本配置，并确保今后扩展的可能性。

（5）景区道路照明设施。景区主要道路应设照明设施见表5－17。

**表5－17　机动车交通道路照明标准值**

| 级别 | 道路类型 | 路面亮度 | | | 路面照度 | | 眩光限制阈值增量 TI（%）最大初始值 | 环境比 SR 最小值 |
|---|---|---|---|---|---|---|---|---|
| | | 平均亮度 Lav（cd/平方米） | 总均匀度 Uo | 纵向均匀度 UL 最小值 | 平均照度 Eav（lx）维持值 | 均匀度 UE 最小值 | | |
| Ⅰ | 快速路、主干路 | 1.5/2.0 | 0.4 | 0.7 | 20/30 | 0.4 | 10 | 0.5 |
| Ⅱ | 次干路 | 0.75/1.0 | 0.4 | 0.5 | 10/15 | 0.35 | 10 | 0.5 |
| Ⅲ | 支路 | 0.5/0.75 | 0.4 | — | 8/10 | 0.3 | 15 | — |

说明：表中所列的平均照度仅适用于沥青路面。若系水泥混凝土路面，其平均照度值可相应降低约30%；计算路面的维持平均亮度或维持平均照度时应根据光源种类、灯具防护等级和擦拭周期，维护系数确定方法：维护系数为光源的光衰系数和灯具因污染的光衰系数的乘积。

（6）厕所。公厕和户厕的建设、管理和粪便处理，均应符合国家现行有关技术标准的要求。

（7）管线综合。①景区给水、雨水、污水、电力管线等宜采用地下敷设方式。②各种管线的埋设顺序应符合要求。

（三）景区公共设施配置及建设要求

（1）景区基本公共设施设计建设按DB 520001/T 018的要求执行。

(2) 停车场。①旅游型的社区停车场地布置应按每户不低于0.7个停车位的标准规划。②重点公建的停车位建设应符合表5-18的规定。

表5-18 重点公建的停车位建设指标

| 名 称 | 单 位 | 机动车(辆) |
| --- | --- | --- |
| 社区中心 | 车位数/每百平方米建筑面积 | ≥5 |
| 社区超市 | 车位数/每百平方米建筑面积 | ≥1.5 |
| 集贸市场 | 车位数/每百平方米建筑面积 | ≥5 |
| 餐 饮 店 | 车位数/每百平方米建筑面积 | ≥2 |
| 医 疗 站 | 车位数/每百平方米建筑面积 | ≥2 |

说明:本表机动车停车车位以小型汽车为标准当量表示;其他类型的车辆停车位的换算办法,应符合国家相关技术规范。

(3) 文化长廊。文化长廊建设绘制了涉及社会主义核心价值体系、道德建设、节能减排、“非遗”文化、文明交通、计划生育、生活常识、未成年思想道德教育、廉政文化及社会治安10个专题,集文化、宣传、知识性、趣味性、可读性于一体,内容新颖,图文并茂。

(4) 休闲走廊。休闲走廊的建设强调地面铺装应具有生动性和可塑性,并为居民提供良好的休息和活动场地。行走空间、休憩空间和游艺空间,宜通过不同铺装材料的组合进行分隔。

(5) 绿色微田园布局。绿色微田园就是在建设过程中,为相对集中的民居规划出前庭后院,让老百姓在房前屋后和新村里面其他可利用空间,因地制宜、因时制宜,种植瓜果豆菜,这样形成的一个挨一个、一群又一群的“小菜园”“小果园”“小桑园”。

## (四) 景区建设基本要求

### 1. 建筑风貌

(1) 建筑外立面。天井:外形基本上为四边形,四周为高大结实的墙体,建筑物北房是两坡硬山顶,其他三面都是斜向天井的单面坡,四周的墙头却高出屋顶以上,以利于防火。外观十分朴素,青砖墙小青瓦,封闭、安静而舒适。(2) 建筑细部。外形细部特征主要体现在山墙和宅门上：①马头墙：马头墙造型不同于徽派的马头墙，后者呈水平走向，前者是有较为夸张的曲线造型。一般做阶梯状跌落1~3级，也有跌落5级的，称为封火山墙或马头墙；②宅门：门是一个家庭住屋的大门，所以它已经成为一个家庭的代表，一个家族的象征。既然门在建筑上占有特别重要的地位，那么人们在门上所反映的文化也比较集中突出，成为一种特殊的“门文化”。门文化表现的内容很丰富，有影壁门头、砖门头、木门头、屋顶门头等，各类门头上有的有砖雕、木刻；有的有绘画；有的有书写或刻写文字，但它们都采用浅浮雕，平整而不唐突，所以总体都保持一种简洁明快的风格。刻写内容都离不开福、禄、寿和宗教礼仪这些内容。（3）一般景区民居建设风貌。（4）景区民居特殊建筑风貌可按下列要求建设。在景点规划或景区详细规划中，对主要建筑宜提出：①总平面布置；②剖面标高；③立面标高总框架。应维护岩溶地貌、洞穴体系及其形成条件，保护溶洞的各种景物及其形成因素，保护珍稀、独特的景物及其存在环境。在溶洞功能选择与游人容量控制、游赏对象确定与景象意趣展示、景点组织与景区划分、游赏方式与游线组织、导游与观赏景点组织等方面，均应遵循自然与科学规律及其成景原理，兼顾洞景的欣赏、科学、历史、保健等价值，有度有序地利用与发挥洞景潜力，组织适合本溶洞特征的景观特色。应统筹安排洞内与洞外景观，培育洞顶植被，不得对溶洞自然景物滥施人工。溶洞的石景与土石方工程、水景与给排水工程、交通与道桥工程、电源与电缆工程、防洪与安全设备工程等，均应服从风景整体需求，并同步规划设计。对溶洞的灯光与灯具配置、导游与电器控制，以及光象、音响、卫生等因素，均应有明确的分区分级控制要求及配套措施。

**2. 民居建设施工安全技术要求**

设置安全标志，在本工程现场周围配备、架立安全标志牌；现场架设的电力线，不得使用裸导线，临时敷设的电线路，不准挂在钢筋模板的脚手架上，应安设绝缘支承物；施工现场用的手持照明灯应采用36V的安全电压，在潮湿基坑洞室掘用的照明灯应采用12V的电压。夜间施工时，施工现场的配电装置应符合相关规定，要保证照明充分，防止摔、砸、触电事故发生。

**3. 居民建设质量验收程序**

(1) 分项工程质量验收。(2) 分部（子分部）工程质量验收。(3) 单位（子单位）工程质量验收。(4) 工程施工质量不符合要求时的处理。

### （五）社区旅游景区（点）开发建设通用要求

(1) 社区景区（点）开发原则。贯彻严格保护、合理开发、统一管理、永续利用的基本原则；充分考虑历史、当代、未来的关系，科学预测发展需求；因地制宜地处理人与自然关系；资源保护和综合利用、人口规模和建设标准、功能安排和项目配置等各项主要目标，同国家与地区的社会经济技术发展水平、趋势及步调相适应。

(2) 社区景区（点）建设要求。同一区内的规划对象的特性及其存在环境应基本一致；同一区内的规划原则、措施及其成效特点应基本一致；规划分区应尽量保持原有的自然、人文、线状等单元界线的完整性。

(3) 社区景区（点）安全防护措施。制定游览、游乐规则和游客须知，引导游客进行活动；设置旅游安全标志，提醒游客注意安全；对全体员工进行旅游安全培训，特别是火警预演培训和机械险情排除培训，使员工具备基本的抢险救生知识，提高员工的安全防护技能，熟练掌握有关紧急处理措施；加强旅游安全检查，对惊险旅游项目和危险性较大的特种设备、大中型游乐设施，要加强监控，定期检查，不得超负荷运行；在旅游黄金周来临之前，应进行全面检修，确保各种机械设备、设施正常运转；凡遇恶劣天气或设备、设施机械故障时，应有应急应变措施，客运、大中型游乐设施停止运营，并对外公告，防止意外伤害事故的发生；社区景区（点）应设立专门的安全应急机构，景点周围应做好监控布局。

(4) 社区景区（点）民族民俗表演规范。社区居民参与活动涉及的范围非常广泛，包括规划参与、决策参与、投资参与、就业参与、管理参与、分配参与等众多内容；民俗旅游社区民俗文化活动的内容和形式都有自己独特的传统和规律。景区规划者和景区管理者为了迎合游客的需要，将各种传统的民俗文化活动进行“集中、强化和突显”等艺术化或舞台化处理。民俗文化不但展现了民俗文化的多姿多彩，还提升了地方民族民俗文化的层次内涵，获得了广泛的社会、经济、文化、旅游等综合效益。民俗旅游社区居民的传统民俗文化活动丰富多彩。

（5）社区景区（点）服务质量要求。在与景观特色协调，与规划目标一致的基础上，组织新、奇、特、优的游赏项目；权衡风景资源与环境的承受力，保护风景资源永续利用，符合当地用地条件、经济状况及设施水平；尊重当地文化习俗、生活方式和道德规范。

（6）社区景区（点）生态环境卫生管理规范。①风景区的生态原则应符合规定。②风景区游人容量应随规划期限的不同而有变化。对一定规划范围的游人容量，应综合分析并满足该地区的生态允许标准、游览心理标准、功能技术标准等因素而确定，并应符合表5－19的规定。

**表5－19　允许容人量和用地指标**

| 用地类型 | 允许容人量和用地指标 | |
|---|---|---|
| | （人/公顷） | （平方米/人） |
| （1）针叶林地 | 2～3 | 5000～3300 |
| （2）阔叶林地 | 4～8 | 2500～1250 |
| （3）森林公园 | <15～20 | >660～500 |
| （4）疏林草地 | 20～25 | 500～400 |
| （5）草地公园 | <70 | >140 |
| （6）城镇公园 | 30～200 | 330～50 |
| （7）专用浴场 | <500 | >20 |
| （8）浴场水域 | 1000～2000 | 20～10 |
| （9）浴场沙滩 | 1000～2000 | 10～5 |

## （六）新农村建设要求

### 1. “社会主义新农村”的内涵

“社会主义新农村”是指在社会主义制度下，反映一定时期农村社会以经济发展为基础，以社会全面进步为标志的社会状态。主要包括以下几个方面：一是发展经济、增加收入。这是建设社会主义新农村的首要前提。要通过高产高效、优质特色、规模经营等产业化手段，提高农业生产效益。二是建设村镇、改善环境。包括住房改造、垃圾处理、安全用水、道路整治、村屯绿化等内容。三是扩大公益、促进和谐。要办好义务教育，使适龄儿童都能入学并受到基本教育；要实施新型农村合作医疗，使农民享受基本的公共卫生服务；要加强农村养老和贫困户的社会保障；要统筹城乡就业，为农民进城提供方便。四是培育农民、提高素质。要加强精神文明建设，倡导健康文明的社会风尚；要发展农村文化设施，丰富农民精神文化生活；要加强村级自治组织建设，引导农民主动有序地参与乡村建设事业。

**2. “社会主义新农村”的要求**

党的十六届五中全会通过的《中共中央关于制定国民经济和社会发展第十一个五年规划的建议》中指出，“建设社会主义新农村是我国现代化进程中的重大历史任务”。要按照“生产发展、生活宽裕、乡风文明、村容整洁、管理民主”的要求，坚持从各地实际出发，尊重农民意愿，扎实稳步推进新农村建设。建设社会主义新农村，是在全面建成小康社会的关键时期、我国总体上经济发展已进入以工促农、以城带乡的新阶段在以人为本与构建和谐社会理念深入人心的新形势下，中央做出的又一个重大决策，是统筹城乡发展，实行“工业反哺农业、城市支持农村”方针的具体化。

**3. 新农村建设可为农业产业化发展提供下列支持**

（1）可为农业产业化提供充足的原料保障。（2）可为农业产业化提供良好的基础设施。（3）可为农业产业化提供大量的劳动力。（4）可为农业产业化提供优良的生态环境。（5）可为农业产业化提供广阔的消费市场。（6）可为农业产业化提供稳定的社会环境。

### （七）海绵城市建设要求

**1. 建设理念**

海绵城市是指城市能够像海绵一样，在适应环境变化和应对自然灾害等方面具有良好的“弹性”，下雨时吸水、蓄水、渗水、净水，需要时将蓄存的水“释放”出来并加以利用。海绵城市是实现从快排，及时排、就近排、速排干的工程排水时代跨入到“渗、滞、蓄、净、用、排”六位一体的综合排水，是生态排水的历史性、战略性的转变。

**2. 建设途径**

建设途径主要表现在对城市原有生态系统的保护。最大限度地保护原有的河流、湖泊、湿地、坑塘、沟渠等水生态敏感区，留有足够的涵养水源，应对较大强度降雨的林地、草地、湖泊、湿地，维持城市开发前的自然水文特征，这是海绵城市建设的基本要求。建设途径主要表现在生态恢复和修复。按照对城市生态环境影响最低的开发建设理念，合理控制开发强度，在城市中保留足够的生态用地，控制城市不透水面积比例，最大限度地减少对城市原有水生态环境的破坏。

**3. 海绵城市与智慧城市**

海绵城市建设可以与国家正在开展的智慧城市建设试点工作相结合，实现海绵城市的智慧化，重点放在社会效益和生态效益显著的领域，以及灾害应对领域。智慧化的海绵城市建设，能够结合物联网、云计算、大数据等信息技术手段，实现智慧排水和雨水收集，对管网堵塞采用在线监测并实时反应；对城市地表水污染总体情况进行实时监测；通过暴雨预警与水系统智慧反应，及时了解分路段积水情况，实现对地表径流量的实时监测，并快速做出反应；通过集中和分散相结合的智慧水污染控制与治理，实现雨水及再生水的循环利用等等。

## 三 特色民居类规划设计建设规范

### （一）特色民居类型与风貌

**1. 类型划分**

按建筑楼层划分。可分为多层民居（6 层以下）和高层民居（7 层以上及 15 层以下）。按建筑风格划分。可分为以下 8 种类型：（1）苗族独栋式；（2）苗族拼联式；（3）布依族独栋式；（4）布依族拼联式；（5）汉族独栋式；（6）汉族拼联式；（7）贵安公寓式；（8）其他民族式。

**2. 特色民居风貌**

（1）苗族独栋式建筑风貌要素。独栋式以低层和多层为主，避免大体量的建筑，形成自然亲切、绿色生态的村镇形象。民居建筑顶部以双坡屋顶为主，适当穿插四坡顶、歇山顶等，充分利用当地民族建筑构架和民族图饰。苗族独栋式建筑应符合贵安当地风俗人情和文化传统要求，结构新颖，建筑成本低，冬天保温效果好，内在质量和外观效果合理，适合不同收入阶层需要。苗族独栋式建筑应充分考虑此地气候特色，即年均气温15℃，充分利用自然通风，可局部架空，设计出低能耗、通风效果好的民居建筑。屋顶造型应统一协调，突出地方风格与特色，从传统建筑中汲取灵感；结合当地生活习惯和审美情趣，鼓励选用单坡、双坡、四坡等坡屋顶形式。屋面材料主要以暖色调平板瓦为主，适当采用筒瓦、金属面瓦、玻璃等屋面材料，瓦的形状及堆砌工艺可发展于传统民居。墙身外墙材料应立足于就地取材，因材设计，根据当地传统民居材料选取，与传统文化呼应。墙身应结合门窗、阳台、檐口、凹廊、雨棚、基座、勒脚、线脚等多种构图元素，丰富立面设计；色彩与质感宜简洁明快，应体现贵安民俗文化，具有地方特点，并与环境协调。借鉴贵州传统建筑中的吊脚楼、排架、屋架、穿斗元素，以体现民族建筑的神韵。材料的使用上可以采用木材、混凝土结构、纤维水泥板、铝板等金属材料上涂刷仿木漆等，用节能环保材料代替木材。

（2）苗族拼联式建筑风貌要素。依形就势的结构符号。苗族村寨以聚落形式布局为特色，当诸多吊脚楼无秩序地簇拥到一起，表现出一种强烈的模糊、混乱之美。朴素自然的建筑空间形式，解决了气候难题，有效地利用了山区土地资源，有助于建筑本身的排污排水，其上层的居住空间既可获得充足的阳光与新鲜的空气，也可与大自然保持一种和谐的融洽关系。因地制宜的空间符号。建筑群体所表现出来的空间布局具有灵活性，达到与大自然浑然一体的非凡效果。苗族族民的宗教信仰无论是对村寨选址还是单体建筑的建设上都产生着重要的约束作用，将这些宗教信仰通过图腾符号表达在一些固定的实物之上。神秘魅力的图腾符号。苗族建筑的图腾符号在实物表达上给建筑带来了很大的装饰性，这些装饰凝聚了历代苗民的智慧结晶，是苗族珍贵的民族文化遗产。在特色居民规划建设中，要找到新的载体，将其完好地保存并且延续下去。通过对苗族建筑符号的合理提取并正确运用，突出地域文化特色，以此加强人们对民居建筑的亲切感。屋顶分类。屋顶主要分为5类：四坡屋顶、歇山屋顶、重檐屋顶、双坡屋顶以及批檐屋顶。常用四坡屋顶、双坡屋顶及批檐屋顶。屋面材料。主要以暖色调平板瓦为主，适当采用筒瓦、金属瓦面、玻璃等屋面材料。通过肌理的变化、高低错落，形成丰富的屋顶形态。屋面材料的色彩选取。可根据总体规划选取暖色系、中性色系及冷色系。各色系上色如图 5－3 所示。

**图 5－3　上色示意**

（3）布依族独栋式建筑风貌要素。①公共建筑：武庙是具有军屯历史的布依族村寨尚武的见证。四合大院，坐北朝南，穿斗抬梁混合式歇山顶木结构建筑，明间与次间的走廊屋顶为轩篷顶，顶下则为雕花的穿枋。屋脊为白色。把建筑本身作为文化的物质载体，表现当地人对布依族先民精神的寄托和对当地文化的尊敬，见图 5－4。

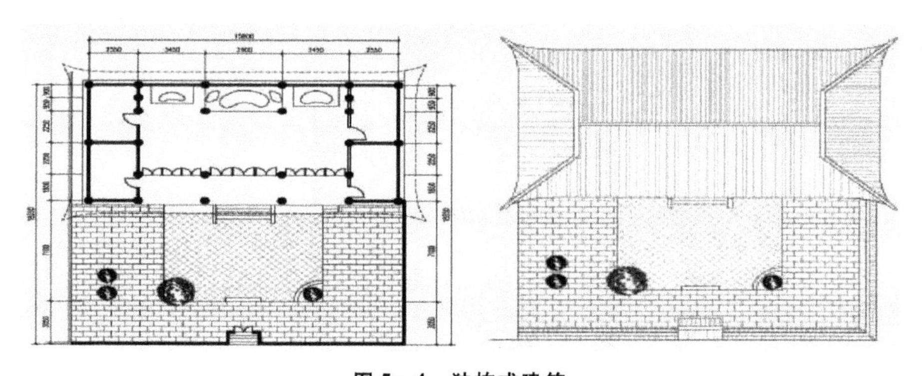

**图 5－4　独栋式建筑**

②宗教建筑：布依族村寨必有土地庙，分布于聚落的路口、水口周围、山上等重要的交通关口或节点。正殿面阔五间，明间与次间为抬梁式结构，梢间为穿斗式结构，前廊明间两根柱雕龙画凤，柱础为莲花底座。前殿为现代所加，建筑形式为仿歇山顶砖为石建筑，分为两层，见图 5－5、图 5－6、图 5－7、图 5－8。

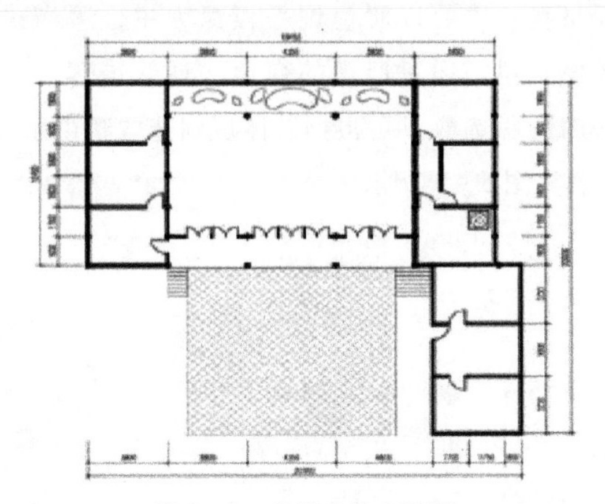

图 5－5　宗教建筑 1 平面

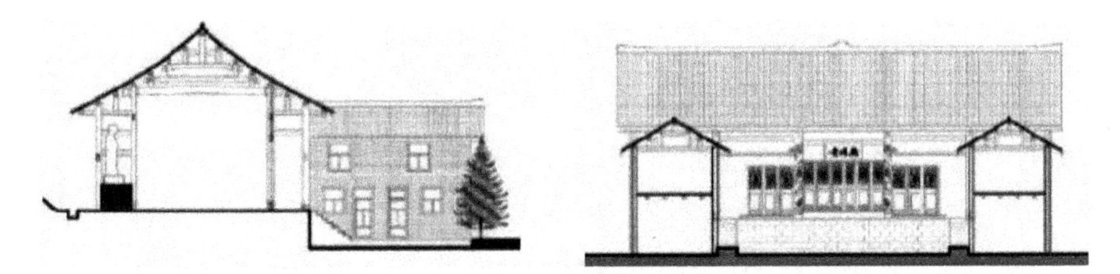

图 5－6　宗教建筑 2 立面

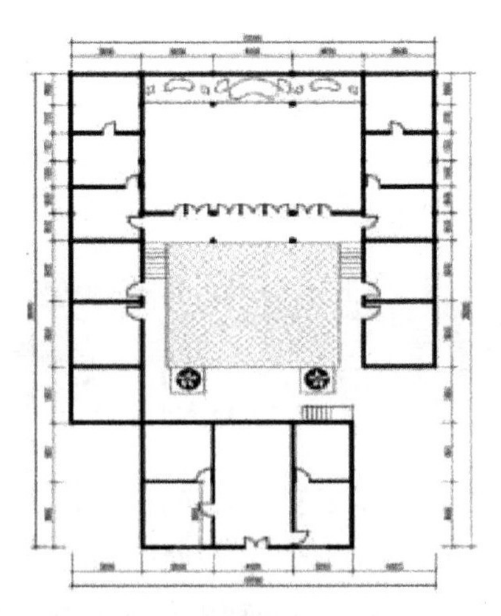

图 5－7　宗教建筑 2 平面

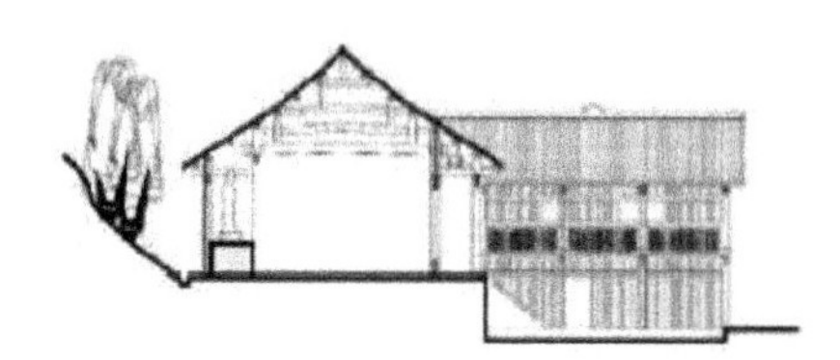

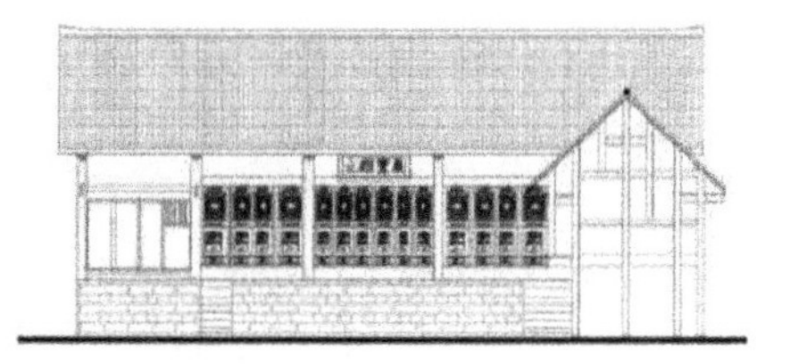

图 5-8　宗教建筑 1 立面

③祭祀祖先的宗祠，见图 5-9、图 5-10、图 5-11、图 5-12。

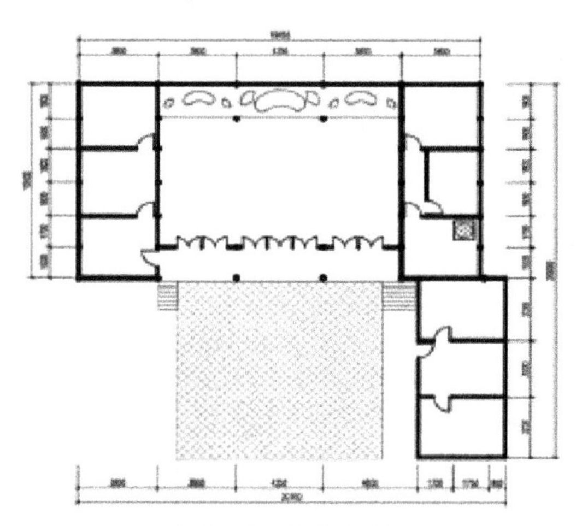

图 5-9　宗祠 1 平面

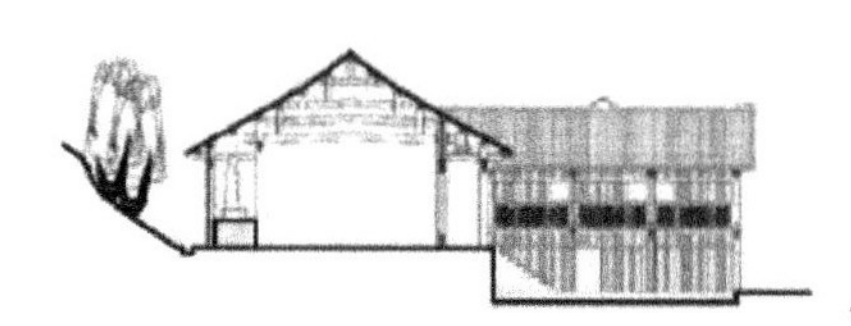

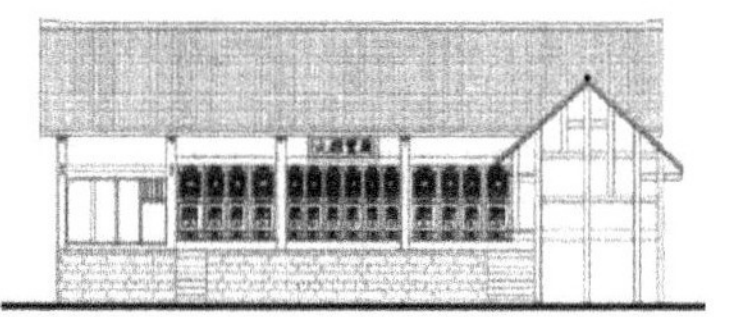

图 5-10　宗祠 1 立面

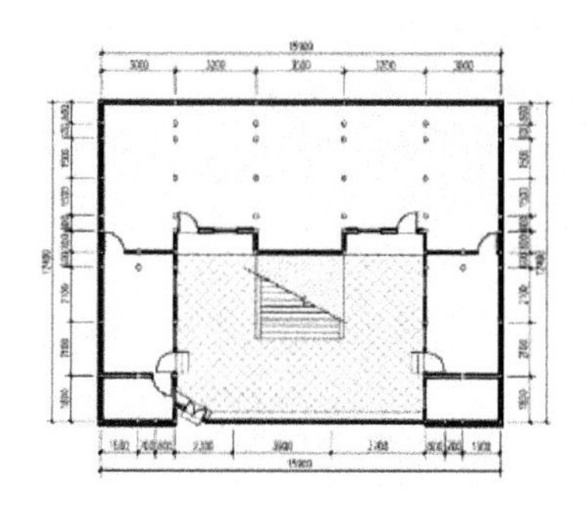

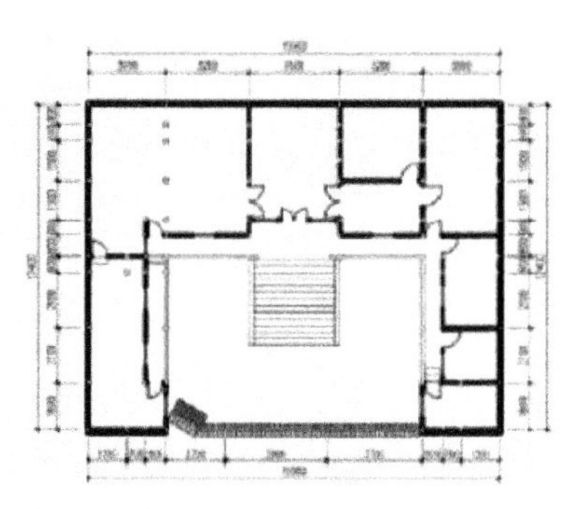

图 5-11　宗祠 2 平面

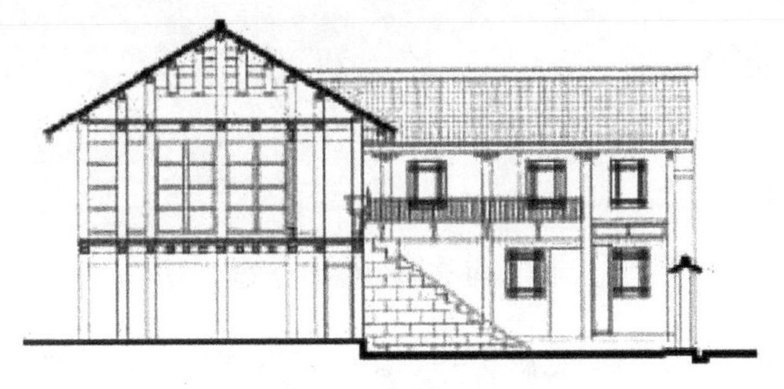

图 5－12　宗祠 2 立面

④民居空间构成：朝门。

朝门，指的是可以摆龙门阵的入口空间。有两个重点：一是与院落的关系；二是其外在形象。朝门一般为穿斗式木结构，按材料分为纯石朝门、木朝门、石木混合朝门，见图 5－13、图 5－14。

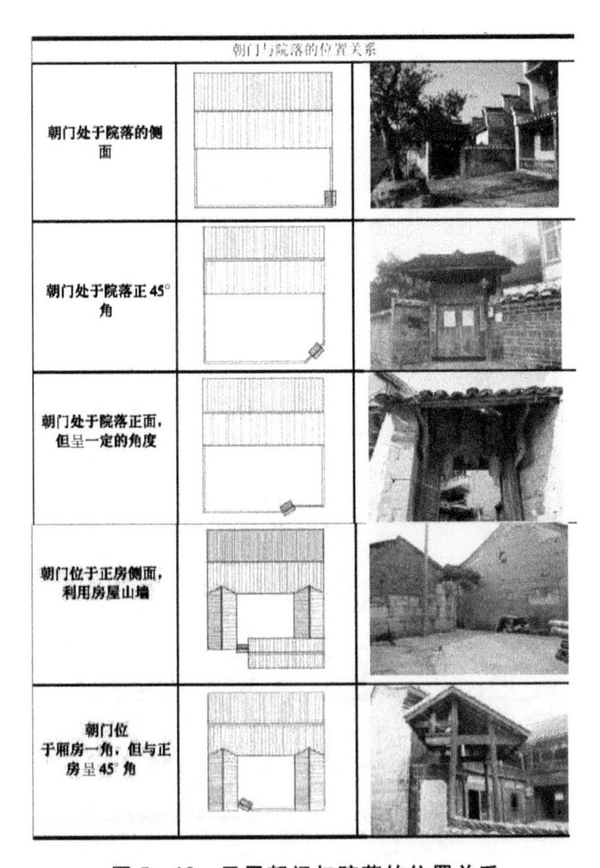

| 朝门与院落的位置关系 | | |
|---|---|---|
| 朝门处于院落的侧面 | | |
| 朝门处于院落正 45°角 | | |
| 朝门处于院落正面，但呈一定的角度 | | |
| 朝门位于正房侧面，利用房屋山墙 | | |
| 朝门位于厢房一角，但与正房呈 45°角 | | |

图 5－13　民居朝门与院落的位置关系

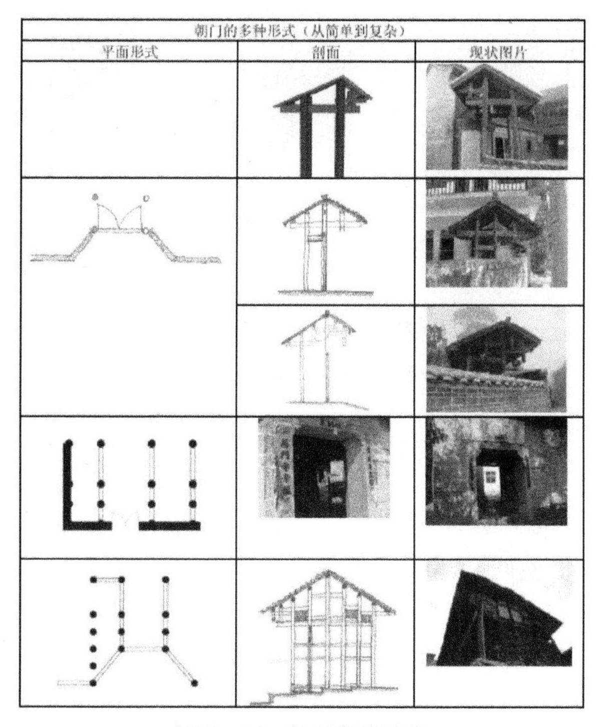


**图 5－14　民居朝门形式**

院坝

布依族民居重要的室外空间，应具备但不仅限于下列功能：a）农业生产的晾晒场地；b）重要的户外活动场地，人们在婚丧嫁娶或者重大民族节日的时候举行活动；c）室内空间的延伸，人们可以在周边布置景观或种植经济树种，美化了环境及遮阴。

正房

其主要功能是居住，另外集休息、待客、礼仪、储藏、厨房功能于一身，是家庭生活的主要空间。

吞口

系两侧厢房，设有两门，可以从吞口直接进去两侧厢房，进深一般约1.2米。整个厢房空间面积不大，加强了整个空间的有序性，突出了堂屋的重要性，见图5－15。

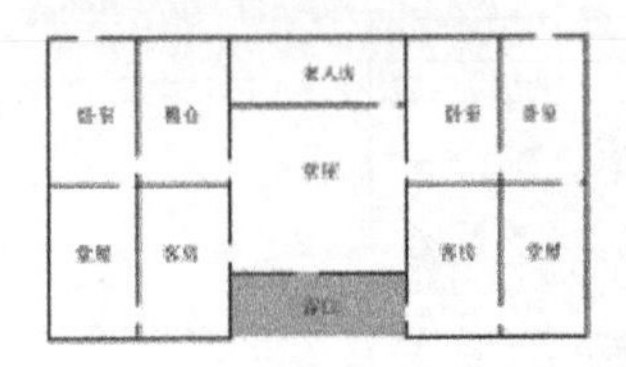
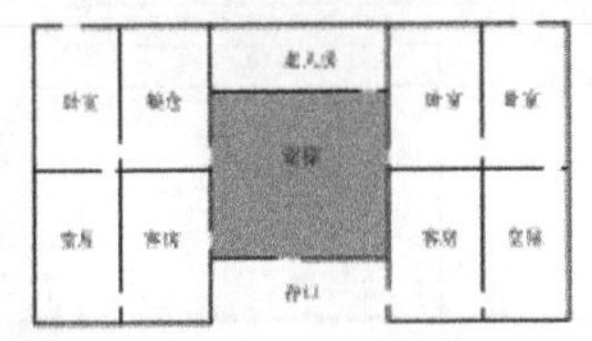
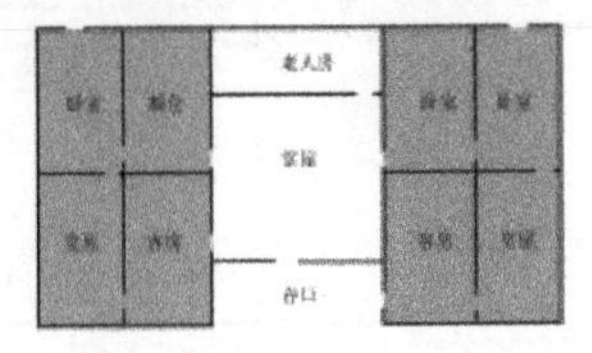

**图 5－15　吞口、堂屋及小二间**

堂屋

在礼制上，堂屋是供奉祖先及举行一些重大活动的地方，堂屋占据整个正房中最大的空间，一般开间也较两侧小间大，有的达到 4.5 米。

⑤民居空间处理手法。

单层筑台，以台为院

根据台地空间的大小留有大小不同的空地，利用“吞口”空间作为其小型院落空间，宅前为通道，宅后多为上一层台地的悬崖空间。在地势较为平缓的地方，则与其他单栋建筑相隔一定的距离，形成公共院坝，见图 5－16。

**图 5－16　民居单层筑台**

抬高架空，扩大空间

在有独特的地形环境及使用用途的地方，抬高架空也是一种利用空间的方式。在布依族民居中，这类空间一般用作通道空间，上层可用卧室，见图 5－17。

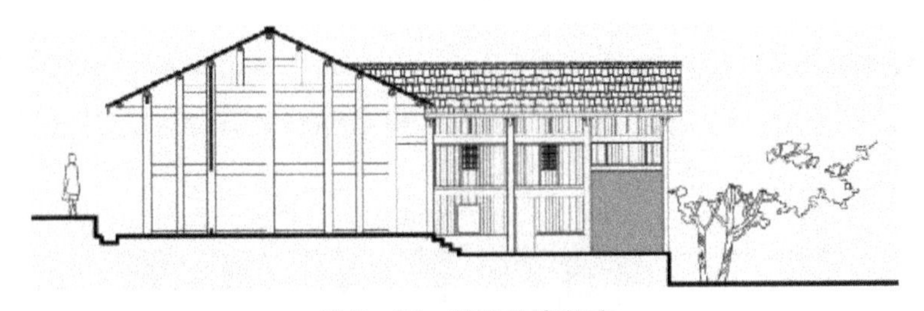

**图 5－17　民居抬高架空**

（4）布依族拼联式建筑风貌要素

a）“一”字形

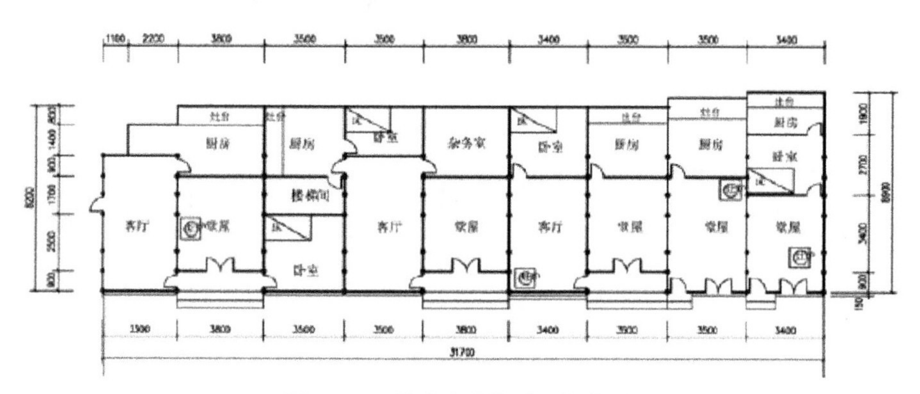


图 5－18 拼联式建筑“一”字形

根据原有的一正两厢模式，往两侧增加空间，形成厢房—堂屋—厢房—堂屋—厢房 5 间一字形空间，充分满足生活需要。由于商铺原因，可创造前铺后居或下铺上居的关系，见图 5－18。

b）“L”形

通常“L”形平面的民居一般在地形较为不规则处，它与室内台阶、门房等不规则的地形整体形成一个半开放、半私密的院落空间；也可以结合另一院落的后侧形成院落，见图 5－19。

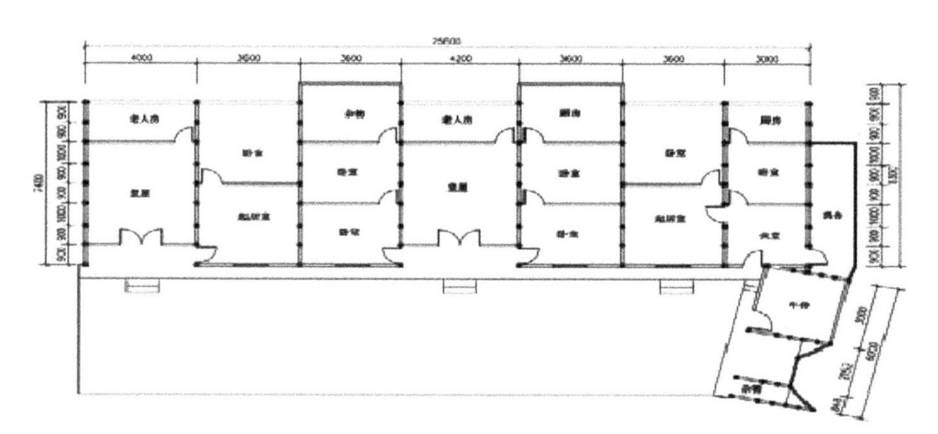


图 5－19 拼联式建筑“L”形

c）多重院落

在单元式院落的基础上采用纵向或横向叠拼的方式，形成两进或者从正面进。根据自然地理的影响，平面形式根据地形而变化，见图 5－20。

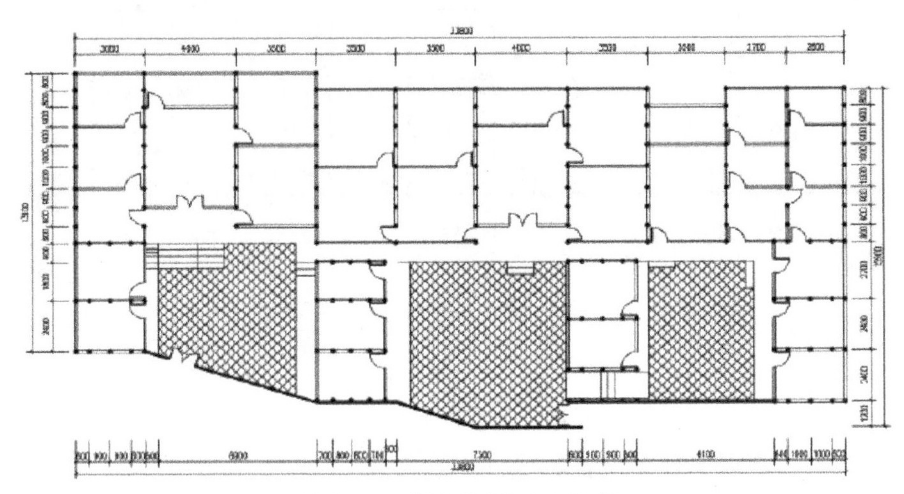

**图 5－20　拼联式建筑多重院落**

（5）汉族独栋式建筑风貌要素

平面：结合生产生活，反映地方气候与习俗的平面形式。空间：结合自然地貌的建筑组合、空间序列、院落结构等。构架：贵安新区传统建筑构架及构架与维护结构结合的特殊样式。墙面：贵安传统建筑墙体在构造、轮廓、基座、线脚、用料等方面的特点，提取贵安建筑中有生命力的建筑材质、色彩等。屋面：提取屋面的主要类型和组合变化，以及檐口、屋脊、用料等方面的特点，单坡、双坡、四坡屋顶，色彩以灰色、红色为主。栏杆：提取贵州特色建筑美人靠的典型样式。装饰：建筑图饰装饰主要分为窗花图案、石雕图案、服饰纹饰、吉祥图案。

（6）汉族拼联式建筑风貌要素

①符号组合。运用统一与变化、对称与均衡、比例与尺度、节奏与韵律等美学原理，巧妙组织传统民居的特色符号和创新符号，在功能合理的前提下，使贵安民居建筑既有统一的风格，又有丰富的变化。②风格表

现。绘制民居建筑效果图，并以简洁的语言，说明贵安民居的设计理念、创新手法、材料色彩运用和主要风格特点。③建筑色彩。贵安新区民居建筑的色彩选取，提倡清新、亮丽的主色调。各部位推荐色彩卡及使用实例见图 5－21。汉族拼联式建筑的色彩选取，还应符合贵安新区色彩控制要求，根据贵安新区城市色彩规划及专项设计调整，使之与周边建筑色彩相协调一致。④汉族拼联式建筑窗框材料为木材或金属材料。在玻璃外窗的选择上使用中空玻璃、镀膜玻璃、高强度 LOW－E 防火玻璃等节能环保材料。⑤窗的类型、造型及材料。窗的形式可根据建筑类型及造型确定，材料以环保节能材料为主。⑥其他。汉族拼联式建筑的窗户以点窗及条窗为主，局部可用玻璃幕墙。点窗：用于卫生间、楼梯间等。条窗：用于卧室、客厅、书房等。玻璃幕墙：用于等级较高的民居、客厅、起居室等。

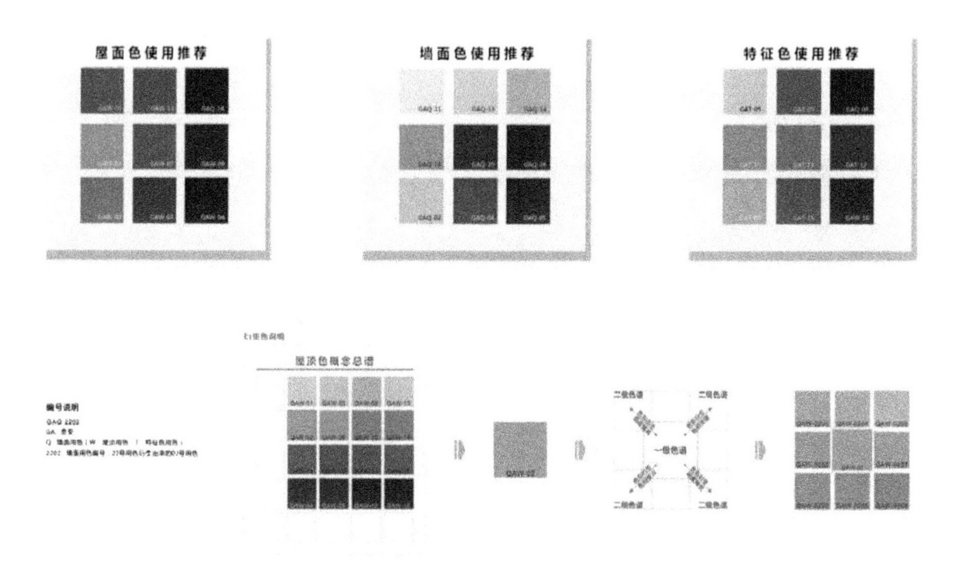


**图 5－21　贵安色彩**

（7）贵安公寓式建筑风貌要素

简化：对提取的贵安民居符号进行简化，使之适应现代的材料和工艺，既有鲜明的地域特色，又有明快的时代风貌。变形：对传统贵安建筑细部的轮廓、比例或尺度作适当变化，强调或夸张其特点，使传统建筑焕发出新的魅力。重构：对贵安传统建筑进行解构，运用构件重组、新老构件搭配、材料和色彩替换等方法，实现民居建筑符号的创新。移位：这是直接运用贵安建筑符号的一种方法，通过将构成抽象并改变在建筑中的位置，突出典型传统建筑符号的视觉效果。构件：将独具特色的结构构件梁、柱、枋、檩和装饰构件雀替、挂落、格子窗、稳兽等运用于公寓式建筑，经过元素提炼、符号提取，用创新的方式将其运用于公寓建筑中，设计出符合当代审美与使用的新本土建筑。墙体材料：墙体主要以石材墙面为主，呼应屯堡传统民居。在局部点缀玻璃幕墙，在改变传统建筑采用通风不佳的同时体现现代精神。墙体材料主要以生物乳胶涂料、新型加气混凝土砌砖、天然石材、人工石材、纤维水泥板等节能材料为主，局部点缀少量的玻璃幕墙。墙面材料：墙面材料的色彩选取，可根据总体规划选取暖色系、中性色系及冷色系。各色系上色见图 5-22。

**图 5-22 贵安色彩使用**

（二）特设民居建筑设计图集

### 1. 苗族独栋式民居建筑设计控制指标及图集

建筑设计控制指标见表 5-20。

**表 5-20 苗族独栋式民居建筑设计控制指标**

| 容积率 | 用地比率 | 单套平均面积 |
|---|---|---|
| 小于 0.5 | 21.8% | 200 平方米 |

建筑设计图见图 5-23、图 5-24。

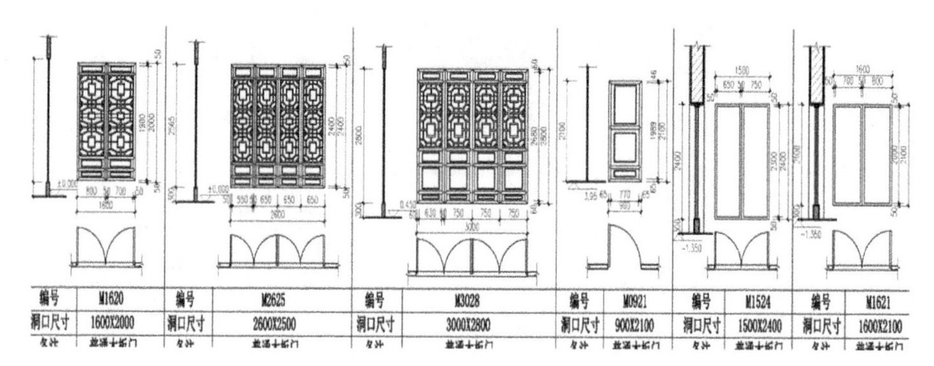


图 5－23　门窗大样

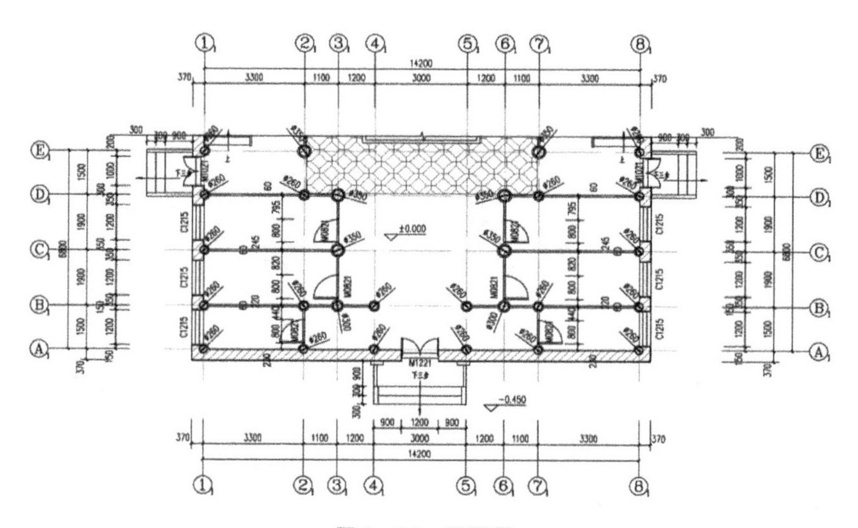


图 5－24　平面图

## 2. 苗族拼联式民居建筑设计控制指标及图集

建筑设计控制指标见表 5－21。

表 5－21　苗族拼联式民居建筑设计控制指标

| 容积率 | 用地比率 | 单套平均面积 |
| --- | --- | --- |
| 0.6～0.7 | 36.5% | 150 平方米 |

建筑设计图见图 5－25、图 5－26。

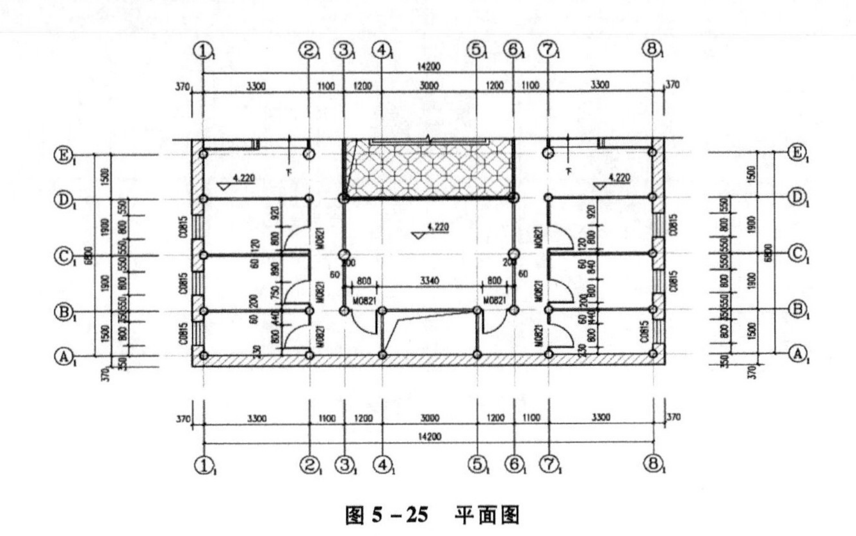


图 5－25　平面图

| 编号 | C15515 | 编号 | M4233 | 编号 | M2133 | 编号 | M2626 |
|---|---|---|---|---|---|---|---|
| 洞口尺寸 | 1500X1500 | 洞口尺寸 | 4240X3300 | 洞口尺寸 | 2120X3300 | 洞口尺寸 | 2600X2565 |
| 备注 | 普通窗花木窗 | 备注 | 普通木板门 | 备注 | 普通木板门 | 备注 | 普通木板门 |

| 编号 | M3626 | 编号 | M1326 | 编号 | M1626 | 编号 | M2620 | 编号 | M3620 |
|---|---|---|---|---|---|---|---|---|---|
| 洞口尺寸 | 3600X2565 | 洞口尺寸 | 1300X2565 | 洞口尺寸 | 1600X2565 | 洞口尺寸 | 2600X2000 | 洞口尺寸 | 3600X2000 |
| 备注 | 普通木板门 | 备注 | 普通木板门 | 备注 | 普通木板门 | 备注 | 普通木板门 | 备注 | 普通木板门 |

图 5－26　门窗大样

### 3. 贵安公寓式民居建筑设计控制指标及图集

（1）平面设计。贵安公寓式民居建筑朝向应综合考虑日照、常年主导风向和民居所在地形等因素。（2）控制指标。规划用地面积（包括居住、道路、绿化、公建服务设施用地等），按人均 60 平方米安排，人口按本村在册农户的 1.1 倍计算。已编制村庄规划或已划定居民点用地的村庄，用地未超过人均 60 平方米的，按原划定地块安排，用地超过人居 60 平方米的，按人均60平方米安排。公寓式住宅规划设计的档次、配套的标准应按一般小区的规范标准进行规划设计，容积率原则上不低于1.4，绿化率原则上不低于30%；安置人口按照被拆迁人口常住人口确定：按事实拆迁或申请购房时在册常住人口计，农业人口按一人一计，已婚尚未有子女的可以增加一个安置人口，独生子女可按两人计。正式签订安置协议之前，遇正常人口变动（出生、死亡、婚假等），可按规定增、减安置人口；农村居民新申请宅基地的，应符合“一户一宅”的规定，且每户原则上不得超过宅基地面积最高限额，即3人以下每户80平方米，4~5人每户100平方米，6人以上每户120平方米。层数不超过3层（底层层高不超过4.5米，二、三层每层层高不超过3.6米），建筑面积不超过360平方米。利用空闲宅基地和未利用土地建设居民住宅的，每户可以增加不超过30平方米的用地面积，总建筑面积不超过450平方米。允许4层斜屋面建设，其建筑面积不得超过该房屋第三层建筑面积的1/2。层高在2.2米以下的停车室、储藏室、杂物间等不列入建筑面积。独生子女户或二女户申请住宅用地的，可按增加1人计算宅基地面积。

### （三）其他技术要求

#### 1. 保留提升型村庄民居外空间控制要求

通过绿化有效的改变村庄整体景观，加强村庄绿化，美化农村人居环境，是新形势下建设社会主义新农村的迫切需要；村庄绿化需要整体的规划设计，合理布局村庄绿化需要坚持因地制宜、适地适树和尊重群众习俗的原则，充分体现地方特色；对于有保护价值的传统聚落，要以保护人文景观为主，不要千篇一律强调绿化覆盖率；以村为单位，统一规划、集体栽种。在村民公共活动场所、溪河水边、道路田埂，可根据具体空间的特点，栽种相应的树种，搭配乔灌草，形成多品种、多层次、多形式绿化格局，体现地方特色；充分发挥农户的主动性和创造性，在自家门前范围内进行绿化种植；保旧植新，在保留和利用原有树木的基础上，植新补缺。

#### 2. 整体搬迁型村庄民居外空间控制要求

（1）公共空间。人们在户外的活动划分为三种类型：①必要性活动，对于村民来说，必要性活动包括生产劳动、洗衣、烧饭等活动；②自发性活动，自发性活动包括交流、休憩等活动；③社会性活动，社会性活动包括赶集、节庆、民俗等活动。（2）劳动生产空间。晒场应遵循以下规定：①整体规划布局，集中在村庄外围，或根据住户分布格局，以相对集中的群为组，在其外围预留适当面积的晒场；②对于大型社区，在进行空间规划时，可以在正常规格的基础上加宽中心街道的铺设，或在中心街道周围加设小型晒场。

（3）邻里空间。邻里空间的创建主要应遵循以下规定：①在整体空间的规划上，改变旧村落散乱的格局，对村内的空房、旧房进行修葺或拆毁，拆毁的基地上可以来盖新的住宅房；②丰富和完备农村的公共基础设施。

# 第六章

# 村社微服务：一刻服务

## 第一节　贵安公共服务标准

### 一　公共服务规范

基本原则：城乡均等，村社基本公共服务网络健全，资源布局合理，实现与城镇社区的服务均等化。规范便捷：社区基本公共服务达到规范化、专业化、信息化水平，具有显著的可及性，管理运行公开透明，服务便捷高效。制度健全：建立健全多元化的财力投入机制、管理运行与维护机制、服务供给机制、绩效评价与监督问责机制、居民需求表达机制等社区基本公共服务长效机制。循序渐进：从社区居民的根本利益出发，逐步扩大服务范围、丰富服务内容和提高服务标准。分类指导：针对整体搬迁型的“贵安小镇建设类”、保留提升型的“景区建设类”和“文化保护类”社区各自的重点项目、关键问题和薄弱环节，分类提供“村社”公共服务。

#### （一）环境卫生服务

公共厕所应由专人管理，定期进行卫生消毒，保持公共厕所内外环境整洁，无露天粪坑和简易茅厕。每500人（100户）配备1名以上保洁员。人流量大的区域应增加保洁员，居民垃圾的分类、收集、处理与转运应按HJ574的规定执行，保持垃圾投放点、垃圾桶周边环境干净。病媒生物防治应符合GB/T 27774的要求，鼠类密度控制水平应符合GB/T 27770的要求，除四害措施健全，无卫生死角，社区内坑塘河道的清洁应按GB 50445

的规定执行，社区内地表水体水质应按 GB 3838 的规定执行。

居民无违章饲养宠物行为，无宠物随地大小便现象。清洁能源普及，社区内无露天焚烧秸秆、垃圾现象。大气环境质量应按 GB 3095 的规定执行。对机动车鸣喇叭、报警器、娱乐活动、家庭装修等噪声进行有效管理，无噪声扰民现象，声环境质量应按 GB 3096 的规定执行。

### （二）教育体育文化服务

社区居民子女接受 12 年义务教育的覆盖率达 100%；家庭经济困难儿童、孤儿和残疾儿童接受学前教育资助的目标人群覆盖率达 100%。学前一年毛入园率高于 85%。适龄儿童、少年接受义务教育的目标人群覆盖率达 100%，九年义务教育巩固率高于 93%。家庭经济困难的寄宿学生受助目标人群覆盖率达 100%。贫困地区农村义务教育学生接受营养改善资助的目标人群覆盖率达 100%。农村学生、城镇家庭经济困难学生和涉农专业学生接受免费中等职业教育的目标人群覆盖率达 100%，高中阶段教育毛入学率高于 87%。全日制在校农村学生及城市家庭经济困难学生接受中等职业教育国家助学金的目标人群覆盖率达 100%。家庭经济困难学生接受普通高中国家助学金的目标人群覆盖率达 100%。实行社区居民子女升入全日制本科、专科奖励制度；社区教育服务应符合 GB/T 20647.3 的要求；群众文化组织员和文化服务志愿者队伍建设应符合 GB/T 20647.3 的要求，并组织开展社区文化活动；有完善的农家书屋和城乡阅报栏（屏）组织管理系统，国民综合阅读率高于 80%；向全体居民免费提供基本的广播电视服务和突发事件应急广播服务。

### （三）公共医疗服务

建立统一的、规范的居民电子健康档案，建档率达到 75% 以上；城乡居民具备健康素养的人数超过总人数的 10%；传染病报告率和报告及时率达到 100%。突发公共卫生事件相关信息报告率达到 100%；适龄儿童免疫规划疫苗接种率达到 90% 以上。儿童保健系统管理率达 85% 以上。老年居民保健管理率达到 60% 以上。高重性精神疾病患者管理率达到 70% 以上；免费享有食品安全信息、学校卫生、职业卫生咨询、饮用水卫生安全巡查等服务与指导的目标人群覆盖率达到70%以上；基本药物制度覆盖所有社区医疗卫生机构。享有符合国家药品标准的药物的药品出厂检验合格率达到100%。

### （四）社会保障服务

全国统一的社会保障卡覆盖80%以上的社区人口；实现新型农村社会养老保险和城镇居民社会养老保险制度全覆盖，完善基本养老保险关系转移接续办法，推进城乡养老保障制度有效衔接；完善被征地居民基本生活保障制度，实行先保后征；建立社区居民意外伤害保障机制和覆盖城乡居民的生育保障机制；建立社区敬老院、老人日托中心或者社区居家养老服务照料中心。

### （五）社会救助服务

社区居民最低生活保障目标人群覆盖率达100%；流浪乞讨人员接受生活救助的目标人群覆盖率达100%。流浪未成年人接受救助保护的目标人群覆盖率达100%。孤儿养育保障的目标人群覆盖率达100%；特殊困难群体接受医疗救助的目标人群覆盖率达100%。因自然灾害致使基本生活困难的人员接受自然灾害救助的目标人群覆盖率达100%；农村“五保”供养的目标人群覆盖率达100%，集中供养能力达到50%以上；推行火葬地区不保留骨灰者和低收入家庭身故者的家庭殡葬补贴，火化率超过50%；孤老和生活不能自理的抚恤优待对象接受重点优抚对象集中供养的目标人群覆盖率达100%；完成居住在危房中的农村分散供养五保户、低保户、贫困残疾人家庭和其他贫困户农村危房改造。

### （六）法律援助服务

建有法律服务室，聘请法律顾问，开展法律咨询、法律维权等服务活动。社区居民能通过法律服务便民卡寻求法律服务的渠道；律师、基层法律服务工作者开展法律服务进入社区活动，定期开展法律宣传和咨询；人民调解机构健全，街道、居委会人民调解网络运转正常，化解矛盾作用显现，社会矛盾纠纷排查调处工作及时有效；设立妇女维权站，预防和制止家庭暴力，维护妇女合法权益。

（七）政务便民服务

社区政务服务应符合有关要求；实行行政便民服务“一表制”申报、“一号制”管理、“一章制”办结的“一站式”服务模式；通过新区、乡镇、社区三级联网办公，实行信息化、标准化管理；政务中心服务项目齐全、服务流程清晰、服务标准规范，采取多种形式公示服务项目，实行首问责任制、服务承诺制、走访工作制、限时办结制、站务公开制、分片联系制、服务代理制等制度，实行 AB 岗、错时上下班、节假日轮休等制度，有 24 小时畅通的服务热线电话；简化办事程序，取消不合理收费，承诺服务按时办结率达 99% 以上，办事者满意率达 95% 以上；办事者意见及时处理率达 100%，办事者对行政服务工作有意见和要求时，在 24 小时内安排处理的比例达 100%；为流动人口提供均等化的便捷高效的政务服务。

（八）公共交通服务

社区公共交通通达率达 100%；从事社区公共汽电车客运服务的驾驶员、乘务员和站台服务员应具备从业资格；建立与社区公共交通服务站、停车场相适应的管理机构，配备专职管理人员。各项规章制度健全，建立健全车辆、从业人员、场站设施等各类档案和台账；公共交通运营组织规范，车次配班计划编排科学，保证首末班车正点发车，信息服务适时更新，满足乘客日常出行的需要。

（九）保障措施

（1）完成“村改社区”，依法制定和完善社区自治章程、居民代表会议制度、共建联系制度等。社区事务公开规范化。社区干部“工作业绩”每季公示。运用“一事一议”或书面征求意见等形式，方便居民参与、支持和监督田园社区事务管理和公益事业建设。（2）在城乡一体化规划体系中，对社区居民最关心、最直接、最现实的公共服务项目编入社区基本公共服务专项规划，实行目标管理，实行基本公共服务问责制。（3）实行城乡一体化户籍管理，完成“农改非”的社区居民在 5 年内享有国家现行惠农政策，同时在就业、保险、医疗、社会保障和保障性住房等方面与城镇社区居民享有同等待遇；加大田园社区公共事业发展的财政投入。(4) 形成以“一站式”社区综合服务中心为主体、专项服务设施为配套、各类涉农服务站点为补充的社区服务设施网络，构建起基本公共服务、市场化服务、志愿和互助服务相衔接的田园社区服务体系。公共服务事项可纳入社区综合服务中心，实行“一站式”管理，建立办事流程、服务标准、服务承诺等服务规范，实行绩效考核和激励约束。(5) 建立居民、家庭、社会组织、社区活动电子档案，推进行政管理、社会事务、便民服务等社区管理服务一体化，设置统一的社区服务电话号码，建立社区老年人、残疾人呼叫保障系统，实现社区公共服务的信息化。(6) 建立社区干部、专业人员、志愿者三者结合的服务队伍，依法选举产生社区居委会成员，面向社会公开招聘专职社区工作人员。(7) 委托第三方对社区公共服务的真实性、服务质量和效果进行独立测评。建立健全社区公共服务评价、考核、监督和问责机制。

## 二 公共设施建设规范

### （一）社区公共设施建设范围

通村、通组公路，社区人行道建设。农村电网设施。电视、电话、广播、入户宽带、手机网络等通信设施。人畜饮水设施。液化气、煤（管道燃）气设施。生态公园。文化长廊、绿色走廊。公共厕所。

生产生活污水处理设施。垃圾收集、转运设施。民居微田园。社区绿化设施。社区邮政储蓄所（点）。社区公共交通站（点）如停车场、服务室等设施。

### （二）社区公共设施规划、设计、建设要求

#### 1. 公路、人行道

通村公路率达100%；通村公路是社区主要道路，路面宽度4～6米。社区主要道路宜采用硬质材料为主的路面，社区道路应设置照明设施。宜采用环保、节能型的照明设备。对外联系道路的高程应与城市道路标高相

衔接。通组公路率达 100%，路面宽度 2.5 ~ 3.5 米。路面可根据实际情况采用乡土化、生态型的铺设材料。其他技术要求按有关规定执行。通村公路和村民集中居住区人行道参照此要求执行：人行道路路面宽度 2 ~ 2.5 米，路面可根据实际情况采用乡土化、生态型的铺设材料；社区内道路纵坡不宜大于 8%；道路横坡为 1.2% ~ 2%；道路交叉口高程确定。主要道路要低于次要道路，次要道路要低于房屋地面，整个路面不积水，土方工程量为最小。

**2. 农村电网**

贵安新区配电网规划的编制中应统筹考虑电力需求预测、电源规划、配电网规划等内容，满足电力规划科学性、合理性和经济性的要求，实现社区居民通电率 100%；应符合地区电力系统规划总体要求；电力规划编制过程中，应与道路交通规划、绿化规划以及城市供水、排水、供热、燃气、邮电通信等市政公用工程规划相协调，统筹安排，妥善处理相互间影响和矛盾。供电电源与变电站的确定应以贵安新区配电网规划为依据，并且在城乡规划中需预留出变电站所需用地，保障居民用地要求；农村电网中高、中、低压配电线路架设方式应用架空方式，城乡规划中应预留出线路所需的架空路线走廊；配电设施应保障社区道路照明、公共设施照明和夜间应急照明的需求。

**3. 通信设施**

社区电视、广播、手机 4G 网络覆盖率达 100%；社区座机电话、宽带网络接通率达 70% 以上；确定邮政、电信设施的位置、规模、设施水平和管线布置；确定社区内通信管道的走向、管位、管孔数、管材等，电信线路铺设宜采用地下管道铺设方式，鼓励有条件的社区采用地下铺设管线。

**4. 人畜饮水**

社区村民生活饮用水接通率达 100%；选择地下水作为给水水源时，不得超量开采；选择地表水作为给水水源时，其枯水期的保证率不得低于 90%。供水水源可与区域供水管网相衔接；综合用水指标参照有关要求取值；生产用水按产品生产实际用水量计算；消防等不可预见水量用水，按日最高用水量的 10% 考虑；设置沉淀、过滤、消毒等工程设施保证达到水质要求。水质符合《生活饮用水卫生标准》。有条件的社区可实行分质供水；供水应满足楼房及生产过程中用水的水压要求。水塔一般设置在地形高处，水塔高度、水泵选择及用变频供水要满足水压要求；输配水管网的布置与道路规划相结合。

**5. 液化气、煤（管道燃）气**

（1）社区煤（管道燃）气（或液化气）送达率应达到90%以上。（2）煤气管道首检和量检合格率符合国家规定。（3）城镇燃气质量指标应符合要求。（4）城镇燃气应具有可以察觉的臭味，无臭味或臭味不足的燃气应加臭。（5）城镇燃气管道应按输送燃气压力P分为5级，并应符合表6-1的要求。（6）中、低压地下燃气管道采用聚乙烯管材时，应符合表6-1。（7）地下燃气管道不得从建筑物和大型构筑物的下面穿越。地下燃气管道与建筑物、构筑物基础或相邻管道之间的水平和垂直净距，符合有关规定。（8）液化气罐检验合格率应符合国家规定。

**表6-1 城镇燃气输送压力（表压）分级表**

| 名称 | | 压力（米Pa） |
|---|---|---|
| 高压燃气管道 | A | $0.8 < P \leq 1.6$ |
| | B | $0.4 < P \leq 0.8$ |
| 中压燃气管道 | A | $0.2 < P \leq 0.4$ |
| | B | $0.005 < P \leq 0.2$ |
| 低压燃气管道 | $P \leq 0.005$ | |

**6. 生态和公园**

生态和公园建设的基本条件：社区绿地应结合住宅和公共服务设施进行布置；规模较小的社区应结合公共服务设施规划宅间绿地，规模较大的社区可设置独立的小型公园。生态和公园建设施工控制技术指标：公园道路分主路、支路、小路（步行道），以支路、小路为主。道路设计须结合现状合理布局，一般主路宽3~5米、支路2~3米、小路0.8~1.5米。选用材料力求环保、自然、经济，做到路面平整，方便残疾人、老人、儿童通行。给水系统主要包括灌溉系统和生活服务用水系统。灌溉系统须铺设地下主管线、支管线，保证林木绿地浇灌用水，积极推广中水灌溉。生活服务用水系统主要分布在公园服务区，饮用水质应符合有关的规定；排放的污水应接入城市污水系统，不得在地表排放或直接排入河湖水体；供电设施建设主要满足公共服务配套设施和公园管理用电。道路照明提倡采用太阳能灯设备；合理确定公园管理用房、厕所、果皮箱、标识牌、游人集散广场、小卖部、园椅等设施的位置、数量和规模，满足游人休闲游憩、运动健身、文化娱乐等需要。

**7. 文化长廊、绿色走廊**

文化长廊、绿色走廊建设的基本条件：选社区主要道路、景观通廊及社区中心进行建设，应与周边环境、文化、历史的传承协调。建设游径系统或绿道慢行系统，旅游观赏性强。

**8. 公共厕所**

（1）公共厕所建设按有关规定执行。（2）无害化卫生厕所覆盖率100%。结合社区公共服务设施布局，合理配建公共厕所。1000人以下规模的社区，宜设置1~2座公厕，1000人以上规模的社区，宜设置2~3座公厕。公厕建设标准应达到或超过三类水冲式标准。社区公共厕所的服务半径一般为200米。（3）公共厕所的平面设计应将大便间、小便间和盥洗室分室设置，各室应具有独立功能。小便间不得露天设置。厕所的进门处应设置男、女通道，屏蔽墙或物。（4）一个独立的单元空间，划分单元空间的隔断板及门与地面距离应大于100毫米，小于150毫米。（5）公共厕所的大便器应以蹲便器为主，并应为老年人和残疾人设置一定比例的坐便器。大、小便的冲洗宜采用自动感应或脚踏开关冲便装置。厕所的洗手龙头、洗手液宜采用非接触式的器具，并应配置烘干机或一次性纸巾。大门应能双向开启。（6）公共厕所服务范围内应有明显的指示牌。所需要的各项基本设施应齐备。厕所平面布置宜将管道、通风等附属设施集中在单独的夹道中。（7）厕所设计应采用性能可靠、故障率低、维修方便的器具。

**9. 生产生活污水排放设施**

社区生产污水排放设施建设按GB 18918的规定执行。污水处理设施应与主体工程同时设计、同时施工、同时投产使用。污水采用集中处理时，污水处理厂的建设应依法进行环境影响评价；社区生活污水排放设施建设按GB 18918的规定执行。

**10. 垃圾收集、转运设施**

（1）垃圾收集桶按 GB 50337 执行。（2）废物箱的设置应满足行人生活垃圾的分类收集要求，行人生活垃圾分类收集方式应与分类处理方式相适应。（3）在道路两侧以及各类交通客运设施、公共设施、广场、社会停车场等的出入口附近应设置废物箱。（4）设置在道路两侧的废物箱，其间距按道路功能划分：①通村道路、通组道路 100～200 米；②人行道 80～120 米。（5）生活垃圾收集点应满足日常生活和日常工作中产生的生活垃圾的分类收集要求，生活垃圾分类收集方式应与分类处理方式相适应。（6）生活垃圾收集点位置应固定，既要方便居民使用、不影响城市卫生和景观环境，又要便于分类投放和分类清运。（7）生活垃圾收集点的服务半径不宜超过 70 米，生活垃圾收集点可放置垃圾容器或建造垃圾容器间；市场、交通客运枢纽及其他产生生活垃圾量较大的设施附近应单独设置生活垃圾收集点。（8）医疗废物等危险废物应交由有危险废物处置资质资源的单位处理。危险废物暂存间的设置及危险废物的外运严格按照 GB 8597、HJ2025 中相关要求执行。（9）垃圾收集站建筑设计质量按有关规定执行。生活垃圾收集站的建设、运行参照 GB 16889 中相关要求执行。（10）收集站的设计收集垃圾能力一般不大于 50t/d。收集能力小于 20t/d 的一般不采用压缩式。（11）收集站的设计规模和作业能力应满足其服务区域内生活垃圾“日产日清”的要求。采用分类收集的收集站，要根据分类垃圾的收集频率，满足其简单分拣和储存要求。根据建筑形式的不同，收集站分为独立式收集站与合建式收集站。（12）收集站的外观、色调应与周边环境协调。（13）收集站的建筑结构应满足垃圾收集工艺及配套设备的安装及维护的要求。（14）收集站的建筑结构应保证垃圾收集作业对污染实施的有效控制。（15）污水收集系统应满足耐腐蚀、防渗等要求。（16）收集站防雷、抗震、消防、采光等应符合 GB 50352 的规定。（17）大型垃圾转运站建筑设计质量控制指标转运站的建筑标准应贯彻安全实用、经济合理、因地制宜的原则，根据转运站规模、建筑物用途、建筑场地条件等需要而确定，应与周围环境相协调，适应城市发展的需要。（18）转运站的各类建筑物应根据工艺要求合理设置，其建筑面积指标应按表 6－2 执行。（19）转运站的建设用地，应遵循科学合理、节约用地的原则，满足生产、生活、办公的需求，并留有发展的余地。转运站建设用地指标应按表6－3执行。(20) 转运站行政办公及生活服务设施用地不得超过总用地面积的5%～8%。

**表6－2　生活垃圾转运站建筑面积**

单位：平方米

| 类型 | | 主体设施 | 配套设施 | 生产管理与生活服务设施 |
|---|---|---|---|---|
| 大型 | Ⅰ类 | 1500～3000 | 400～600 | 400～900 |
| | Ⅱ类 | 1000～2000 | 200～400 | 200～400 |

说明：同类设施中，规模小者取下限，反之取上限，在此区间规模宜采用插入法进行测算；生产管理和生活服务设施包括办公室、值班室、休息室、浴室、宿舍、食堂等；配套设施面积未包括站内道路和停车场；规模大于3000t/d的转运站各项设施建筑面积可参照现行有关标准，并结合工艺条件酌情增加。

**表6－3　生活垃圾转运站建设用地指标**

单位：平方米

| 类型 | | 用地指标 |
|---|---|---|
| 大型 | Ⅰ类 | ≤20000 |
| | Ⅱ类 | 15000～20000 |

说明：建设用地指标含上限值，不含下限值。转运能力大于3000t/d的转运站，用地指标可酌情增加；建设规模大的取上限，规模小的取下限，中间规模应采用内插法确定；小城镇的Ⅴ类转运站建设用地指标可取偏大值，大城市则应取偏小值；对于邻近江河、湖泊和大型水面的生活垃圾转运码头，其陆上转运站用地指标可适当上浮。

### 11. 民居微田园

(1) 微田园建设的基本条件：具有山水田园风光或是地域特色的生态村庄，利用其相对集中的民居规划出前庭后院，作为微田园建设。微田园建设的通用技术要求：面积节约、合理、有效地利用农村土地，因地制宜、因时制宜。微田园利用村民宅前宅后空地进行建设，面积宜为5平方米以上至40平方米空地。建设要求：对微田园的土壤培育的颜色、气味、平整度、种植蔬菜、果树及花草的选择搭配建设要求如表6－4所示。(2) 建设要求：公共场所、休闲场所和门前屋后定期清扫。各个家庭清扫的垃圾不得随意乱放，统一放到垃圾箱内。每个家庭内的卫生整洁，家具摆放整齐有序。各个家庭厕所确保干净整洁，渗透物需要经化粪池分级处理，不得直接排放村内沟渠。公共场所、村内主要干道路边、休闲场所以及活动场所，不得乱堆放柴草杂物，不得堆放垃圾。

表 6-4 微田园建设要求

| | |
|---|---|
| 土壤培育的颜色 | 红壤、棕壤 |
| 气味 | 气味清新 |
| 平整度 | 与地形相结合，坡度小于25° |
| 植物选择搭配 | 选用易种植，具有当地特色的植物 |

### 12. 社区绿化设施

（1）社区绿化设施布局原则：社区绿地可分为防护绿地和公共绿地。公共绿地可分为小公园、宅间绿地、道路绿地；应在劣地、坡地、洼地、林地布置绿化；植物配置选用易生长、抗病害、生态效应好的地方品种；绿化植物宜选择经济作物和观赏果林；绿地建设应重点结合村口与公共活动中心及沿主要道路布置。宜利用路旁、宅院及宅间空地进行绿化；平面绿化与立体绿化结合、绿地布置与水面结合；集中绿地可适当布置活动场地、桌椅、儿童活动设施、健身设施、小品建筑等。（2）社区绿化设施与花草品种搭配原则：乡村绿化应当选择适合本地种植的植物，构成科学合理的乡村生态植物群落，美化村容。植物选择应以植物的生态适应性作为主要依据，因地制宜，适地适树、适地适花、适地适草，提倡使用节水耐旱植物。遵循植物物种多样性与遗传多样性的原则，在选择应用园林植物自然种类（种、变种）的同时，重视选择应用人工选育的优良种类和品种，提倡使用经过审定的林木品种。苗木规格：落叶乔木选择干径6~10厘米、常绿乔木选择2.5~5米高、花灌木3年生以上的规格，便于移植，成活率高，符合低碳、节约的原则。在生态发展区可栽植异龄树，考虑植物的生长空间，以树木5年后冠幅为株行距依据；苗木要求达到二级以上质量标准，阔叶落叶树树冠完整，分枝点适宜，主侧枝分布均匀，枝条粗壮，无枯枝死杈；常绿树冠丰满、冠幅饱满度在90%以上，长势旺盛、顶芽饱满、根系发达、无机械损伤；土球苗不散坨，根系完整；苗木应具有“三证一签”，即生产许可证、经营许可证、苗木出圃合格证和苗木标签。如从外埠进苗或使用优良品种应有检疫合格证，严防生物入侵。（3）社区绿化设施质量控制指标：园林绿化工作成果达到全区领先水平，各项园林绿化指标逐年增长；绿化覆盖率达到33%以上；植树成活率和保存率均不低于90%，尽责率在100%以上；道路绿化、美化，要能体现本地特色。

**13. 邮政储蓄所（点）**

邮政储蓄所（点）建筑风貌：邮政支（局）设所计标准是根据《中国邮政企业形象管理手册》标准进行建设，以实用、美观、经济、易于识别的基本原则，在整齐明快、简洁统一的基调下，用材料表现传统色彩，立足于时代，体现以人为本的设计特点；建筑外观与当地建筑相协调，体现贵安建筑特色。邮政储蓄所服务功能配套设计要求：邮政储蓄所建设质量控制技术指标符合国家建筑质量控制要求；基础采用钢筋混凝土独立基础，房屋结构为砖混结构。建筑内装采用地板砖地面，白色瓷粉墙面建筑外装饰办公楼，外装饰按贵安建筑建设的标准，融入当地特色文化的风格修建；总平面布局力求做到布局合理，保证车辆、人流、物流通畅快捷，方便办公和管理。因地制宜，结合地形对建筑物合理布局；严格按建筑防火等国家有关规定或规范要求考虑，一旦发生火灾，道路及出口有利于人员和物资撤离以及消防操作；根据功能要求和地形条件，统筹考虑办公楼总体布局。储蓄所按功能分成办公区和生活区。整个布局，达到办公楼划分分明、紧凑、合理的效果。

**14. 社区公共交通设施**

（1）公共交通站（点）建设及标志规范。首末站的规模按该线路所配营运车辆总数来确定。一般配车总数：①大型站≥50辆；②中型站26～50辆；③小型站≤25辆。在城市总体规划中，城市道路网的建设与发展应根据城市公共交通的需要和规划，优先考虑首末站的设置，使其选择在紧靠客流集散点和道路客流主要方向的同侧。首末站宜设置在周围有一定空地，道路使用面积较富裕而人口又比较集中的居住区、商业区或文体中心附近，使一般乘客都在以该站为中心的350米半径范围内，其最远的乘客应在700～800米半径范围内。在缺乏空地的地方，城市规划部门应根据此要求利用建筑物优先安排设站。首末站宜设置在全市各主要客流集散点附近较开阔的地方。这些集散点一般都在几种公交线路的交叉点上。如火车站、码头、大型商场、分区中心、公园、体育馆、剧院等。在这种情况下，不宜一条线路单独设首末站，而宜设置几条线路共用的交通枢纽站。

不应在平交路口附近设置首末站。车队办公用地应按所辖线路配备的营运车辆总数单独进行计算（不含在首末站用地指标内），计算指标宜每辆标准车1平方米。枢纽站的建设应统一规划设计，其总平面布置应确保车辆按路线分道有序行驶；在电、汽车都有的枢纽站，应特别布置好电车的避让线网和越车通道。城市规划交通管理部门有责任为这些站点的设置提供方便。如所设站点与城市交通管理规则确有矛盾，妨碍交通，应协商调整。(2）公共交通停车场建设控制技术指标。停车场宜按辖区就近使用单位布置，选在所辖线网的中心处，使其与线网内各线路的距离最短。其距离宜在1~2公里以内。停车场距所在分区保养场的距离宜在5公里以内，最大应不大于10公里。在城市总体规划中应有计划地安排停车场用地，将停车场均匀地布置在各个区域性线网的中心处。在旧城区、交通复杂的商业区、市中心、城市主要交通枢纽的附近，应优先安排停车场用地。在发展新的小区或建设卫星城时，城市规划部门应预留包括停车场在内的公交用地。停车场的用地应安排在水、电供应和市政设施条件齐备的地区。确定停车场用地面积的前提是要保证公交车辆在停放饱和的情况下，每辆车仍可自由出入（无轨电车应保证顺序出车）而不受前后左右所停车辆的影响。公共交通车辆的停放方式，公共汽车宜主要采用垂直式或斜排式，无轨电车应采用平行式。停车场的洗车间（台)、油库和锅炉房的规划用地按有关标准和规范要求单独计算后再加进停车场的规划用地中。停车场的规模一般以停放100辆铰接式营运车辆为宜。停车坪应有宽度适宜的停车带、停车通道，并在路面采用画线标志指示停车位置和通道宽度。停车场的进出口由车辆进出口和人员出入口组成，两者应分开设置，严格各行其道。停车场的进出口应设在其用地范围内永久性停车坪一端，其方向要朝向场外交通路线。车辆的进口和出口应分开设置，另外应再设一个备用进出口。在条件不允许的情况下，进出口不得不合用时，其通道宽度应不小于10~12米；同时应有备用进出口。在停车数小于50辆时，如无条件设置备用进出口时可不设。当需要断开与进出口相对应的道路上的隔离带、绿化带、人行道时，其断开宽度宜不小于标准车最小转弯半径的2~3倍。(3）公共交通服务室创建规范。办公及生活性建筑用地应不小于10~15平方米/标准车。其中，办公楼的用地为3~5平方米/标准车，生活性建筑用地为7～10平方米/标准车。生活性建筑用地中不含家属宿舍的用地。家属宿舍系停车场应有的配套设施。办公及生活性建筑应从建筑造型、色彩、布局、风格等方面体现城市公共交通企业服务性强、人员流动性大、妇女多、作息时间不一等工作特点。在食堂设计中，厨房面积与餐室面积之比为2或1.5∶1。在浴室、厕所设计中应增大女部的建筑使用面积，其与男部的面积比约为1.5∶1。婴幼托室的面积应满足本企业职工入托子女的1/3以上。（4）新区人员集中区域机动车停车场建设规范。机动车停车场内应按照GB 5768设置交通标志，施画交通标线。机动车停车场的出入口应有良好的视野。机动车停车场车位指标大于50个时，出入口不得少于2个；大于500个时，出入口不得少于3个。出入口之间的净距须大于10米，出入口宽度不得小于7米。公共建筑配建的机动车停车场车位指标，包括吸引外来车辆和本建筑所属车辆的停车指标。机动车停车场内的停车方式应以占地面积小、疏散方便、保证安全为原则。机动车停车场位指标，以小型汽车为计算当量。设计时，应将其他类型车辆按表6－5所列换算系数换算成当量车型，以当量车型核算车位总指标。机动车停车场主要设计指标应参照《停车场规划设计规则》规定。

**表6－5　停车场（库）设计车型外廓尺寸和换算系数**

单位：米

| 车辆类型 | | 各类车型外廓尺寸 | | | 车辆换算系数 |
|---|---|---|---|---|---|
| | | 总长 | 总宽 | 总宽 | |
| 机动车 | 微型汽车 | 3.20 | 1.60 | 1.80 | 0.70 |
| | 小型汽车 | 5.00 | 2.00 | 2.20 | 1.00 |
| | 中型汽车 | 8.70 | 2.50 | 4.00 | 2.00 |
| | 大型汽车 | 12.00 | 2.50 | 4.00 | 2.50 |
| | 铰接车 | 18.00 | 2.50 | 4.00 | 3.50 |
| 自行车 | | | 1.93 | 0.60 | 1.15 |

说明：三轮摩托车可按微型汽车尺寸计算；二轮摩托车可按自行车尺寸计算；车辆换算系数是按面积换算。

### 15. 社区农贸市场

（1）农贸市场造场要求。农贸市场的建设地点应有良好的地形、地貌、工程水文地质条件，场地附近应具有满足农贸市场使用的电源、给排水、消防安全和交通等条件。新区开发建设的农贸市场宜独立设置或与公共服务建筑连体设置，不宜与住宅建筑连体设置；旧城改造建设的农贸市场，根据用地条件可以采用与公共服务建筑连体设置的形式为主；不得占用城市道路或其他用地建设农贸市场。新建、改建和扩建的独立式、连体式、棚顶式农贸市场，在层数、高度、造型、色彩以及与其他用地、建筑的关系上，须符合城市规划的要求。首先控制其用地，远期留有发展余地，不宜提倡建设地下市场，考虑市场的建设成本、通风采光等问题，可以建设地上和半地上市场。农贸市场服务人口 1 万 ~5 万人，服务半径不应超过 1000 米。(2) 农贸市场建设质量控制技术指标（含消防、污水处理)。农贸市场的设计、建设应符合相关要求。活禽宰杀设置独立区域，废水集中收集经隔油沉淀和过滤消毒后与其他废水一起进入化粪池；农贸市场摊位冲洗废水经格栅、集沙井处理后进入化粪池。农贸市场的交易厅、棚应采用大跨度、大空间的钢筋混凝土结构或轻钢结构，柱距不小于 7 米。市场内净高应不低于 4 米。市场交易厅进出口应不少于 3 个，正门要开阔、宽畅，净宽应不小于 4 米。进、出口应设护栏，市场内通道应保持畅通、连通，满足经营与购物的需要。主通道宽度应不小于 2.5 米，次通道宽度应不小于 1.8 米。市场进、出口处应设不锈钢护栏，车辆不得进出。市场内通道应保持畅通。农贸市场的安全设施与主体工程应同时设计、同时施工、同时投入使用。防火设计应符合国家有关消防技术规范，依据规范划分防火分区、设置防火疏散通道、配备必要的消防器材，封闭式的农贸市场疏散出口不应少于 2 个。每个疏散口的净宽度不应小于 3.5 米。场地面积超过 1000 平方米时，每增加 500 平方米应增设一个疏散出口，以保证消防和紧急疏散的要求。经公安消防监督机构验收合格后方可使用，确保安全经营。市场应符合建筑消防的要求。农贸市场应按标准设置停车场，交通组织合理。周边道路路面宽应不小于 7 米，至少设两个车行道出入口。停车场可独立设置，亦可与其他公建共用停车场。停车场配置标准按照城市规划管理的有关规定执行，应不少于 0.6 ~0.9 车位/100 平方米建筑面积。独立式、棚顶式农贸市场的建筑覆盖率宜控制在 45% ~55%，绿化率宜控制在 10% ~15%，应按标准设置停车场地，交通组织合理。连体式农贸市场应在满足主体建筑使用功能前提下，满足市场使用的功能，并同时报批。农贸市场防火设施应符合 GB 50016 的要求。消防管道要单独布设，消防栓要设在通道或便于取用的地方，且不得生锈堵死。此外，水源要可靠，水量要满足消防要求。市场应设有车辆和人员专用出口，四周应设置消防车道，保证消防车通行。市场四周应当按照 GB 50140 的规定放置一定数量的灭火器材。（3）农贸市场管理室建设规范。农贸市场应建立食用农产品安全卫生质量责任制度、食用农产品安全卫生质量责任告知承诺制度、农贸市场经营活动场内公示制度、优质食用农产品推介制度和诚信档案等制度。农贸市场应建立食用农产品进销货台账、经营者服务台账、校秤记录台账、顾客投诉处理台账、食品从业人员健康检查登记台账、计量器具台账、不可食用肉回收处理台账和总值班记录台账。农贸市场应建立商品质量抽检制度，定期或不定期对场内交易的农产品质量安全进行抽检。农贸市场应建立消防安全、检查和监督制度。农贸市场应建立设施设备检修和维护制度。农贸市场应建立治安安全管理制度。农贸市场应建立市场信用记录制度，对场内经销商违规经营行为应进行警示通告。

## 第二节 贵安平安服务标准

### 一 社会治安管理

#### （一）组织机构及人员素质

**1. 八员**

信息员、调解员、治安管理员、巡防组织员、交通协管员、公安宣传员、消防监督员、社情民意调查员。

**2. 村庄警务室人员组成**

由新区公安部门民警、协警和村级治安协管员组成。

**3. 职责**

工作职责包括以下八个方面：（1）掌握辖区实有人口、公共场所、特种行业、内部单位等基本情况，并落实对其日常治安管理；（2）负责向群众进行有关法律、法规和安全防范的宣传教育；（3）负责对治保会、巡逻队、调解会、帮教小组、外口协管以及义务消防队、租赁房屋有偿委托管理服务站等群防群治组织以及辖区保安力量开展工作，提供业务的指导与培训；（4）主动会同有关组织对“两劳”释解人员和吸毒人员，特别是违法青少年开展帮教工作，有效预防和控制其重新犯罪；（5）参与开展创建“文明安全社区”“无毒害社区”活动，充分利用社区资源，发动和组织辖区群众、单位开展安全防范，组织辖区联防，开展治安巡逻和安全检查，落实各项安全防范措施，维护公共秩序；（6）负责做好辖区公共场所、特种行业、租赁房屋的日常治安管理落实；（7）接受群众报警、求助、投诉，及时保护现场，积极协助查破案件和调解治安纠纷，为民排忧解难，做到有警必接、有难必帮、有险必抢、有灾必救；（8）听取群众意见和建议，收集和反馈与社会治安有关的各种信息，自觉接受群众监督，提高服务质量。

**4. 警务人员素质**

警务人员应具有以下基本素质：（1）政治坚定，对党忠诚，爱岗敬业，热爱人民，忠于职守；（2）秉公办事、清正廉明，业务熟悉，作风过硬，团队精神强；（3）防控意识强，具有较强的组织、协调能力和随机应变处置突出事件的能力；（4）熟悉当地村情民意，公道正派，服务意识强，具有较好的职业操守。

**5. 社情民意调查员素质**

社情民意调查员应具有以下基本素质：（1）素质良好；（2）有极强的政治敏锐感和鉴别能力；（3）有较强的反应能力，及时获取群众报告。

### （二）警务室基本设施

**1. 警务室建设地点选择**

警务室建设地点应结合村庄现状并按照便于出警的原则，合理选择地点。建设规模应能满足警务人员办公以及村民上门投诉举报、办事的要求。

**2. 警务室设施配备**

警务室标识设置应符合相关规定；建有纠纷调解室（群众说事点）一

间，并配备桌椅板凳和饮水机等设备；建有不小于3平方米的法制宣传栏；配有图书阅览室，存有法制宣传书籍、报刊达1000册以上；配备巡逻器具（摩托车、警用装备等）；配置消防设施如消防水池、手抬机动泵等；公共服务设施完善、有卫生间等；警务室应配备必要的办公电话、电脑和家具，满足警务人员办公需求。

### （三）服务管理与要求

#### 1. 工作内容

加强治安防范。由队长带队，每天例行巡逻3次，发现可疑人员应及时向公安局指挥中心110报告，发现治安、安全隐患，向公安局指挥中心110报告后采取措施加以解决；加强政策法规宣传教育，加强各级党政政策宣传，确保群众正确理解、掌握各级关于农村政策的内容；加强治安防范和安全知识宣传培训，提升村民的防范意识和安全知识水平；开展各项活动，加强村民各方面知识，提升村民综合素质；加强道德教育，开展和睦邻里、平安家庭、好媳妇、好婆婆等评选活动，随时掌握村庄社情民意，疏导村民情绪，及时化解村民之间的邻里纠纷，构建和谐村庄；加强对村庄内刑释解教人员、社会闲散青少年、精神病患者等治安高危人群的帮教、管理、服务工作；配合司法机关打击村庄内违法犯罪活动，协助抓获违法犯罪嫌疑人、惩治村霸等；积极应对、主动解决村庄内发生的突发事件，保护村民生命财产安全。

#### 2. 管理要求

（1）基本要求。治安管理组织机构健全，防控系统严密；管理人员各负其责、各尽其能，各项管理、服务措施到位；村民遵纪守法，村内治安良好，村民安全感较强，社会和谐稳定；村民见义勇为、明理诚信、团结互助、乐观向上，邻里纠纷能得到及时化解，不良风气能得到及时遏制。（2）治安防范。加强治安防范知识宣传，村民的防范意识普遍增强，自觉落实人防、物防措施，提升村庄的整体防范水平。提高警惕，发现治安预警信息，应及时通知村民加强防范；队长带队开展日常治安巡防工作，发现治安隐患，应提交村民会议讨论，形成整改意见，并及时监督；关注外来人员动态，及时遏制“黄、赌、毒”犯罪活动，对进入本村庄的违法犯罪人员应及时向警务室报告；配合政法机关打击村霸等地方恶势力，协助抓捕潜入本村庄的违法犯罪人员。（3）法规宣传教育。法规宣传员每月至少组织村民进行一次法律法规讲堂；办好法制宣传栏，对农村典型案例进行宣传；适时举办法律知识讲座，主动邀请乡镇法庭、司法所、派出所干警为村民授课，以案释法，增进村民对法律条文的理解；结合普法宣传教育，加强对各级党委、政府的路线方针的宣传讲解，使村民对各级政策有深入了解；开展道德教育，将“五心教育”（忠心献给祖国、孝心献给父母、爱心留给社会、诚心献给他人、信心留给自己）纳入到法制教育之中，使村庄形成尊老爱幼、明礼诚信的社会风尚；广泛深入法制宣传教育，增强村民法制意识，村庄知法、懂法、守法、护法氛围浓厚。（4）治安高危人群管理服务。树立村庄集体荣誉、集体关爱意识，不歧视村庄内的刑释解教人员、社会闲散青少年、精神病患家庭；对刑释解教人员进行心理辅导、生活帮助，使其较快融入社会大家庭，防止其重新违法犯罪；加强对村庄内闲散社会青少年尤其是不良行为青少年的法制和道德教育，定期开展培训，矫正不良习气。对村庄内的社区矫正对象，应鼓励其正视人生、改过自新；加强村内涉赌人员的引导教育，提供必要帮助；集体关心辖区内的精神病患家庭生活，群策解决其生活困难；对病情严重的，要求监护人加强监管，防止其对社会造成危害。（5）预防与应急处置突发事件。抓好安全隐患、火灾隐患常规排查，防患于未然；搞好应急训练，提升应对突发事件的能力；组织群众抵制村庄内不良风气，铲除村霸、宗族势力等滋生的土壤和条件；组织群众检举、揭发聚众赌博等违法犯罪行为，根治“黄、赌、毒”社会丑恶现象；积极稳妥地处理安全事故、自然灾害事故、火灾事故、外来不法人员进入村庄实施违法犯罪行为等应急救援处置工作。监督管理，制度建设。根据治安管理需要，应至少建立以下制度：①建立治安巡防责任制度；②建立治安高危人群管理制度；③建立邻里纠纷调解制度；④建立村民定期学法制度；⑤建立村民集体评议、会商治安管理制度；⑥建立村民集体应对自然灾害等突发事件制度。目标任务，日常治安巡防工作应有记录，对巡防过程中发现的问题应记录在案，以供村民集体会商提供依据；及时处置巡防过程中发现的突发事件，防止事态扩大；盘查可疑人员，防止外来人员盗窃、投毒、纵火、施暴；有效预防刑事治安案件、安全事故的发生；群众安全感普遍增强，每半年进行一次测评，群众安全感的满意度达95%以上；法制宣传教育到位，无村民违法犯罪和“黄、赌、毒”社会丑恶现象；治安高危人群帮教、管理到位，无治安高危人群违法犯罪；邻里纠纷解决到位，村民尊老爱幼，邻里和睦，家庭矛盾和邻里纠纷逐年减少，平安家庭达80%以上。

**3. 村庄社会治安满意度测评**

满意度测评方法，村庄社会治安满意度测评可选择发放问卷调查表、上门走访调查、电话回访、公安部门门户网调查等方式进行；满意度测评内容可根据国家法律、法规、政策以及社会治安状况变化作适当调整。

## 二　社会矛盾化解机制

### （一）乡镇社会矛盾化解

乡镇党委、政府应成立社会治安综合管理机构（含议事机构），并分别明确1名分管书记和乡镇长，负责全乡镇各村庄的社会治安综合管理工作；乡镇法庭应明确1名法官负责对各村庄村民一般民事纠纷的庭外调解；乡镇司法所应明确1名负责人负责各村庄的社会治安综合管理工作，宣传普及法律知识。

### （二）村级社会矛盾化解

村级党组织应指定1名负责人负责本村社会治安综合管理工作；村委会应指定1名负责人负责本村社会治安综合管理工作；村级党组织和村委会应向村民宣传党和政府的方针政策，特别是惠农政策，积极宣传国家法律法规，深入每户访贫问暖，准确掌握村情民意，畅通村民诉求渠道，及时化解民事纠纷；村委会应组建法律援助室，地点可设在村委会相关办公室。村委会办公室条件紧张的可与村委会相关组织合署办公。法律援助室应配备必要的法律、法规和政策文件，便于村民查询、阅读。村民对法律救济渠道不了解的，要做好指引工作，引导村民知法、守法，并通过法律渠道解决相关社会矛盾和纠纷；村组党组织和村委会应按照上级要求，做好村务、党务公开，完善村级组织自治制度。要充分尊重村民意愿，听取群众呼声，适时举办形式多样的文化体育活动，丰富群众精神文化生活。激发村民首创精神，总结提炼村规民约。

## 三　安全事故防范

### （一）安全事故类别

村庄安全事故包括生产安全事故、生活安全事故和交通安全事故。

### （二）安全事故的防范

**1. 生产安全事故防控**

村庄附近的生产企业，应按照国家安全生产的相关法律法规、政策和技术标准要求，做好安全生产工作，特别是建筑施工安全、特种设备安全、食品质量安全、危险化学品安全，做好员工安全知识和操作技能的培训，确保在企业工作的村民的人身财产安全；村庄村民在从事农业种植、养殖业生产过程中，应学习掌握农药施用的相关知识和技能；市场监督管理部门、规划建设部门、安全监督管理部门应加大对企业安全生产设施、设备和安全措施落实情况的监督检查；农林水务部门应加大对农业投入品的监督检查，严厉打击制售假冒伪劣农业投入品的违法行为，同时做好农药施用方法的宣传培训，提高村民自我防范能力。

**2. 生活安全事故防控**

村庄附近的食品饮食企业（店），应做好食品质量安全工作、履行食品安全主体责任，确保村民饮食安全；电力、电信、燃气、广播电视等部门应做好相关设施、设备的安全管理和日常维护工作，加强对村民安全用电、用气和相关设备仪器安全操作的宣传，及时处理相关安全隐患；村庄内的洗浴企业（店），若使用锅炉供热，应加强对锅炉的安全检查和日常维护，确保不发生特种设备安全事故；市场监督管理部门、安全生产监督管理部门以及其他行业监管部门应加大对食品饮食企业、洗浴企业及相关服务企业的安全监督检查，督促相关企业落实安全生产主体责任，严肃查处安全生产违法行为。

**3. 交通安全事故防控**

公安交警部门，应加强对村庄机动车辆的管理，引导、教育村民自觉遵守交通法律法规；公安交警部门，应完善村庄及周边交通标识和警示标识，避免因标识缺失或标识错误造成交通安全事故。

**4. 安全事故应急处置**

制度建设：公安交警部门、市场监督管理部门、规划建设管理部门、安全生产监督管理部门以及其他安全监管部门，应按职责分工分别建立安全事故突发事件应急处置制度，并告知乡镇和村级组织。安全事故处置：安全事故发生后，现场有关单位和个人应按照以人为本、救死扶伤的原则，迅速救助受伤人员，并按规定保护事故现场，同时向相关部门报告事故信息。相关安全监管部门接到安全事故报告后，应立即赶赴现场开展抢险；同时按安全事故应急处置制度的规定向上级报告。安全事故应急处置过程中，各安全监管部门应相互支持、密切配合，共同做好应急处置工作；安全事故应急处置基本结束后，各安全监管部门应配合相关政府职能部门，做好死伤人员及财产损失的妥善安排处理工作。

**5. 责任追究**

安全事故处置结束后，相关职能部门应依据职责权限，按照国家安全生产相关法律、法规和政策，对安全事故负有责任的单位和个人，追究相关刑事责任、行政责任和党纪责任。

## 四　市场秩序维护

### （一）市场质量安全主体责任的落实

村庄内及周边农贸市场、超市及日用百货经营者，应自觉遵守国家产品质量、计量、合同等法律、法规、政策，确保所销售产品或提供的服务合法、合理；与客户发生质量、经济纠纷时，应主动与客户协商解决，主动履行市场质量安全主体责任，诚实守信、依法经营。

### （二）市场质量安全监管职任的落实

市场监督管理部门应加强对村庄内及周边农贸市场、超市、药店、卫生院（所、店）、百货经营者的产品质量、计量器具、药品质量的监管，确保相关产品质量安全和计量准确，主动维护村民的合法权益；农林水务部门应加强对村庄及周边农贸市场销售的初级农产品的监管，确保农产品质量安全，应加强对村庄内及周边农作物种子、畜禽良种的监管，确保不发生因种植、养殖种子质量导致群体性村民纠纷；环境保护部门应加强对村庄及周边农贸市场废水、废物等环境的监管，确保农贸市场环境卫生；城市综合执法部门应加强对村庄及周边环境卫生、摊点（摊贩）的整治，确保村庄生产生活环境规范有序、卫生状况清洁亮丽、村民出行方便；公安部门及安全生产监督管理部门应加强对村庄内及周边烟花爆竹、爆炸物等危险化学品销售、贮存经营者的监管，确保危险化学品质量安全。

## 五 防灾救灾管理

### （一）自然灾害预防措施

农林水务、社会管理等相关部门应加强对农村气象预报、地震预测、森林防火、村庄火灾、村庄水灾、农村危房倒塌等灾害的防控。相关建设工程施工中应充分考虑承受自然灾害的技术设计。

### （二）自然灾害应急处理

建立自然灾害应急处置预案，发生自然灾害后，应组织相关部门及人员抢险救灾，尽量减少灾害损失；自然灾害救济物资应登记造册、妥善保管、有序发放，做到公平、公正、公开；对村民举报的救灾物资管理、贮存、贪污挪用、假公济私等不公正行为，相关部门应按规定严肃处理。

## 六 村庄文体活动的组织与管理

### （一）村庄文体活动设施

村委会应设立农家书屋等村民文化活动场所，为村民提供免费阅读的农业科技、科普知识、文化娱乐等书籍。有条件的村庄可设立科普电子阅览设备。场地许可的村庄，可建设室外村民文化娱乐广场，供村民自娱自乐。

（二）村庄文化体育活动的组织

村党组织和村委会应结合当地设施，适时举办村民喜闻乐见、健康有益的文化体育集体活动。活动期间，公安、城市管理部门和村两委应做好活动的安全秩序维持工作。

（三）村庄文化体育设施的管理

村委会及相关上级部门应制定村庄文化体育设施日常管理维护工作规范，确保相关设施安全可靠和正常运行。

## 第三节　贵安社会服务标准

### 一　社会管理规范

（一）基本要求

帮扶助困工作覆盖率达到100%。群众综合满意度达到90%以上。3年内无重大食品安全、安全生产事故。3年内无重大群体性事件发生。无越级上访、重复上访等现象。刑事案件发生率低于贵州省平均水平。

（二）健全管理体制

健全美丽乡村社会管理组织架构，明确村级社会管理机构和人员，落实工作经费和设施运行维护费用，形成“乡镇督导、村级负责、专人管理”的管理体系和权责一致、条块结合、各司其职的社会管理新体制；建有具备综治调解、农业服务、社会事业服务、流动人口服务管理、劳动保障、救助服务、法律服务等功能的村（居）社会管理服务代办点，推行标准化管理，做到办公场所、人员、经费、制度、档案五落实。

（三）建立长效机制

(1) 加强社会矛盾源头治理，通过居民自治机制、利益协调机制、诉求表达机制、矛盾调处机制、邻里沟通机制、权益保障机制等工作机制统筹协调各方面利益关系，妥善处理人民内部矛盾，维护群众合法权益。实现全村（居）矛盾纠纷调解成功率达到100%。

（2）落实“村级接访”制度，村支书（社区书记）作为第一责任人，主动接待群众来访，把群众反映的问题当家事。落实“包村包片走访”制度，村委会成员应每月至少走访一次包村包片对象，最大限度地预防和减少上访事件的发生。

（3）以基层综合服务管理平台为依托建立实体化运行机制，做到矛盾纠纷联调、社会治安联防、重点工作联动、治安突出问题联治、服务管理联抓、基层平安联创。

（4）全面推行村务公开，严格按照《中共中央办公厅、国务院办公厅关于健全和完善村务公开和民主管理制度的意见》和省委省政府、贵安新区有关文件规定的要求，切实做到村务公开的内容、形式和程序“三个到位”。

（5）整合资源，建立美丽乡村帮扶助困机制，有效助困、助医、助学、助老、助残，具备就业援助、住房保障、社区矫正对象帮扶、突发事件应急救助等工作机制。

（6）加强和完善乡村公共安全，建立健全食品药品安全和安全生产监管机制。完善社会治安防控体系，设有村级综治协管员，应急响应迅速有效，刑事案件年发生率低于3%。

（7）关心、关爱社会弱势群体，关注、关怀刑释解教、吸毒、精神障碍、问题青少年等特殊人群，强化管理服务，使其回归并服务社会，增加和谐因素，维护社会稳定。做到流动人口有数据、特殊人群有档案，实施实有人口动态管理机制，完善特殊人群管理和服务政策。

（8）完善应急管理体制，完善村级自然灾害救助应急预案。加强对公共突发事件、安全生产事故、重大自然灾害事故的应急处置演练。按GB 50445的规定开展防洪及内涝整治、气象防灾减灾整治及避灾疏散整治。

（9）健全完善群体性事件苗头隐患排查、研判、报送、预警、处置制度，健全完善公共突发事件检测预警、风险评估、应急救援、社会动员、舆论引导和善后工作机制，加强应急知识和相关法规的宣传教育，提高全社会应急管理和抗风险能力。

(10) 实施美丽乡村思想道德建设工程，加强社会主义核心价值体系建设，增强群众的法制意识，深入开展精神文明创建活动，增强社会诚信。

(11) 建立健全房屋出租服务管理机制。按照“谁主管、谁负责，谁出租、谁负责，谁留宿、谁负责”的原则，协助有关部门对辖区出租房屋实行分类管理。做好登记备案工作，做到人来有登记，人走有注销。

### (四) 强化公众参与

(1) 积极引导群众性组织、非政府组织、行业组织和中介机构等各类社会组织加强自身建设、增强服务社会能力，支持它们参与美丽乡村的社会管理和公共服务，发挥群众参与社会管理的基础作用。

(2) 依托美丽乡村信息化服务平台，通过互联网、手机短信、微博、微信公众号等渠道及时向村（居）民发布美丽乡村建设动态及乡村旅游资源、商务、农事、防控、民生、村务管理等信息。

(3) 定期开展村居公共事务满意度评价，村（居）民对社区事务与服务、社会环境与治安的综合评价满意率应高于90%。

### (五) 扩大财源保障

加强村级财源建设，实施一个以上常年增收项目，壮大村级集体经济实力，为美丽乡村管理提供必要的资金保障；采取村集体筹措、积极争取政策补助、申报各类支持项目等方式，拓宽长效管理经费来源渠道，引导社会资本参与美丽乡村建设。

## 二 社会保障规范

### (一) 基本要求

学前教育应达到上级下达的年度目标管理责任制考核要求；新型农村社会养老保险参保率应达到要求；高中3年免费教育；新型农村合作医疗参保率达到要求；医疗保障、残疾人保障和养老保障等方面无应保、未保现象发生；3年内学前教育和高中教育无重大教学事故。

（二）养老保障

（1）养老保险。社区居民社会养老保险政策知晓率达100%；坚持社区主导与居民自愿参保的原则；社区居民社会养老保险个人缴费档次自主选择；被征地的农村户籍人员、征地后农转非人员参加社会养老保险，根据人均剩余耕地比给予缴费补助；计划生育两女家庭和独生子女家庭参加社会养老保险给予相应补贴；社区居民享有城乡居民基本养老保险，保险参保率达到95%以上；参保人员身份证号码、姓名、银行账号、缴费标准和特殊标识等信息准确率及完整度达100%；老年人每月人均养老金水平不低于上年度水平。（2）老年福利。合理发放老年人补贴。结合社区经济发展情况，对社区60岁以上的老年人发放老年人津（补）贴；对80岁以上的高龄老人发放长寿补贴。（3）养老服务。社区有养老服务办公场所，办公设施齐备；社区有从事老年服务的医疗、护理、康复、社会工作和生活照料人员；社区有满足开展老年服务需要的设施和设备；（4）鼓励社区建设居家养老服务照料中心，开展社区养老居家服务；鼓励建设社区老年人日间照料中心，开展生活照料、保健康复、精神慰藉等方面社区养老日托服务；日间照料中心规模应与社区经济发展和老年人规模相适应；日间照料中心建筑设备齐全，包括供电、给排水、采暖通风、通信、消防和网络等设备，场地应包括道路、绿化和室外活动等场地；日间照料中心生活设备齐全，功能完善。社区日间照料中心应具备生活服务、康复保健、娱乐、安防、交通工具等设备，其中包括轮椅、呼叫器、按摩床/椅、血压计、听诊器、电视机等；社区应提供老人法律援助、咨询、调解等服务；社区为特困老年人个人资料建档，建档率达到100%；服务对象满意率达到90%以上；养老服务补贴覆盖率达到60%以上。

（三）医疗保障

（1）社区居民享有城乡居民基本医疗保险参保率达到90%以上。（2）社区卫生人口覆盖率达到100%以上。（3）社区卫生服务中心建设应符合相关规定，卫生服务中心建设规模与社区人口相适应；应配有适当数量的具有执业资格的医生；医疗过程应符合卫生操作规范；药品来源应符合药品管理规范；应免费为60岁以上老人体检，每年不少于1次；就诊的传染病病例和疑似病例应及时登记、报告；为社区居民建立健康档案，建档率达到90%；提供健康档案管理、健康教育、计划免疫、传染病防治、儿童保健、孕产妇保健、老年人保健、慢性病管理、重性精神病患者管理等基本公共卫生服务，并定期随访。（4）卫生服务质量应符合下列要求：①仪容仪表。卫生服务人员在服务场所应着装统一、整洁；卫生服务人员头发应干净整齐，不留怪异发型、不染怪异发色，保持指甲的整洁。②举止言谈。卫生服务人员在服务场所应举止文明，坐姿端正，站立挺直，表情自然亲切；卫生服务人员在服务场所应用文明用语，不讲脏话粗话，不讲牢骚话、怪话，语音、语速应适中。③服务态度。卫生服务人员接待服务对象时应面带微笑、热情主动、耐心细致，不随意打断服务对象讲话；卫生服务人员应使用普通话与服务对象交流，也可根据实际情况使用本地方言，解答问题应准确简要、态度温和，使用规范的服务用语；当服务对象对服务工作表示不满时，卫生服务人员不应与服务对象进行争吵或打架；遇到高龄老人、残疾人、孕妇等特殊服务对象时，卫生服务人员应尽最大可能为其提供方便；卫生服务人员在服务中应尊重民族习俗和宗教信仰。④服务质量。卫生服务人员对服务对象提出的就医线路、病情咨询等事项应履行一次告知义务，不得推诿和误导；卫生服务人员应按服务对象病情状况开列处方和诊疗事项，不得擅自增加治疗事项和药品；卫生服务人员应坚守岗位，不得擅自脱岗，并根据服务对象护理水平提供相应服务；卫生服务人员应根据服务对象意愿和病情，办理进出院手续，不得强制服务对象住院或出院。⑤老年人健康知识教育普及率达95%。⑥被征地农民参保应享受5年城市医疗保险个人缴费全额补贴。⑦社区居民对社区提供的卫生服务满意率达到90%以上。

### （四）残疾人保障

社区幼儿园应接收能适应其生活的残疾幼儿和为残疾儿童提供免费义务教育。社区应为残疾人提供康复服务，社区康复服务率达到90%以上。社区卫生服务中心应为残疾人开展康复训练活动。社区应当向残疾人、残疾人亲属、有关工作人员和志愿工作者普及康复知识，传授康复方法。社区应鼓励、帮助残疾人参加社会保险。对生活确有困难的残疾人，社区应给予社会保险补贴。残疾人保障覆盖率大于90%。对社区生活确有困难的残疾人，通过多种渠道给予其生活、教育、住房和其他社会救助。社区应为贫困残疾人提供必要的基本医疗、康复服务、辅助器具等。社区工作人员不得侮辱、虐待、遗弃残疾人。社区应开展志愿者助残公益活动。对生活不能自理的残疾人，社区应根据情况给予一定的护理补贴。对无劳动能力、无扶养人或者扶养人不具有扶养能力、无生活来源的残疾人，社区应保障其基本生活。享受最低生活保障待遇后生活仍特别困难的残疾人家庭，应采取其他措施保障其基本生活。建立残疾人档案，服务档案应包括残疾人信息、服务协议、服务项目、服务安排、服务记录等资料，建档率达到100%。较大社区根据地理条件和经济发展状况，可设置残疾人无障碍通道，并保持通道整洁、畅通。无障碍通道和无障碍电梯的标志应符合GB/T 10001.9的要求，其设置应符合GB/T 31015的要求。

（五）社会救助

最低生活保障。社区应对社区无劳动能力、无法定扶养人和无生活来源的“三无”人员和社区特困人员给予最低生活保障，应保尽保率达到100%。社区应对家庭特别困难的居民给予最低生活保障。“五保”老年人应保尽保率达到100%。“五保”老年人和“三无”人员供养目标人群覆盖率达到100%，集中供养能力达到50%以上。建立低保居民个人档案。生活困难的被征地农民，应被纳入城乡最低生活保障范围。“五保”老年人和“三无”人员供养目标人群覆盖率达到100%，集中供养能力达到50%以上。医疗救助。应建立社区医疗救助档案。应对患重病、特大病的居民提供医疗救助。应为居民提供法律援助。应为受灾居民提供必要的生活、医疗等救助。临时救助。应建立临时救助制度，对由于突发事件、意外伤害、重大疾病或其他特殊原因导致生活陷入困境，对基本生活存在严重困难的家庭或个人，应给予应急、过渡性救助或临时救助。

（六）住房保障

为低收入群体或家庭提供经济适用房保障。为低收入群体或家庭提供廉租住房保障。为特困群体或家庭提供租金补贴。

## （七）教育

### 1. 学前教育

建立社区幼儿档案，为幼儿提供学前教育。建立与社区经济发展水平和幼儿人数相适应的幼儿园。幼儿园建设应符合教育部门和新区布点规划要求，幼儿园安全技术防范应符合 GB/T 29315 的要求，也应符合国家卫生与安全标准的要求。幼儿园设备建设应满足实际要求。幼儿园应有一支结构合理、素质高的幼儿教师队伍。社区“五类生”幼儿学前教育应获得一定的经济资助。幼儿园应向学前幼儿提供与其生育和心理发展特点和规律相适应的体育、智育、德育、美育等方面的教育。社区学前 3 年入园率达到 95%。

### 2. 高中教育

对父母双方或一方及子女在直管区内户籍的农村学生在高中 3 年实行免费教育。实行高中 3 年免收学费、书本费和住宿费。对于家庭经济困难的学生学校为其购买责任险。根据社区实际情况，对考上本科或专科院校的高中学生予以奖励。高中 3 年免费教育目标人群覆盖率达 100%，入学率达到 100%。

## （八）劳动就业

### 1. 就业服务

社区应开展失业人员登记。成立社区职业培训学校，组织社区居民开展素质教育、职业技能培训，就业、创业培训。社区为居民就业和创业提供信息服务。重点提供就业政策咨询、职业指导和职业介绍等服务。社区失业人员的再就业率达到 70% 以上。

### 2. 被征地农民

被征地农民农转非后，优先享受国家和省的公益性岗位安置等就业扶持政策。参加职业技能培训，应享受相应的培训补贴。自主创业应优先享受小额担保贷款等优惠政策。为被征地农民转移就业和自主创业提供指导和就业服务。按相关规定享有相应的社会保障。相关权益得到保障。

### （九）长效管理

（1）公众参与。社区应结合实际，组织规范实施，通过电视、报刊、网络、广播、微信、微博等形式向社区居民宣传社会保障标准化。依托信息化平台，及时向居民发布社会保障相关信息。鼓励开展第三方居民满意度调查，并及时对外公布。（2）监督考核。应综合运用检查、考核、奖励等方式，加强社会保障规范实施的监督与管理。

## 三　基层组织建设规范

### （一）基层党组织

（1）组织健全。依法建立社区党组织，社区党组织应以党支部为主，社区党员 50 人以上建立党总支，社会党员 100 人以上建立社区党委，建立党员议会和活动场所，党建经费应保障。（2）制度完善。党组织建立工作会议、年度工作计划、民主评价、群众联系、学习、民主监督、党员管理、党风廉政、信访接待等制度。各项制度应得到落实，建立党员花名册，登记党员活动等记录。（3）组织生活。开展民主生活、联席会议等活动，定期召开党的组织生活。（4）党员服务。充分服务党员、服务社区居民、参与社区事务、开展帮扶工作，沈员作用群众满意度 80% 以上。（5）党务公开。公开党员、党组织、班子成员基本情况，公开年度工作计划、完成情况、党费、专项党建经费等情况，公开评议、党员转正、廉政等情况，公开方式、公开程序应符合规定。

### （二）社区居民委员会

（1）民主选举。依法成立，依法选举、居民参选率达 92.5% 以上，建立工作和活动场所、工作经费有保障。（2）民主决策。每年召开村民会议，讨论重大事务，审议社区发展规划、年度工作计划、账务报告等，讨论公益企业，讨论社区集体经济情况。（3）民主管理，参与判定、修改并遵守《社区居民自治章程》，《社区居民公约》，参与管理和服务，参与率 80% 以上。（4）民主监督。及时公开，自觉接受居民监督，包括人员分工、年度工作计划、账务收支、低保家庭及补助金额、服务项目等，结合实际，多途径符合要求公开。(5）制度完善。制定实施《社区居民自治章程》《社区居民公约》，知晓率达85%以上，社区民间组织管理制度实施登记和备案，社会事务公开制度，重大事故工作预案或预警机制，财务管理制度，议事规则，做到依规依制度议事。(6）社区服务。不定期开展各种活动，建立社区综合服务中心（站），提供各类公共服务，对低保、五保、“三无”对象和特困家庭登记建档，提供帮扶，建立社区服务综合信息网络，公共服务群众满意率达80%以上，及时化解社区矛盾和纠纷，成功率达90%以上。

（三）社区社会组织

（1）组织成立。鼓励依法成立各类社区社会组织，并备案，有固定的办公场所和人员等，服务社区、方便居民生活、促进和谐发展，在社区党组织的领导下开展工作。（2）制度完善。应有组织的章程和相关工作制度，对应制度参与社区社会事务的工作机制。(3）活动开展。鼓励开展各种有益活动、公益活动，提供帮扶，参与新区重大事务商议和解决。

# 第三部分 调查篇

## 第七章

# 村社微调查：一问到底

**问题发现：**

一是硬件存在问题。（1）规划建设要进一步完善。比如毛昌村，根据村内道路的规划建设，其传统喝水的井被道路覆盖，村民普遍认为自来水水质远次于井水；分散式的饮水问题，村寨民居进行了统一风格的立面改造，百姓认为均未能鲜明地体现出毛昌村的典型布依族特点。（2）基础设施薄弱。比如松林村：通村公路和串户路不完善，环保设施及饮水渠建设不到位，全村缺乏垃圾收集及污水处理设施。比如上坝村，村里部分水泥路段因年久失修存在安全隐患，水利工程少，村级卫生室医疗条件较差，科技文化投入不足，缺乏活动场馆，村民文化生活相对匮乏。（3）水源地保护发展受限，比如民乐村：受到“保湖”限制，“第一产业禁止发展养殖，第二产业全面禁止发展，第三产业限制发展”，导致了村级基础设施也未能得到改善，比如松林村：住房条件有待提高，新寨为移民寨，现在村民最大的愿望就是建房，以改善现有住房情况。（4）直管区三类型改造村寨没有完全界定。比如直管区 4 个乡镇大部分保留村寨尚未明确，导致农村环境综合整治工作范围难以确定，同时村寨面临征拆问题，社区警务室的设施过于陈旧，公共服务设施和警务室配备的设施不完善、治安防控体系有待加强。

二是软件存在问题。（1）村级经济发展仍然不足。集体土地、山林、发展预留用地等资源价值没有得到充分挖掘，土地的使用收益率不高；部分村民收入来源主要依赖外出务工，普遍缺乏技能，收入仍然偏低，不了解有关政策和信息，找不到合适的创业、投资项目，村民经济结构单一，农业产业化水平不高，农民增收渠道狭窄，收入水平相对较低，部分村民仅仅是解决了“两不愁、三保障”，生活水平离小康还有一定距离。(2) 工艺难以确定、工程建设推进困难。各地地形、气候、农村生活方式等均不同，在摸索中开展农村环境综合整治，易造成资金浪费，管网铺设难度大。(3) 政策配套、经费及产业存在问题。比如麻郎村，新型社区已经建成，达到入住条件，但还存在无房户如何享受安置政策、超面积如何补偿、结婚新迁入农村户口和城市户口如何享受安置政策等问题，从而影响群众安心搬迁。比如平寨，村级经费支出难以为继。社区事务杂，维稳任务重，参观接待多，许多经费缺乏来源，集体公司发展面临瓶颈，旅游经营缺乏有效管理，新区现有的农旅融合项目尚在建设当中，容纳就业有限，就业问题还需进一步加以解决。

三是人存在问题。(1) 村支两委主要干部文化素质参差不齐。在组织、协调、推进工作方面明显后劲不足，村两委在短、中、长期的规划上思路不是那么清晰，政策水平不高，矛盾纠纷较多，干部不能及时解决问题，导致矛盾经常从小变大，问题从简单变得复杂。(2) 村支部党员老龄化严重。村支部的战斗堡垒、党员的模范带头作用未能得到充分的发挥。村民大部分是老弱病残，能够调动的力量严重不足。村民思维不够开阔。(3) 机制及培训不足。比如毛昌村，工作机制还不够完善，人民群众主体意识不够强，大多数人仍存在“这是政府的事，和老百姓无关”的思想。搬迁后生活不习惯，由于生活方式、住房面积、后续生计等原因，搬迁群众对自己生活多年的地方旧情难舍，旧房拆除抵触情绪较大。比如松林村，农村人口文化素质有待提高，松林村全村具有劳动力的青壮年大都选择流向城市，而留在农村村民由于他们接受的教育水平有限，其服务水平远远不能满足从城市来的游客的需求。(4) 新区处于起步阶段，对于标准化产业发展方面缺乏经验，目前可借鉴的模式不多，产业分布不均、产业结构单一、人气不足，尚未形成完全产业链。

## 第一节 贵安安顺平坝区塘约村调查

塘约村位于贵安新区平坎区乐平镇（非直管区），作为平坝深化农村综合改革第一村和全市“七权”同确第一村，以深化农村综合改革为抓手，紧紧围绕“三权”促“三变”，探索实施“村社一体、合股联营”的发展思路，村集体资产不断增加，村民收入不断提高。2016年底塘约基层建设经验暨“塘约道路”研讨会在北京召开，得到了中央层面的认可。

## 一　基本情况

塘约村位于平坝区西部，辖10个自然村寨，11个村民组，921户，3392人，耕地面积4860亩，森林覆盖率76.8%。2014年以来，通过深化农村综合改革，实现了“三权”与“三变”的良性互动，村民的腰包鼓起来了，集体资产增加了，全村贫困户由2014年的138户600人减少到现在的28户92人（均为民政兜底），实现了从国家级二类贫困村向“小康示范村”的华丽转变，成功走出了一条独具塘约特色的“塘约道路”。2016年，塘约顺利挤进了全省首届“十佳美丽乡村”和全国100个美丽乡村的行列。

## 二　主要措施和成效

塘约村始终把“和谐稳定、经济发展、环境优美、乡风文明”放在第一位，积极探索“三权”+党建+扶贫+产业+金融发展道路，同步推进农村产权“七权”同确，探索实施“村社一体、合股联营”的发展思路。

### （一）突出党建引领，夯实基层基础

突出党建引领作用，强化基层组织建设，推动基层组织由管理型向服务型转变。在社会管理方面，由支委提出，村支两委、村民小组长和群众代表研究，制定了“红九条”，并写进了村规民约，实行村民自治。着力整治滥办大办酒席陋习，成立村级红白理事会，推行酒席申报备案制度，禁止操办红白喜事以外的其他酒席，规定红白喜事由村里统一操办，对违规操办酒席、不孝敬赡养父母、不关心未成年子女、不参加公益性义务劳动等行为的村民一律纳入“黑名单”进行管理，以三个月为期限，考验期间，他们不享受村里的任何服务和党的惠民政策，期满考评合格后，“黑

名单”自动解除。村支两委、小组长、村民相互监督。“红九条”管理不仅极大地减轻了村民的经济负担，也倡导了文明新风。对村级党员实行“驾照式”管理，对班子成员、村民小组长、村民议事会实行“三级考评”，完善村委会自身监督、监督委员会监督和村民小组监督的“三方”监督制度，切实提升基层组织的战斗力和执行力，有效点燃了村民干事创业的热情。

### （二）选出监督员，算好“明白账”

通过村民选举产生监督委员会。监督委员会的职责有：一是代表村民对村集体经济资金的使用进行监督，对每一笔资金的使用必须做到心中有底，签字作数。二是对集体土地的用途与流转规模进行监督，防止土地无序经营、违法使用、资产流失，推进全村农业规模化经营、资源法制化管理、农产品市场化营销，保障村级经济的有效运转。三是对集体资金收益、分红落实、合作社基础设施建设、村级公益事业集体资金使用等做好跟踪监督，让群众明白合作社收支情况，尊重群众的知情权，保障村民的合法权益。

### （三）强化确权根基，夯实“三变”基础

一是政策先行，建立精准确权体制机制。成立了农村产权“确权”工作领导小组，镇经济发展办、镇不动产登记中心，先后出台了农村产权“确权登记颁证”、农村土地承包经营权确权登记颁证等工作方案，加快推进确权进程。二是试点先行，推进农村产权“七权”同确。以塘约村为试点，同步推进农村土地承包经营权、林权、集体土地所有权、集体建设用地使用权、房屋所有权、小型水利工程产权和农村集体财产权等农村产权“七权”同确，厘清了个人与个人、个人与集体的财产界限。

### （四）抓住赋权关键，推进“三变”进程

一是成立土地流转中心，赋予产权流转权能。初步建立农村产权确权信息管理平台，实现了“权证到人、权跟人走”的目标，让土地有了“身份证”，让农民吃了“定心丸”，为农村产权交易打下基础。二是成立股份

合作中心，赋予产权入股权能。探索实施“合股联营、村社一体”的发展道路，明确了“稻鱼共生、休闲观光、科技示范”的发展规划，采取“合作社 + 基地 + 农户”“党总支 + 公司 + 合作社 + 农户 + 市场”等模式，鼓励村民用自己的土地经营权参社入股，合股联营，使村民变成了小股东。目前，已发动 745 户 2921 人以 2860 亩土地经营权入股，小股东可优先到合作社务工，使小股东的总收入由单纯的“土地收入 = 流转收入”变成了“土地收入 = 股份分成 + 工资收入”。与此同时，按照合作社 30%、村集体 30%、村民 40% 的收益分配模式进行利润分成，促进村集体与村民的“联产联业”“联股联心”。2016 年，实现了村集体分红 135 万元、合作社分红 135 万元、社员分红 180 万元的预期目标，小股东再次增加了个人的收入。三是成立金融服务中心，赋予产权抵押担保权能。建立村级金融担保基金，探索“3 + X”放贷模式，创新“金土地贷”“房惠通”和“特惠贷”等信贷产品，引导产权主体通过土地承包经营权、林权、小型水利工程产权和房屋所有权等抵押担保贷款，让新型经营主体、合作社、村集体及贫困户降低风险，抱团发展。四是成立营销信息中心，赋予产权收益权能。组建营销团队，策划营销方案，打造特有品牌，通过“互联网 + 农产品”“合作社 + 物流”的营销模式开拓农产品销售市场。同时，与公司合作建设学生营养餐食材特供基地，加快发展浅水莲藕、大葱、蔬菜、辣椒、精品水果和农业观光园、羊土菌种植等项目基地建设，实行订单生产销售，有效应对市场风险。2016 年，全村共发展“无公害”辣椒 520 亩，莲藕 300 亩，黄秋葵 20 亩，白菜、大葱、西红柿等蔬菜 150 亩，核桃 500 亩，晚熟脆红李 520 亩，软籽石榴 200 亩，绿化苗木 612 亩。

### （五）紧盯易权目标，巩固“三变”成果

一是抓政策配套，规范农村产权交易形式。出台有关土地流转、金融扶贫贷款风险补偿、林权流转、森林资源资产抵押贷款等配套文件，让农村产权易权有据可依、规范运行。二是抓平台建设，助力农村产权交易。积极搭建农村产权流转管理中心 + 评估、担保、贷款“一中心三机构”平台，将抵押、担保、入股等交易品种放入平台交易，努力把塘约打造成为乐平、平坝乃至全省深化农村改革和率先同步小康的一张“名片”。

### 三　最近三年居民收入

2013 年，塘约村农民人均纯收入不足 4000 元，2016 年达到 10030 元。年均增长达到 25. 8%，远远高于周边其他行政村。村集体经济从 2013 年不足 4 万元增加到 2016 年的 186 万元，增长了 45 倍。

### 四　存在的问题

一是道路、水利等基础设施建设相对落后，距离美丽乡村创建的要求还相差甚远。二是村民的文化素质相对较低，思想相对保守，创新意识明显不足，“互联网 +”的优势不明显。合作社人才匮乏，善经营、会管理的能人较少，专业技术力量薄弱。三是缺乏龙头企业、种植大户的带动，农作物种植规模还不够大，产业发展的后劲相对不足。

### 五　对策思考

一是加快道路、水利等农业基础设施建设步伐，特别是要根据发展规划，提前谋划一批基础设施，能够承载快速发展的塘约，为产业发展提供便利条件。二是加强专业技术人才的培训，邀请专家现场指导授课，培育一批适合塘约实际的发展项目，推进适度规模经营，提升合作社经营能力水平。三是科学制定发展规划，找准发展方向，盘活农村资产资源，找准村集体与村民之间的利益契合点，构建科学合理的利益分配机制，加快推进“三权”促“三变”进程，让更多的村民当上股东，及早受益。四是创新管理模式，进一步突出党建引领作用，对村班子成员、村民小组长、村民议事会实行“三级考评”，对村级党员实行“驾照式”管理，用好村民自治这把“利器”，用“黑名单”管理约束村民行为，为村级发展铺平道路。

## 第二节　贵安 6 部门实施调查

贵安新区直管区规划面积 470 平方公里，含 4 个乡镇，84 个行政村，2 个居委会，366 个自然村寨（2013 年统计数据）。2016 年，按照建设全域美丽乡村的要求，统筹分步推进。2016 年先期规划建设 20 个，主要在极具发展乡村旅游产业的地区，根据实际规划建设各具特色的美丽乡村。今年启动了北斗七寨等 20 个村寨的美丽乡村“三建二改一清运”、慢行系统、环境整治和山塘等建设项目，建成 117 个地埋式垃圾收集桶，完成 20 个村寨污水收集系统建设，完成村寨绿化 30000 平方米、污水管网 24000 米、化粪池 227 个、污水处理站 8 座。2016 年省下达新区 6 项行动计划年度目标任务总投资为 51201 万元，完成投资 165495 万元，占年度目标任务的 323%，全面完成各项任务。2016 年 10 月马场镇平寨村获得全国最美村镇生态奖项。

存在问题：一是新区处于起步阶段，一张白纸开始谋划。对于标准化产业发展方面缺乏经验，目前可借鉴的模式不多，工作开展滞后，产业分布不均，产业结构单一，人气不足，尚未形成产业链，城镇化率推广缓慢，传统产业需要优化提升。二是贵安新区保留村寨存在不确定性。目前，贵安新区处于大开发大建设时期，4 个乡镇大部分村寨面临征拆问题，目前，贵安新区保留村寨尚未明确，导致农村环境综合整治工作范围难以确定。三是工艺难以确定、工程建设推进困难。各地地形、气候、农村生活方式等均不同，在摸索中开展农村环境综合整治，易造成资金浪费，管网铺设难度大。四是部分试点村活动场所外部设施、内部设置、村务管理等还不够规范，达到标准要求还有一定的距离，村庄规划还在不断修订，如现在新建村级活动场所，下一步可能会面临拆迁，会造成资金浪费。五是社区警务室的设施过于陈旧，公共服务设施和警务室配备的设施不完善、治安防控体系有待加强，等等。

## 一　统筹办

### （一）指导思想

贵安新区 2017 年美丽乡村建设以五大发展理念来引领，大胆解放思想，把创新、协调、绿色、开放、共享的发展要求贯彻到美丽乡村建设的方方面面，突出乡愁文化特色，坚持以净为底、以美为形、以文为魂、以人为本的建设原则，高标准完成 20 个自然村寨美丽乡村建设。

## （二）工作重点

根据新区美丽乡村工作部署，形成可复制、可推广的贵安特色美丽乡村，做好精品带动，打造一批特色种养专业村、旅游专业村、家庭手工业专业村、电商专业村。按照景观化、生态化、产业化开展美丽乡村建设，撬动社会资本，建立投融资平台、用好扶贫基金，坚持市场化运作、多方引进工商资本，在规划设计、文化内涵、民居建设、景观打造上体现美丽乡村特色，着力建设一批特色小镇。完成美丽乡村生态美、气象新、农村活、百姓富、产业强 5 项目标，积极调整种植结构，加快建设现代农业园区，发展股份合作制经济，促进第一、第二、第三产业融合。

### 1. 做好基础设施建设

重点抓好党武镇龙山村、湖潮乡车田村、马场镇北斗七寨（平寨村平寨、破塘、龟山、克酬、磨界、新寨、旧寨，毛昌村鸡窝寨、柏杨山、毛昌堡、栗木寨）、高峰镇王家院村 4 个区级示范点和马场镇新院村、凯掌村、松林村、洋塘村，党武镇摆门村，高峰镇黄猫村、毛昌村，湖潮乡芦猫塘村 16 个镇级示范点的美丽乡村建设。其中包括：一是小康路建设，实现 100% 的村寨通油（砼）路，完成通户路 360 公里以上。二是小康水建设，解决 4.68 万人的安全饮水，城乡供水一体化率实现 80% 以上，安全率实现 100% 。生态治理麻线河、马场河等河流 15 公里以上，完成耕地保灌面积 10 万亩以上。三是小康房建设，完成 20000 套小康房建设和 1528 户农村危房改造。四是小康电建设，户表改造率达 100% ，供电保障率达 100% ，村寨电线整治达 100% ，示范村寨电缆实现入地。五是小康讯建设，行政村通宽带达 100% ，广播有线电视普及率达 100% ，示范村寨免费 Wi - Fi 全覆盖。六是小康寨建设。完成 20 个保留提升型自然村寨的小康寨创建。实施山头绿化、庭院美化、社区亮化的“三改两建一清运”工程和道路、供水、供电、燃气、宽带“五到农家”工程。每个乡镇配备 1 辆垃圾车，建立“户保洁、村收集、乡转运”的垃圾清运机制和村寨环境卫生长效保洁机制。实施蓝天碧水工程、雨水利用和污水治理工程，实现农户雨水利用、村寨污水处理和行政村公厕全覆盖。改厕农户达 100% 以上，村寨生活污水收集处理率不低于 100% 。完成 4.2 万亩造林任务，森林覆盖率提高6个百分点。

**2. 做好产业特色**

按照“一村一品、一村一特”的模式发展美丽乡村特色产业，通过建设现代高效农业示范园区，打造美丽乡村旅游度假区和农业公园，推动农业“接二连三”发展。加快农业结构调整，发展“果、菜、花、米、茶”等特色产业8万亩以上。

**3. 做好文化生活创建**

深化农村社区建设试点工作，完善多元共治的农村社区治理结构。总结提炼“美丽乡村”标准化试点工作经验，建立贵安特色智慧社区建设标准体系。打造“七有”标准化社区。（有一个居民活动场所，有一个群众服务中心，有一个计生卫生服务室，有一个医保，社保，就业服务窗口，有一个小康惠民超市，有一个电商快递窗口，有一个政策法规科普宣传栏）。

**4. 做好行业联动**

美丽乡村建设要与农业、旅游、科技等领域形成联动，积极向上级争取扶贫专项资金，用于美丽乡村建设基础设施建设项目资金，带动贫困村寨造血扶贫，2017年底前做好“美丽乡村+旅游”“美丽乡村+农业”“美丽乡村+科技”的精品示范村寨建设，既有产业带动发展，又可复制形成示范带动，最后形成社会化推动美丽乡村建设的局面。

**5. 创新投融资模式**

一是按照PPP模式开展美丽乡村建设，加大招商引资力度，新引进企业5家，落地资金10亿元。培育龙头企业2家和专业合作社50家，带动专业大户30户、家庭农场20个。全年培训农民20000人次。转移农民2000人。2016年农业产值实现4.4亿元，增幅达10%以上，农村居民人均可支配收入实现12000元以上。二是产业覆盖模式，针对村寨发展的实际进行招商引资，打造“一村一特”的村寨产业经济，最终形成产业优势互补的贵安特色村寨。三是全域美丽乡村景观模式，按照景区的标准开展美丽乡村建设，申报一批美丽乡村旅游点来形成示范带动。

**6. 做好就业指导**

加强新型职业农民培育力度，实施“百千万”人才培训工程。每年培训100名教师、医师、农技等专业干部；培训1000名科技能人、技术工人、种养大户、返乡人员及农村经纪人；培训10000名村民。使80%以上的农民掌握1~2门实用技能和技术。培育一批特色轻工、手工艺、来料加工专业村和企业、经纪人。打造美丽乡村精品旅游线路，鼓励建设民宿客栈和特色餐馆。依托大学城、职教城对村民开展建筑施工、园林种植、汽车维修、电脑培训、家电维修、家政服务、旅游服务、厨师培训等一系列职业技术培训，建立村民“不择业、立就业”的良性互动机制。

最后，我们将以精品带动致富为目的，探索总结美丽乡村建设工作经验，努力提高农村人居环境作为美丽乡村建设升级版，更好地打造美丽乡村国际休闲旅游度假区，做好城乡统筹发展工作。

## 二　社管局

### （一）2016年主要工作

2016年，紧紧围绕新区加快建设发展的中心任务，着力聚焦“改革创新、招商引资、民生实事和党风廉政”四大任务，不断探索、加速发展，全力保障改善民生，推动教育、社保、民政、科技文体等各项社会事务管理工作取得扎实成效。全面牵头启动了民生领域项目建设30个，同比增长63.5%，实际完成投资40.86亿元，分别占计划总投资、固定资产投资任务的62.76%、102.15%，贵安新区世界民族民间文化品艺术品博览城、北师大贵安附校等标志性重大项目快速推进并陆续投入使用。全面完成新区“十件民生实事”项目13个，争取上级资金0.72亿元，实际完成投资3.43亿元；完成招商引资项目11个，合同协议资金22.31亿元。推动教育综合服务、社会保障体制、基层社会管理、科技创新发展4项改革，强力在关键环节和重点领域创新体制机制，新增2家国家级众创空间和1家省级孵化器。

**1. 聚焦民生需求强保障，狠抓重点业务工作**

（1）教育均衡发展突出“三增”。一是基础设施建设增量。投入19.08亿元，快速改造提升高峰中学、马场普贡中小学、贵安实验中学、马场新艺学校、党武、林卡、中八等10所学校。完成了贵安民族中学整体搬迁和北师大贵安附校一期、北大培文贵安实验幼儿园建设，并顺利如期招生开学。贵师大贵安附属高中、花溪大学城幼小初项目快速推进，贵州电子科技职业学院完成项目一期建设，并在9月投入使用。二是教育惠民落实力度增强。扎实落实12年免费教育和普惠制教育奖补政策，共发放营养餐改善计划、义务教育阶段寄宿生活补助、普通高中国家补助和高中免费教育等1799万余元，实现义务教育阶段学校食堂建设及学生营养餐全覆盖。发放学前奖补19万元，贫困家庭高中学生获国家助学金65.2万元，惠及学生741人次，确保贫困家庭学生全覆盖。投入15万元新建马场小学、湖潮小学、平寨小学3所留守儿童之家，组织开展“六一”、贫困教师走访等慰问捐助活动，发放慰问金26万元。切实加强校园安全生产监督检查，拆除D级危房4371平方米，配置55名校医，创建平安和谐校园。三是教育教学水平增质。顺利完成新区中小学2016年监测监控、学业水平、中高考等各级各类考试，完成新招中职学生1013名、高中学生691名，超额完成上级目标任务。有序推进2017年新区独立组织中考、2019年独立组织高考工作，实现2016年高考成绩总上线人数390人达95.6%，其中一本上线29人，同比增长50%；二本上线160人，同比增长156%。组织骨干教师、校长等参加各类教研培训1736人次，获批立项4个省级教育教学课题、4个省级名校（园）长和乡村名师工作室，选拔7名教师参加全省第四届实验技能创新大赛，140余篇教育教学科研论文及教学（活动）设计在全省评选活动中获奖。

（2）就业社会保障体现“两提”。一是就业创业服务水平稳步提升。完善就业创业促进政策，制定出台了社会保险补贴管理办法，全年城镇新增就业3568人，农村劳动力转移就业8643人。投入581万元，开展职业技能、创业和市民素质3项培训，全年完成职业技能培训3526人，为年度任务的141%；创业培训630人，为年度任务的166%；素质培训21012人，为年度任务的105%。协助中德西格姆、泰科诺、贵安阳光新能源等企业招工，搭建了与望谟县、清镇职教城职校和直管区乡镇的就业招募平台20个，协助招募员工8450人次，切实解决企业用工需求。二是社会保障服务水平稳步提升。有序开展城乡养老保养、城乡医疗保养和城镇职工“五险”参保，加强被征地农民社会保障工作，对被征收农民、低保优抚对象、计生两户补贴城乡基本医疗保险费715万元，惠及79450人次。构建和谐劳动关系，办理工程务工人员工资支付保障金2110万元，开展了元旦、春节等重要节假日农民工工资专项清理行动，调处欠薪投诉、工伤认定128起，协调处理劳资纠纷和投诉266起，涉及4233人，5419万余元。开展非法用工检查，涉及工程项目19个，追发91名劳动者工资73.2万元。

(3) 民政老龄残疾人工作夯实“两强”。一是民政救助托底功能进一步强化。制定出台了城乡医疗救助暨重特大疾病医疗救助、困难群众临时救助、留守儿童困境儿童关爱保护等4个实施办法。扎实开展城乡低保减量提标，农村低保、城市低保标准分别为278元/月、583元/月，同比分别提高18.2%和10%，农村低保、城市低保人数同比分别减少182户286人和82户206人，如期实现“一升一降”目标。全年发放城乡低保、五保供养、医疗救助、临时救助1406.3万元，确保困有所助。二是福利老龄残疾人事业服务质量进一步强化。社会福利事业快速推进，四村村公益性公墓建设完成量95%，开挖墓位20000座，建成新区中心敬老院，积极组织装修和人员入驻。全年发放80岁以上高龄老人长寿补贴、百岁老人生活补助、孤儿生活补助、精神病人救治、抚恤对象抚恤、义务兵家属优待、退役士兵一次性自主就业补助、走访慰问等资金1101.2万元，实现19613户农户农房灾害保险统保，缴纳保费16.47万元。扎实开展区划地名工作，完成对中心区、马场科技新城、大学城道路第一批次109条道路命名。

(4) 科技文体广电工作呈现“两多”。一是科技和文体公共服务设施项目申报建设明显增多。新增完成科技企业备案52家，同比增加38家，组织申报全省科技项目和科技型企业遴选，全年新增获批大学生创业、科技种子、社会攻关、工业攻关等项目26个，争取到资金640万元，同比增加146%。乾新科技、东江科技等3家企业，成功申报为新区首批国家高新技术企业，将享受国家规定的税收优惠减免；申报专利45件，同比增加32件。争取到车田生态体育公园、泰豪易象万维《黄帝内经》全国动漫品牌建设创意项目等115万元，投入400余万元，完成新建乡镇、村级农体工程和路径工程17个。投入1412万元，顺利通过省级多彩贵州“广电云”村村通项目评估验收，建成92个点的干线光缆302.6公里，完成平寨电信、移动、联通、广电四网融合入地改造。向国家和省文物局申报了马场五星坟墓群、李尚铭墓等 4 个革命文物保护规划项目。参照省级标准，启动实施了 47 个文化家园创建工作。二是科技文体活动举办增多。联合主办了贵州省首届（贵安杯）青少年 3D 打印创意设计大赛，培训了全省 9 个市（州）和新区近 1000 名教师，有 20000 余名学生学习了 3D 打印基础知识，有 329 名学生在全省学生比拼中脱颖而出，推动 3D 打印技术在全省青少年中普及使用。牵头承办了“文脉所系 · 人文贵安”考古论坛，VR 虚拟现实教育和游戏论坛，编印了《黔中遗珍——贵安新区出土文物精粹》，实现民博会考古论坛嘉宾人手一册。大力推进全民健身，开展和参与了“迎新春 · 庆元旦”长跑活动、文化下乡、骑行大赛、全省农民体育运动会、全省广场舞大赛、全省山地户外运动大会等系列文体活动 40 余次，参与群众 50000 余人次，全民健身工作深入推进。

**2. 聚焦建设发展新兴产业，狠抓招商引资引智**

按照“人人都是招商环境、个个都为招商服务”全员招商的理念，围绕招大商、引强商、选优商、聚精商的要求，切实加强在教育、文化、科技、养老等领域的招商引资工作。全年牵头引进 IBM 大数据学院、广毅科技、溢思德瑞、中科软西南总部基地、中德学院、九次方大数据、北大培文、贵安外国语实验学校、贞丰中央厨房等 11 个项目，协议资金 22.31 亿元，其中贵安外国语实验学校、中德学院、北大培文等项目陆续建设实施。已投入 2100 万元建设 IB 米大数据学院和联合创新中心，并于 9 月在贵州师大实现第一批 500 名大数据专业学生入学。正加快推动贵安尼克主题公园和上海交通大学（贵安）产业研究院项目落户新区，拟计划在 3 年内培养 2500 名大数据专业人才和组建设立国家级、省级大数据重点实验室或工程技术研究中心。

**3. 聚焦问题导向促创新，狠抓重点改革任务**

（1）强力推进教育综合改革。围绕优质教育资源引进难、教育人少事多管理难等瓶颈，编制了教育体系规划和综合改革实施方案，出台了教育人才引进办法。创新名校集团化办学模式，在整合川心小学、贵安三中小学部到贵安实验小学的基础上，推动北大培文接管领办。以教育云建设为抓手，推进教育管理模式创新，投入 661 万元，采购 208 套设备实现学校班班通覆盖，在马场佳林、平阳两所小学开展数字教育资源试点建设。落实全省教师职称改革，推荐2名首批中小学系列正高职称，竞聘26名副高职称岗位，11名小学教师通过高级教师初审，解决了50名已评未聘教师岗位和长期以来小学教师不能评高级的问题。

（2）强力推进社保体制改革。围绕医保多头办理，群众报销来回跑路，以及企业用工需求大而业务承接难等民生关键领域，推动医疗保险、大病保险、医疗救助"一站式"服务改革和贵安新区人力资源服务产业园建设，积极引入商业保险经办机构和人力资源服务企业，发挥市场机制，创新服务购买。

（3）强力推进基层社会管理体制改革。围绕助推新区国家新型城镇化建设试点，将"五大"发展理念落小落细落实，制定出台了撤村设居暨社区建设、新建安置点社区组建、创建"新五型"社区等方案，投入270余万元，有序推进星月、摆门、甘河、中八等安置点社区服务中心装修组建工作，强化社区服务功能。

（4）强力推进科技创新体系建设改革。围绕创新能力不强、创新平台不足、创新生态不完善等关键环节，制定出台了深化科技体制改革、推进"双百"工程建设等文件，起草了知识产权资助、科技成果转化、高新技术企业认定等办法，建设了新区科技专家库。推动大数据引领创新，累计建成泰豪e腾、中小企业云、聚嘉大数据等11家众创空间和孵化器，新增2家国家级众创空间和1家省级孵化器，牵头设立了迈普空间大数据研发中心和聚嘉大数据测评中心，正组织实施"大数据医疗云"、车联网大数据平台等一批大数据研发项目。

### （二）2017年新年思考

2017年我局将持续围绕服务新区开发建设的中心任务，切实深化社会事业领域改革创新，主动适应新常态，积极抢抓新机遇，以"五推五求"促进教育、社保就业、民政民宗残疾人事业、科技创新、文体广电新闻出版五大板块加快发展，进一步强化保障改善民生，不断创新动力、增强耐力、开足马力，全速推动社会事务改革发展取得新成效、新突破、新进展。

**1. 推进优质均衡教育发展求突破**

一是加快教育项目建设。按“规划立项一批、推进建设一批、验收使用一批、整合办学一批”的要求，2017年9月建成马场中心幼儿园、贵师大幼小初高、外国语实验学校，启动贵安三中、贵安民中，同步推进安置社区、村级配套幼儿园建设。推进中央厨房营养餐集中供餐模式建设，实现公办学前教育营养餐全覆盖。二是加快推进教育综合改革。制定出台《贵安新区教育综合改革实施方案》，推进名校集团化办学、扩大学校办学自主权、教师“区管校用”、学校绩效考核、教育人才引进等改革。优化整合教育资源和集约化办学，实施“新校建设、旧校改造、原校整合”工作，推进教育布局调整。探索学校信息化、现代化管理模式，推进智慧校园、教育云等教育大数据建设。加快成立教育服务发展公司，引入社会资本参与办学。三是加快推进教育质量提升。加大对保留学校、薄弱学校整合和改造提升和资金设备设施投入，确保2018年通过全省和全国的“新两基”评估验收。实施学前教育第二期三年行动计划，加快乡镇（社区）公办中心幼儿园、普惠园建设步伐，力争实现全覆盖。深入创建名师名校（园）长工作室，实施名校引进培育工程，加强校长和教师培训提升，设立招生考试办公室，开展综合高中改革实验。加快贵州电子科技职业学院新校区建设，确保整体建成投入使用，探索现代学徒制试点。筹建特殊教育资源中心，申报省级社区教育试点，创新社区教育活动机制。

**2. 全力推进社保就业服务工作求质量**

一是精准促进扩大就业创业。抓好城镇新增就业、就业困难人员就业、失业人员再就业、农村劳动力转移就业，实现城镇新增就业4000人、农村劳动力转移就业10000人，城镇失业率控制在4%以内。推进贵安人力资源服务产业园建设，建成城乡一体的人力资源服务市场。实施“20万元”小额担保贷款创业扶持，加强公益性岗位开发管理，做好协助富士康招募。创新社区就业创业培训机制，加大公共就业服务购买力度，加强新型社区和大学城高校学生就业创业培训，实现素质培训20000人以上、职业培训3000人以上、创业培训500人以上。二是推动社保服务提质扩面。加强社保扩面征缴和“两定”医疗机构、零售药店的监督管理。加强社会保险基金稽核监管，完善管理制度和经办程序，提升社会保险经办服务质量。引入商业保险经办机构，搭建城乡医疗保险、城乡医疗救助、大病保险“一站式”结算平台。创新和谐劳动关系构建机制，提高企业劳动合同签订率，加强劳动用工备案核查，规范劳务派遣用工。

**3. 全力推进民政民宗残疾人事业求发展**

一是强化民政救助托底功能。加快项目跟踪调度，实现四村村公墓4月底竣工验收，中心敬老院6月实现入住率达30%以上。制定出台《贵安新区直管区城乡居民最低生活保障工作责任追究办法》，加强低保核查提标。抓好社会保障兜底精准扶贫和优抚安置工作，落实好“复员退伍军人困难帮扶十条意见”，解决复员退伍军人生活难、住房难、看病难等问题。开展“八一”建军节、春节走访慰问、烈士纪念日等活动，抓好转业士官安置、无军籍退休人员接收、优抚对象服务等工作。二是创新社区服务管理机制。推进“村（居）改社区”工作，因地制宜、分类指导，有序推进安置点社区服务中心建设，力争年底建成14个安置点社区服务中心。创新社区社会组织培育管理，加强基层政权建设，强化村务居务公开治理。三是提升民宗残疾人事业服务管理水平。加强民族文化村寨创建保护，支持举办少数民族节庆活动。加强宗教事务管理，促进民族团结进步和谐。实施残疾人分类护理补贴计划，建立贫困残疾人生活补贴制度，做好残疾人康复服务和就业创业扶持，加强留守儿童、留守老人关爱帮扶。

**4. 全力推进科技创新体系建设求提升**

一是着力培育创新服务平台。推动科技项目申报、专家咨询评审、科技成果鉴定等服务第三方购买，搭建技术交易服务平台。修订完善众创空间、孵化器等平台认定管理办法，开展众创空间、孵化器、工程（技术）研究中心、重点实验室等本级平台认定工作，建设大数据产业研究院，力争新增省级以上创新服务平台2家以上。二是着力培育企业创新能力。加强知识产权开发保护、维权援助和技术合同认定登记工作，制定出台高新技术企业培育认定、知识产权资助管理、科技成果转移转化等政策措施。组织参加全省科技企业备案、遴选和科技计划项目申报，新增全省大学生优秀创业企业、高新技术企业、科技型种子企业等20家以上，科技型企业备案70家以上。

**5. 全力推进文体广电新闻出版工作求实效**

一是加快文体广电服务设施建设。加快发展文化产业，推进贵安世界民族民间文化品艺术品博览城、公共考古基地等项目建设和贵安尼克主题公园项目落地，创建文化家园。实施乡镇、行政村体育健身工程，确保新型安置社区健身设施全覆盖。积极申报建设生态体育公园，推进多彩贵州广电云“户户用”工程建设。深入挖掘民族民间文化故事、基层文艺表演团队和大学城高校文艺资源，组建文化艺术团。二是大力开展文化体育活动。制定出台《贵安新区直管区全民健身实施计划》，培育骑行大赛、马拉松赛等精品赛事，扎实开展“五一”篮球、五人制足球、迎新长跑、“8·8”全民健身日、广场舞、“送文化下乡”、诗词大赛、文艺会演等文体活动。

## 三 经发局

### （一）工作开展情况

**1. 高度重视，精心部署**

根据《贵州贵安新区关于开展农村综合改革美丽乡村建设标准化试点工作的通知》要求，我局全力配合并派专人负责该项工作，制定了《工作方案》，对标准化试点的工作目标、主要任务进行了细化，同时加强了对各乡镇、重点村（居）产业结构的调查研究，完成了单项标准草案《田园社区产业发展指南》的撰写，有力地推动了美丽乡村建设标准体系的制定，并按该标准督促各地、各单位开展了相关工作。

**2. 强化学习，提高认识**

为开展好美丽乡村标准化建设试点工作，积极组织局相关职能处室学习《贵安新区美丽乡村建设标准化试点工作方案》及《贵州贵安新区农村综合改革“田园社区·生态贵安”美丽乡村建设标准体系》，切实提高标准化认识，形成了开展标准化建设工作的良好氛围，同时加强对乡镇，重点村（居）产业发展的指导，有力提升了美丽乡村产业发展的多样化、差异化，避免“村村一品、家家一色”。

### （二）主要做法

**1. 大力实施城镇化带动战略**

围绕大数据、大健康、高端制造、文化旅游、现代服务业和现代都市农业等产业，构建多角度融合、垂直化整合的新型产业协同机制，培育美丽乡村“生态+文化+旅游”模式，把农村生态资源和农村特色文化融入乡村旅游，推动以生态与文化互动为特色的乡村旅游繁荣发展。如车田湖景区的建成运营带动了“游、购、食”产业的发展。

**2. 加快城乡一体化建设进程**

加快高峰生态新城和马场科技新城建设，全面建成13个新型社区，完善配套进城农民的教育、医疗、卫生和保障制度，转移农民10万人。建设全域美丽乡村，完成直管区所有农业人口就近就地城镇化。推动城乡公共服务均等化，加快交通、文化、医疗、卫生、体育等公共服务向农村延伸，构建劳有应得、学有优教、病有良医、住有安居、老有颐养的“五有”综合服务体系，创新资源共享、企业参与、共建共营、共管共治美丽乡村建设和治理机制，实现城乡一体化基本服务全覆盖。深化农村综合改革，激发农村发展活力，构建城市和乡村相融、现代文明与田园气息相长的城乡一体化空间体系。发展特色农业、乡村旅游业和特色手工艺等富民产业。全力打造“产为基、净为底、美为形、文为魂、人为本”的贵安美丽乡村。鼓励周边农民包装农家庭院建筑，发展休闲观光农业，开发农事体验项目，参与乡村旅游接待服务，推动乡村旅游发展。如依托平寨美丽乡村景区打造以“食、住、行”为主的乡村旅游及农家乐产业。

**3. 以城乡产业发展一体化为引领，以工业化、城镇化、信息化带动农业现代化**

依托大数据、大健康、现代山地高效农业、文化旅游等新兴产业的发展，融合当地民俗文化、传统理念与现代文明，开发新兴旅游产品，培育乡村医药、旅游、文化产品发展的市场化、品牌化、产品化和休闲化，加快旅游文化市场的发展，丰富美丽乡村田园社区产业发展的路径，提高辐射带动作用。

### （三）存在的问题及下一步工作打算

通过美丽乡村建设标准化试点工作的开展，我局在推动新区田园社区产业发展方面取得了一定成绩，但仍存在以下问题：一是新区处于起步阶段，对于标准化产业发展方面缺乏经验，目前可借鉴的模式不多，工作开展滞后；二是产业分布不均、产业结构单一、人气不足，尚未形成产业链；三是城镇化率推广缓慢，村民创业意识有待提高，传统产业需要优化提升。

下一步应从以下几方面开展工作：一是充分转化新农村建设的成果，实现旅游发展与新农村建设之间的深度互动，让各乡村的休闲旅游环境得到提升，呈现出“一村一品、一村一景”的格局，并通过建设美丽风情小镇，把美丽乡村建设成果转化为乡村旅游产业发展优势。二是发挥新区生态环境优势，以生态资源保护为主，与生态文明建设相结合，坚持在乡村旅游发展中大力推行生态文明建设措施，形成全新的乡村生态旅游，逐步实现乡村旅游发展和生态文明建设的双赢，真正把生态文明建设成果转化为乡村旅游产业发展优势。三是充分吸收和转化贵阳市、安顺市等周边城市的市场需求，实现旅游发展与都市圈发展之间的深度互动。以周末休闲、异地养老、养生度假等为核心功能，形成了一批休闲农庄、农家乐等梯次发展的高端、中端和大众化的乡村旅游产品，成为都市消费中心和休闲度假中心。

## 四　环保局

### （一）工作开展情况

2013 年贵安新区成立以来，共先后向上级申请农村环境综合整治资金累计 2489 万元，以解决贵安新区农村面源污染，重点解决松柏山水库、红枫湖饮用水源保护区内农村污染问题。截至目前，已完成松柏山水库和红枫湖饮用水源二级保护区内的茅草村、果落村、松柏村、芦猫塘村、栗木村、马鞍村 6 个村寨的生活污水收集处理，生活污水收集处理率达 70%。2016 年编制完成《贵安新区农村环境综合整治实施方案》，对新区保留提升型村寨生活污水收集主管网和处理终端进行规划。

**1. 2013 年资金项目完成情况**

2013 年，贵安新区争取到中央农村环境综合整治资金 179 万元整，对松柏山水库二级保护区内的松柏村、茅草村、果洛村开展农村环境综合整治工作，经过实地调研和踏勘，编制了《贵安新区党武乡松柏村、茅草村、果落村农村环境综合整治项目实施方案》，采取配套农村生活垃圾收集箱 15 个和配备生活垃圾转运车一辆解决以上 3 个村生活垃圾收运问题，生活垃圾处理率达 100%；采取建设人工湿地 3 座（每村各一座），处理规模为 169 立方米/天，执行《城镇污水处理厂综合排放标准》（GB 18918—2002）一级 B 标准，解决农村生活污水直排，村寨污水横流问题，生活污水处理率达 77%。于 2015 年完成建设并通过验收。

**2. 2014 年资金项目**

2014 年，贵安新区争取到中央农村环境综合整治资金 200 万元整和贵州省农村环境保护专项资金 10 万元整，以开展湖潮乡芦猫塘村、马场镇栗木村和马鞍村农村环境综合整治工作及湖潮乡平寨村生活垃圾收运问题。结合贵安新区"清洁家园"工程，配套购置生活垃圾收集箱 37 个和一辆生活垃圾转运车，完善 3 个村的生活垃圾收运系统。同时结合新区发展实际，对栗木村栗木组和烟元组铺设污水收集管网 3000 余米，并接入市政污水管网；对马鞍村下洞组和路猫塘村新移民组建设分散性污水处理设施（净化槽）22 个，执行《城镇污水处理厂综合排放标准》（GB 18918—2002）一级 B 标准后用于农灌，解决生活污水污染问题。项目实施村寨生活垃圾收运率及生活污水处理率达 90%。目前已全部完成建设并运行，正组织验收。

**3. 2015 年资金项目**

2015 年，贵安新区争取到了中央农村环境综合整治资金 2100 万元整，拟对新区所有保留提升型村寨开展农村环境综合整治工作。鉴于贵安新区综合执法局正开展贵安新区"清洁家园"工程，负责新区各乡镇和村寨生活垃圾卫生处理工作，建立"村收集·镇转运·区处理"的生活垃圾处理系统。经协调，我局在农村环境综合整治工作中不再考虑农村生活垃圾处理部分。根据贵安新区管委会和"美丽乡村"建设要求，对贵安新区所有保留提升型村寨生活污水处理现状进行调研和现场踏勘，结合新区实际完成《贵安新区农村环境综合整治实施方案》的编制并通过新区主任办公会审核。该方案共涉及40个村庄94个自然村寨，拟新建污水处理设施151套，处理能力共3670.58吨/天，铺设污水收集管网111.464千米。该项目将实现农村生活污水收集处理率≥90%，直接受益人口约61337人。总投资金额18693.52万元，其中中央资金2100万元，地方配套资金为6593万元。目前已完成项目立项等工作，准备开展招投标工作。

## （二）存在的困难

### 1. 贵安新区保留村寨存在不确定性

目前，贵安新区处于大开发大建设期间，4个乡镇大部分村寨面临征拆问题，按照2014年《贵安新区“美丽乡村”建设规划》（初稿），贵安新区将保留提升46个行政村，涉及86个寨组，计划2016年全面完成“美丽乡村”建设，但随着贵安新区的发展需求和村民意愿变化，目前，贵安新区保留村寨尚未明确，导致农村环境综合整治工作范围难以确定。

### 2. 工艺难以确定

目前，全国农村生活污水处理工艺、处理设备较多，各地地形、气候、农村生活方式等均不同。省里未确定采用何种工艺，在摸索中开展农村环境综合整治，易造成资金浪费。且村寨中居民点分散且地形复杂，需多种处理方式共用，什么工艺、设备适合贵州难以确定。

### 3. 工程建设推进困难

贵安新区村寨多而散，各村寨地形存在多样性和复杂性，新区部分村寨村民临水居住，管网铺设难度大。

## （三）下一步工作建议

### 1. 组织学习考察

组织专家培训，讲解不同生活污水处理工艺适用情况，同时组织各市州（贵安新区）相关人员到地形、气候等条件与贵州相似的地方学习适合贵州的农村生活处理工艺和设备，为贵州农村环境综合整治工作做出明确指导。

### 2. 整合资金

建议中央农村环境综合整治资金由原来的细分到各村改为统筹安排，对水环境问题突出的村寨重点整治。

## 五 政治部

### （一）工作概况

自新区《关于贵安新区农村综合改革美丽乡村建设标准化试点工作方案的通知》下发后，我部高度重视，及时制定《工作方案》，明确专人负责此项工作，对标准化试点工作的总体目标、主要任务进行了细化，加强宣传培训，并完成单项标准草案《田园社区村级组织活动场所建设及管理规范》的编写，有力推动了新区《综合标准体系》的制定。

在具体实施过程中，我部始终围绕“贵安特色、全国一流”的目标，严格对照《综合标准体系》，以分类指导的方式，指导各乡镇试点村开展村级组织活动场所建设及管理的标准化工作，并如实做好相关记录。通过新建、改造升级，龙山村、王家院村、车田村、场边村、马场镇平寨村 5 个村办公场所和附属院落均达到标准要求，特别是龙山村和车田村，还新建 1000 平方米的文化广场，改善了广大群众休闲娱乐条件。

此外，指导各试点村对村级活动场所相关科室进行了重新规划设置，有条件的村单独设置，条件差的村整合设置，基本实现每个试点都设村支书、主任办公室、计生办公室、生殖保健服务室、综治工作室、农家书屋、大小会议室等必要科室，进一步方便群众办事。

### （二）存在的困难和问题

部分试点村活动场所外部设施、内部设置、村务管理等还不够规范，与达到标准要求还有一定的距离。部分试点村由于历史原因，村办公房大多建于 20 世纪 90 年代，房屋老旧，面积较小，且在新区大发展、大规划的背景下，村改社区正在实施过程中，村庄规划还在不断修订，如现在新建村级活动场所，下一步可能会面临拆迁，会造成资金浪费。

部门协作配合还需进一步加强。

### （三）下一步工作打算

**1. 进一步强化措施**

定期研究试点村村级活动场所建设及管理规范工作进展情况，对存在的问题列出整改清单，限期进行整改。督促各乡镇加快部分试点村的规划编制工作，加大力度协调项目资金，对活动场所建设规模不达标试点村，根据实际情况进行新建或改扩建，力争实现试点村村级活动场所及管理规范全部达标。

**2. 进一步强化考核**

将各乡镇实施试点村村级组织活动场所建设及管理情况纳入年终党建考核内容，对《综合标准体系》中“田园社区村级组织活动场所建设及管理规范”各项指标进一步细化，制定考核细则，定期或不定期对试点村工作开展情况进行督察。

**3. 进一步加强配合**

经常深入试点村调研，加强与规划、建设部门的沟通协作，了解试点村的规划编制、村庄建设情况，对试点村的活动场所建设要提出本部门的意见，确保村级活动场所建设纳入村庄建设规划，以便项目的落实和实施。

## 六　公安局

### （一）工作概况

扎实推进国家美丽乡村建设标准化的试点工作，我局高度重视，明确专人负责此项工作，并制定了相应的工作方案，完成了“田园社区”平安社区建设规范的撰写，并对此项工作加强了宣传报道。加强对本部门领导和工作人员进行标准化理论知识的培训，提高标准化意识和水平，积极推行标准化试点工作，推动农村人居环境改善，经济发展水平提高，治安防控加强，农民满意度持续提升。

2014 年 1 月 6 日，国务院正式批复设立贵州贵安新区，贵安公安发扬不怕苦不怕累的精神，在一张白纸上写出了优异的成绩。两年来，新区大局稳定不出事，公共安全不出事，社会治安持续良好，保证了项目建设的快速推进，群众的安全感满意度持续提升，从无到有的社区警务室的建设（平寨社区警务室、麻郎社区警务室），发展到今天的105个村级警务助理，新区公安工作能有现在的良好局面，离不开上级领导和各级部门的关心、爱护和支持。社区治安警务室的建设和村庄警务室人员形成，填补了社会治安相对薄弱的农村地区老百姓强烈需求安全感的空间，肩负起了老百姓“守夜人”的光荣角色。有他们的存在和努力，留守儿童、老人有人过问了；孤寡老人的病痛有人关心了；邻里之间的纠纷有人及时调解了；不安定的现象难以露头了；外出务工人员与家人心心相通了，群众的满意度从80%上升到95%以上，社会治安大大好转，违法犯罪现象大大减少。

我们要坚持不懈，持之以恒，完善社会治安防控体系，提高维护公共安全能力水平，促进社会安定有序、国家长治久安。

（二）存在的困难和问题

通过标准化试点工作的开展，虽然也取得了一定的成效，但也存在一些问题，比如：社区警务室的设施过于陈旧，公共服务设施和警务室配备的设施不完善，治安防控体系有待加强。

（三）下一步工作打算

在下一步工作安排中，在纠正已存在的问题的基础上，进一步加强领导，把此项工作列入公安局当前重点工作来抓，紧张有序地进行；进一步加强监督，对实施情况进行检查，及时整改；进一步强化宣传，明确专人负责宣传报道，发挥带动作用，引导多方参与，促进农村综合改革标准化工作深入开展；今年将9个警务室建设完毕。

## 第三节　贵安直管区4村寨调查

**问题发现：**

一是规划建设存在问题。比如毛昌村，黔中大道为城市结构性道路，截断了毛昌村村民农田而给村民开展农耕活动带来了不便。根据村内道路的规划建设，其井被道路覆盖，村民普遍认为自来水水质远次于井水，感觉很不满意。村寨民居进行了统一风格的立面改造，但就目前改造的情况而言，墙体粉刷、屋顶的设计等均未能鲜明地体现出毛昌村的典型布依族特点，村内有一栋清朝状元楼，青砖房保留较为完好，具有一定的历史价值，对该栋状元楼的保护力度不够。比如松林村，住房条件有待提高，新寨为移民寨，寨子内房屋均是移民局为村民建的，每户只有67平方米，现在村民最大的愿望就是建房，以改善现有住房情况。

二是基础设施存在问题。比如松林村，通村公路和串户路不完善，3个寨子虽已硬化通村公路及串户路，但是路面较窄、路面凹凸不平，使得出行和农作物的输出受限。环保设施及饮水渠建设不到位，松林村全村缺乏垃圾收集及污水处理设施，生活垃圾及污水处理依靠自然净化。3个自然村寨虽分别建有提灌站，但在枯水季节无法正常运行，引水渠破损、缺失。

三是政策配套、经费及产业存在问题。比如麻郎村，新型社区已经建成，达到入住条件，但还存在无房户如何享受安置政策、超面积如何补偿、结婚新迁入农村户口和城市户口如何享受安置政策等问题，从而影响群众安心搬迁。比如平寨，村级经费支出难以为继。社区事务杂，维稳任务重，参观接待多，每月环卫保洁、水电费和人工报酬至少支出3.5万元，而每年划拨的办公经费仅6万元，许多经费缺乏来源。集体公司发展面临瓶颈，旅游经营缺乏有效管理，新区现有的农旅融合项目，尚在建设当中，容纳就业有限，就业问题还需进一步加以解决。

四是机制培训存在问题。比如毛昌村，工作机制还不够完善，人民群众主体意识不够强，大多数人仍存在“这是政府的事，和老百姓无关”的思想，搬迁后生活不习惯，由于生活方式、住房面积、后续生计等原因，搬迁群众对自己生活多年的地方旧情难舍，旧房拆除抵触情绪较大。比如松林村，农村人口文化素质有待提高，松林村全村具有劳动力的青壮年大都选择流向城市，而留在农村的大都是妇女和孩童，由于他们接受的教育水平有限，其服务水平远远不能满足从城市来的游客的需求，贫困状况依然存在。

## 一　马场镇平寨社区

基层牢则政权稳，基层治则天下安，基层社会治理是国家治理的重要组成部分，是国家长治久安的基石，基层社会治理水平事关党的执政基础。近年来，贵安新区马场镇平寨社区在统筹城乡发展、建设美丽乡村的实践中，突出抓好五大工作，经济社会发展取得明显成效，成为远近闻名的“魅力乡村”。为进一步总结和完善村级治理“平寨模式”，近日，发展研究中心到平寨社区实地调研，听取了社区“三委”（支部委员会、社区委员会、监督委员会）相关负责同志对工作情况的介绍，并深入农家乐、商铺、农户家中进行走访。现将有关情况报告如下。

### （一）平寨社区基本情况

平寨社区位于马场镇南部，属贵安新区核心区，黔中大道、兴安大道、贵广公路以及正在建设的西纵线穿境而过，“北斗湖”、环境一流的开元酒店和风情浓郁的“六月六”风情街坐落其中，毗邻万水千山国际旅游休闲度假区。社区面积9.2平方千米，共有平寨、坤山、大坝、克酬和磨介等8个自然村寨，以布依族为主，有党员39人。平寨历史悠久，牛坡洞考古发现新石器时代古人类遗址，数千年前这里就有人类活动。平寨多姓“王”，为汉朝班超后代，据族谱记载：“明太祖（朱元璋）曰：‘天无二日，民元二王，班字乃二王也，不利于军，拼为一王可矣。’遂赐姓王，下旨曰，改为三横一竖也。”从此，班氏家族改姓为王。但平寨族人生时姓“王”，过世后在碑记上改姓“班”。

### （二）工作措施及成效

#### 1. 突出抓好公共设施建设，鼎力打造微田园景观

一是大力实施“特色民居”工程。先后投入2.8亿元，对7个自然寨645栋房屋进行别具格调的“贵安特色民居”立面改造。二是大力实施“康庄大道”工程。完成3公里进寨道路、2.8公里通组绿道和0.56公里的环寨路建设；随着黔中大道、兴安大道的建设完成，平寨离贵阳市区的车程从2小时缩短至半小时。三是大力实施水电路网改造工程。完成7个

自然寨的串户路石板摊铺、水电管网改造和路灯安装。四是大力实施基础设施建设工程。建成自然循环污水处理设施 3 座，停车场 7 个，文化广场 5 座，并配有休闲长廊和健身设施。五是大力实施公共建筑建设工程。对中心小学校舍进行改造，新建社区综合服务大楼。六是大力实施景观建设工程。对村寨道路庭院周边进行绿化，因地制宜对沿寨河道清淤改造，修建石桥、水车、楼道、田坝雕塑等景观，建成湿地公园，积极打造“北斗七寨”4A 级旅游休闲度假景区。

**2. 突出抓好村寨经济发展，精心构筑脱贫致富路**

一是发展乡村旅游，让群众“腰包鼓起来”。随着美丽乡村建设加快推进，平寨面貌焕然一新，富有地方特色的贵安民居，清新自然的田园山水，不断吸引着大量省内外游客前来游玩。凭借优厚的发展条件和自然人文风光，镇村干部积极挨家挨户动员，分析发展前景，破除群众“守旧思想”，并通过银贷、实物补助等政策，支持村民纷纷办起农家乐。目前，平寨 52 家农家乐、乡村客栈、酒吧、茶室等开业，农家乐平均年纯收入 10 万元以上。2015 年国庆“黄金周”期间，平寨游客数量呈井喷式发展，农家乐、农家客栈天天爆满。许多农家乐均表示，由于接待能力有限，回头熟客多，只能接受预约。“十一”期间整个平寨接待游客数量过万，营业额近百万元。二是开展职业培训，让群众“手艺熟起来”。平寨率先在新区开展技能培训，设置有厨师、家政、电工、电脑、刺绣、旅游、布依语培训等，目前已举办 20 期，培训 3500 人次，群众观念得到有效转变，就业能力得到有效提升。平寨村民利用所学技艺，开办了刺绣服饰店，2014 年 9 月，中央政委常委、全国人大常委会委员长张德江视察平寨期间，为其命名为“竹叶布依”牌，鼓励传承布依民族刺绣，带动群众创业。三是兴办经济组织，让集体“腰杆硬起来”。随着新区建设，通过征地拆迁，平寨集体账上有了一定经济积累，为了避免坐吃山空，不断开源节流，平寨社区注册成立了园林绿化公司和“竹叶布依”农业产业合作社，大坝、破塘组也成立了公司。这些集体公司一方面可以通过经营性收入，不断增加经济积累；另一方面，也有效地组织利用社区中非农家乐群众，提高他们的收入。

**3. 突出抓好便民利民服务，切实提升服务水平**

一是实行“一站式”服务，小服务解决大难题。2013 年 7 月，平寨成立了社区服务站，社区干部与驻村干部“坐班”办公，对外公布轮值表和服务电话。服务站将与人民群众生产生活密切相关的户籍、身份证、残疾人证、老龄证、社会保险、计生服务、合医报账结算等 23 项事项纳入便民服务站办理，并开通网上办事网络。同时，服务站还向群众免费提供生产生活服务咨询、查询、复印、打字、扫描和传真等便民服务。截至 2015 年底，社区便民服务站共为群众办理各类事项 2213 件（次），网上办理 6 件。二是设立了便民服务站，小工具换来大民心。平寨便民服务站还创新举措，设立了“免费工具借用处”，由党员志愿捐赠和社区购买，配备了各种生活器具，小到针线、胶布、雨伞，大到工具套件、手推车、发电机等，只需登记，群众便可以免费借用，在党的群众路线教育实践活动期间，得到了中央第四巡回督导组的高度评价。三是成立了社区调解委员会，“小”调解化解“大”问题。由党支部书记担任组长，主任担任副组长，其他两位干部为成员，成立了社区调解委员会，各小组由组长和有威望的群众、能干妇女同志和骨干党员成立小组调解委员会。主要针对民间婚姻、家庭、邻里纠纷、山林土地承包纠纷以及生产经营关系、党群干群关系纠纷进行调解，灵活调解群众矛盾。设立群众工作室，明确专人坐班，耐心细致帮助每一位群众。调解委员会成立至今共调处大大小小矛盾纠纷 300 余起，实现“小事不出组，大事不出寨，难事不出镇”。2015 年 11 月，平寨获省人民政府颁发的“全省优秀人民调解委员会”荣誉称号。四是组建“三支队伍”，小治理换来大稳定。成立了综治工作站，两委干部和志愿村民组建 10 人规模治安联防队伍，配备执法设备，每天晚上对社区街道、主要区域不定期巡逻，严防社会治安不好苗头，积极处置各类突发事件。成立了社区警务室，配备 2 名警员，加强社会治安管控。成立了交警室，强化社区周边道路交通安全秩序，加大交通安全治理力度。2014 年 12 月，被评为贵新区 2014 年度平安村寨。

**4. 突出抓好文化素质提升，促进民族团结和谐**

一是建好文艺队伍。成立村级山歌队 1 支、地戏队 1 支、舞蹈队 1 支及自然组文艺队 8 支。聘请花溪区舞蹈老师对舞蹈队进行为期 25 天的民族舞蹈编排练习；聘请花溪区布依学会老师对山歌队进行了50天的集中培训；聘请天龙地戏队专业演员对地戏队进行为期2个月的培训，进一步提高其表演水平。每年春节、“四月八”、“六月六”等传统节日，定期举办布依山歌、民族舞蹈、拔河比赛等文体活动，进一步激发群众热情。2014年月，平寨被省文化厅评为全省县域文化产业发展“三个一军工文化产业示范村”。二是创建文化品牌。着力打造布依“六月六”品牌，自2014年起，平寨每年与省文联共同举办大型“六月六”民族风情活动，每次活动都聚焦有贵阳、安顺、黔东南、黔南等省内各地的参演队伍及游客，来自附近县区和十里八乡的群众热情高涨，活动每次参与2万余人。平寨“六月六”布依风情节已成为新区亮丽的文化风景线和享誉省内的布依文化品牌。三是强化道德引领。总结平寨居民日常24种孝行，推行宣传24孝；收集每家每户愿望，制作“梦想墙”；开展“最美平寨人”“创业之星”“乡贤榜”和“美丽家庭”评选，引领群众积极向善向上，塑造良好风尚；开展道德的身边人、身边事活动，用以激励群众。制定村规民约，2014年9月，平寨社区被省委宣传部统战部民宗主进步创建活动“示范社区”。四是提升群众素村民向市民转变，平寨成立了市民学校和老年学校，定期邀请专家、定期为村民讲课，提升群众的文化素质，如请信用社社员讲理财知识课；请卫生院院长讲解健康卫生常识；请法院院长普及法律知识；请大学城老师讲解礼仪规范等。

**5. 突出抓好队伍建设，建设高效廉洁队伍**

一是强化两委班子建设。尊重民意，选强两委班子，在群众中选拔能干事有威望的人担任“第一支书”，加强村级领导。社区两委班子以身作则，带头学习，带头干事，将人心拧成一股绳，有效推进征地拆迁、美丽乡村建设、社会治理等工作，取得了明显实效。2013年12月，平寨被评为贵安新区开发建设“先进集体”。二是加强党的基层建设。严把党员入门关，社区39名党员，其中有8名是女党员，有3名是本科学历。2014年11月，被评为贵安新区党的群众路线教育实践活动“先进集体”；2015年7月，被评为贵安新区“五好”基层党组织。三是严格财经纪律制度。严格执行民主集中制，社区凡1000元以下支出，支书主任须协商统一意见方可支出；1000～5000元，社区两委开会讨论通过方可支出；5000元以上，须召开群众会议讨论通过方可支出。在财务报销上，凡1000元以下发票，除了具体经办人、社区两委负责人签字外，还需要社区监督委员会主任签字方可报销；1000元以上发票，除以上人员签字外，要有其他至少一名监委会成员签字方可报销。四是强化监督队伍建设。根据村级事务重要程度和影响，分别按“四议两公开一监督”和“两议一公开两监督”程序决策、公开、监督，确保公正透明。从群众中选取“敢管、爱管、善管”的“钉子”人才作为人民监督员参与社区事务监督管理工作，有效杜绝村级浪费腐败现象发生。

### （三）存在的主要问题

一是村级经费支出难以为继。平寨是新区重要的参观点和旅游点，点多、面广，社区事务杂，维稳任务重，参观接待多，每月环卫保洁、水电费和人工报酬至少支出3.5万元，而每年划拨的办公经费仅6万元，许多经费缺乏来源。如新区“清洁家园”行动，为村配备了垃圾车，但是车辆的保险、运行维护和人工工资却无明确来源，平寨现在基本上是吃老本，通过征地拆迁而来的集体经济积累如今已所剩不多。二是集体公司发展面临瓶颈。平寨集体虽然成立了公司，是由于投资规模小、缺少政策支持和扶持、管理经验不足、队伍不稳定、模式单一、能力不足等原因，公司经营尚处于“摸石头过河”的阶段，常常“吃了上顿没下顿”，有时候几个月拉不到活干。公司成员待遇不高，工作积极性受挫。三是旅游经营缺乏有效管理。“北斗七寨”现已初具景区雏形，每天不断有大量游客前来消费游乐。但由于乡镇缺乏市级管理手段和行政手段，村级力量不能约束，导致美丽乡村经营乱、管理脱节，如农家乐没有物价标准，宰客现象普遍；村民建停车场或在门前停车乱收费；广告牌、野广告乱挂乱贴，影响美观；占道经营、摆摊设点层出不穷，等等，给新区的美丽乡村景象和平寨的发展带来负面影响。四是缺乏龙头企业，带动效应不足。平寨当前的美丽乡村建设主要依赖于政府财政资金投入，财政负担过重，不利于长远发展。发展因为规划控制，嘉禾农业产业园区等社会资本没有有效参与美丽乡村建设。同时也在发展方面进行了一些探索，如在农家乐上发展起来，但是由于受土地利用规划和土地指标限制，一些大型乡村旅游、农业发展等建设项目无法落地，导致地方产业种类不够丰富，特色不够鲜明，没有龙头企业带动，无法形成规模效应，没有惠及全部群众，许多非农家乐群众增收困难。

### （四）对策思考

一要强化扶持引导，壮大集体经济。新区要制定政策和措施，加大对村级集体经济的帮扶力度；制定优惠的财政政策，加大专项扶持资金投入，鼓励和建立发展“名、优、稀、特”产品基地，提高农业效益；尤其要对那些发展前景好但缺乏资金的村级集体经济项目进行重点扶持。社区要强化管理、提高素质能力和经营水平，积极对接项目，承接工程；探索集体公司股份制改革，激发人们干事激情；鼓励各组兴办股份制公司，重点发展劳务、保洁等适合普通群众做的工作业务。二要成立旅游公司，规范景观管理。在新区文旅投公司的指导下，以平寨社区集体名义成立旅游管理公司，加强“北斗七寨”景区管理，规范市场秩序。通过“经营户出一点、村集体出一点、镇政府补助一点”的方式，解决旅游管理公司成立初期的启动资金难题，同时，旅游管理公司要充分利用公共资源，自力更生，想方设法多渠道增加收入，如管理费、出租费、长桌宴、文艺活动收入，等等。三要建设农业园区，增加就业机会。规划建设现代农业园区，通过农民土地流转入股参与经营，为群众创造更多的就业机会。以“竹叶布依”提升为示范，促进农村创业就业，通过与其他企业合作，承接民族手工艺品、民族服装、特色产品包装产品等订单，然后分包给社区居民，实现全民生产，全民受益。四要引入社会资本，培育龙头企业。鼓励不同经济成分和各类投资主体以独资、合资、承包、租赁等多种形式参与项目开发，带动当地经济发展，如星级农家乐、民族美食街等。同时，加大金融支持力度，积极搭建投融资平台，解决集体和民间组织融资难题。

## 二　高峰镇麻郎村

按照《贵安新区统筹城乡发展建设美丽乡村新型社区建设工作意

见（试行）》的要求，麻郎、桥头、大狗场3个贫困村整村迁建合并，建设麻郎新型社区。麻郎是推进贵安特色城镇化、贵安美丽乡村建设、贵安扶贫生态移民进程探路子、做示范、总结经验的主阵地，该项目是2015年全省13个省级生态移民搬迁示范点，探索扶贫搬迁创新模式，将省生态移民搬迁政策与新区城乡统筹推进新型城镇化举措结合了起来。

### （一）村情概况及美丽乡村新型社区建设情况

麻郎村位于贵安新区高峰镇东南部，东抵狗场村和毛昌村，南接毛昌村和活龙村，西、北抵桥头村，距镇政府13公里，面积4.5平方公里，耕地面积880亩，总共248户1059人，现有住房266栋，古宅74栋。辖花排、贺郎、麻郎、团坡、新庄、石头6个自然村寨，森林植被较好，森林覆盖率达35%，6个自然村寨依山而居、错落有致。麻郎村是高峰镇较为典型的布依族村寨，布依族人口占总人口的90%，民族特色鲜明，原房屋大多为砖木结构的砖瓦房或石板房。该村产业结构单一，以种植业为主，主要种植水稻等粮食作物，村民收入主要靠种植业和外出务工，人均纯收入达3200元。在实施麻郎新型社区搬迁之前，麻郎基础设施薄弱，农业产品单一，产量低，村寨分散，村内房屋密集，住房破旧，卫生条件差，公共基础设施基本为零，全村无路灯、公厕、广场、垃圾处理站等。美丽乡村建设将给麻郎带来了翻天覆地的变化。

2015年贵安新区在北斗湾小镇（麻郎新型社区）实施生态移民安置，占地403.9亩，总建筑面积23.6万平方米，其中住宅建筑面积15.74万平方米，79栋共计1362套，其中麻郎组团为630套、狗场组团474套、桥头组团258套；需搬迁居民776户2839人，其中扶贫生态移民安置624户2318人；配套设施建筑面积32085平方米。安置点项目总投资7.76亿元，其中管委会委托企业整体运作，财政整合资金0.5亿元（含生态移民搬迁补助、扶贫项目资金及其他资金），实现“政府不出钱、百姓不负债、移民奔小康”。麻郎新型社区建设内容包括安置房、基础配套设施、村民食堂、村民祠堂、博物馆、公共配套设施、地下建筑、室外道路、室外电力、室外给排水管网、绿化工程及其他附属工程。可以说，异地扶贫搬迁是麻郎整村脱贫的幸福之路，村民们将彻底告别低矮砖瓦木房，住上漂亮、宽敞、明亮、安全的新房。

### （二）存在问题

**1. 搬迁配套政策不完善**

现阶段麻郎新型社区已经建成，达到入住条件，并组织拟搬迁农户看房选房，但一些搬迁配套措施仍然需要进一步完善和规范，比如无房户如何享受安置政策、超面积如何补偿、结婚新迁入农村户口和城市户口如何享受安置政策等。这些问题的解决将更加有利于推动新型社区的搬迁工作，让广大群众安心入住。

**2. 产业发展和解决就业问题推进不快**

移民搬迁要真正让搬迁群众“挪穷窝”，能够“搬得出、稳得住、能致富”，真正过上小康生活，关键在于后续产业发展，解决移民的就业问题。原麻郎村村民主要以务农和外出务工为生，年轻人外出打工，中老年人留守务农，农业产业化程度低，农民专业合作社运行差，村民素质普遍偏低，解决就业问题压力很大。特别是中老年人的就业问题是落实“一户一人”就业的关键和难点，新区现有的农旅融合项目尚在建设当中，容纳就业有限，就业问题还需进一步加以解决。

**3. 搬迁后生活习惯**

由于生活方式、住房面积、后续生计等原因，搬迁群众对自己生活多年的地方旧情难舍，旧房拆除抵触情绪较大。

### （三）对策思考

**1. 制定后续扶持政策，推进解决移民就业问题**

以安置点为单元，逐户对就业人数、就业类型、产业项目等进行落实登记，建档立卡。搬迁到城镇安置的，必须确保每户一人以上实现稳定就业。建议由农水局负责专门对现已搬迁的移民进行扶持，针对移民的承包地、林地等成立专业合作社，开展培训合作社带头人培训，提高移民承包地和林地的收益。针对迁入地的就业岗位需求，开展移民转移就业技能、城市家政服务人员、绣娘、护理人员等培训，推进移民转移就业，确保搬得出、稳得住、能致富。依托小镇现代农业科技园项目，为村民自主发展农家乐、民宿客栈等自主创业的人员提供低息或无息贷款。

**2. 尊重群众意愿，合理应对拆除旧房矛盾**

对不愿拆除旧房的贫困群众给予一定的缓冲期。鉴于目前各地群众对拆除旧房的抵触情绪很大，建议各地在动员群众搬迁的时候给予半年的缓冲期，一方面，加强对搬迁群众的扶持，让搬出来的群众留得下、活得好，给未搬迁的群众一个示范引领作用；另一方面，不再对迁出地配置任何生活设施和公共服务条件，双管齐下，最终实现整体搬迁。

**3. 依靠新区资源，大力发展产业脱贫致富**

对于迁入地麻郎新型社区而言，应依托新区大建设的良好政策窗口，继续大力引进农业产业化项目，建成集科普、采摘、餐饮等为一体的农业观光点，建成后村民不仅可以获得土地流转费，还能通过到园区就业，有稳定的工资收入。依托温泉资源建设旅游休闲度假村，形成集农业观光、休闲度假为一体的旅游经济带，村民既可通过发展农家乐、民宿客栈等自主创业，也能经过培训后就近就地就业。利用“三变”改革的契机，发展物业经济，将土地流转给企业统一经营管理，让村民能够分红，共享新区发展带来的成果。

## 三　高峰镇毛昌村

毛昌村，“保留提升型”村寨，在新区范围内较早开始开展美丽乡村建设工作，属于高峰镇美丽乡村建设效果较突出的村寨。在资金投入上不及马场平寨及湖潮车田，关注度也稍弱，但整体状况良好，情况与早期开展美丽乡村的各村寨相似，对其美丽乡村建设情况进行调研，有利于对优化新区美丽乡村建设提供建议。

### （一）总体情况

毛昌村位于高峰镇东南部，距镇政府18公里，距贵阳48公里，与马场镇的普贡村、嘉禾村接壤，东连普贡村，西接麻郎村，南至尧上村，北抵狗场村和马场镇的嘉禾村，面积4.86平方公里。辖毛昌堡、柏杨山、栗木寨、鸡窝寨4个自然村寨。与北斗湖水库相邻，四周森林植被较好，森林覆盖率达35%。毛昌村是高峰镇较为典型的布依族村寨，布依族人口占总人口的99%，民族特色鲜明，原房屋大多为砖木结构的四合院，现随社会的进步，多数改为平房或新颖的小楼房。该村处于丘陵地形，土地面积为8110亩，耕地面积为3675亩。总人口1297人，现有住房为411栋。

### （二）存在问题

**1. 新型产业培育效果不明显，产业单一，人均收入不高**

经过近几年的发展，毛昌村的基础设施建设有了较大的完善。目前，毛昌村建有1个休闲活动的广场、1个戏台、1个警务室，民居根据毛昌村的布依族文化特色进行立面改造，乡村面貌日益美化，农村群众生活观念和精神状态有了显著的改善，但在新型产业发展方面，还未形成全面的示范作用，农村产业的调整和发展没有取得质的改变。目前，该村仍以种植水稻、烤烟为主，当然，主要是因为还处在建设初期，由于时间、技术、经验的原因，产业的培育还没有明显的成效。

**2. 农村基础建设未能较完整地保护当地非物质文化遗产**

毛昌村的美丽乡村建设大多以保持乡村原有风貌为前提，做到因地制宜，各项基础设施的改善已经全面展开。现在毛昌村环境整洁优美，生活便利了很多，也给农民生活带来很多方便。但是在进行基础建设的同时，忽略了村落历史文化的保护。毛昌村有一栋清朝状元楼，位于毛昌堡组，青砖房保留较为完好，具有一定的历史价值。但就目前而言，对该栋状元楼的保护力度不够，未能形成相应的旅游观光产业。

**3. 规划建设与村民生活有冲突**

黔中大道位于毛昌村旁，该道路带来出行便利的同时，却因为道路的建设截断了毛昌村村民农田而给村民开展农耕活动带来了不便。美丽乡村建设前，村民进行农作，大多步行十来分钟就可到达自己的耕地，但黔中大道修建后，村民需花费一个多小时的时间绕行才能到达劳作的地方，大大增加了路途中的时间。此外，按照美丽乡村建设要求，毛昌村村村通自来水，但根据村内道路的规划建设，毛昌村的水井被道路覆盖，由于村民长期养成喝井水的习惯，且普遍认为自来水水质远次于井水，造成规划建设和村民长期养成的生活习惯有冲突。

**4. 创建特色不够鲜明，整体观赏效果不够强**

毛昌村美丽乡村建设共覆盖毛昌堡、柏杨山、栗木寨、鸡窝寨4个自然村寨，从村域范围看，按照美丽乡村建设要求，村寨民居进行了统一风格的立面改造，但就目前改造的情况而言，墙体粉刷、屋顶的设计等均未能鲜明地体现出毛昌村的典型布依族特点。乡村旅游是美丽乡村建设的目的之一，通过乡村旅游带动村寨经济发展，改善村民生活，从当前毛昌村环境上来看，部分村的房前屋后、道路两侧、河道水面、绿化带里生活垃圾时有所见，建筑垃圾无序堆放，主要道路、公共场地范围内乱涂乱贴等现象还不同程度地存在，影响视觉效果。

**5. 工作机制还不够完善**

在宣传方面，毛昌村的宣传工作还不到位，人民群众主体意识不够强，主动参与美丽乡村建设的主人翁作用未得到充分发挥，大多数人仍存在“这是政府的事，和老百姓无关”的思想；部分村干部思想紧迫性还认识不够，没有能够主动厘清思路、主动解决难题、主动启动建设。

### （三）对策思考

**1. 积极推行产业结构的调整与优化，是建设美丽乡村的前提和基础**

（1）注重乡村生态农业发展。进一步推进农业生产的规模化、标准化和产业化，大力促进生态循环农业发展，大力提倡无公害农产品、绿色食品的生产。

（2）注重乡村生态旅游业发展。利用农村山水资源、田园风光和民俗风情，发展别具风味的乡村休闲旅游产业，形成以特色景区为龙头、重点景点为支撑、“农家乐”为基础的乡村休闲旅游发展格局。

**2. 以保护生态环境和可持续发展的村落建设为前提进行统筹规划**

建设美丽乡村，首先要克服浪费土地、不合理规划、严重环境污染及不符合生态原则的设计问题，尊重自然，一方面，尽量保持乡土风貌的原汁原味，在规划建设时尽量考量本村的历史文化特性和村民习惯，尽量不影响村民的生活和劳作，不为自我彰显而设计；另一方面，让人造景观更丰富，在尺度、选材和功能方面更加人性化，让人与自然有更亲密的互动。

**3. 重视传统风俗和非物质文化遗产的保护**

“美丽乡村”所体现的不仅仅是一种环保理念，也是一种生活态度。美丽乡村建设应该回到根本，片面追求现代化、同一性，就会导致原有生活方式被解构。在美丽乡村建设中，首先要了解、尊重并凸显地方差异性，合理解决重拾与构建乡土文化这一问题。美丽乡村建设的过程不应该仅仅是物质方面的建设过程，还包括文化方面，它承载着乡村的共同情感，成为共同生活着的人的精神共同体，具有共同的情感、共同的信仰和共同观念。建设“美丽乡村”，既要保护和传承优秀民俗文化，又要对历史文化遗产进行有效保护和合理利用，充分发掘和保护古村落、古民居等遗迹，特别要发掘、传承和弘扬传统民居文化，力求建设成将传统文化和现代文明有机结合的“美丽乡村”。

**4. 提高村民文化素质和建设精神文明是建设美丽乡村的内涵和保障**

（1）以提升乡村文明程度和提高群众文化素质为核心。进一步推进文明村、文明单位、特色家庭等创建活动；在各村开展“平安村寨”等创建工作，充分发挥正确的舆论对美丽乡村建设的导向作用，通过多方媒体，借助各类宣传形式调动群众热情、凝聚群众智慧，让每一个人积极投身到美丽乡村建设中去。

（2）积极发挥文化对建设的渗透作用。丰富农村业余文化生活，重视各村各镇文化骨干的培养、文化平台的建设，加大文体创建工作的投入力度。将文化融入美丽乡村建设的方方面面，使毛昌村的民俗文化、地方文化和现代文化有机结合在一起，成为美丽乡村建设的灵魂。

（3）进一步加快农民文化素质的提高。推行有文化、能娱乐、懂技术、会经营、能学习的现代新农民的培育工程，多方位、多渠道地开展农民文化素质培训。发挥典型农民文化标兵的带头示范作用，让农民文化素质的提升在积极上进的氛围中形成良性循环，让农民成为建设美丽乡村的主体，同时也是受益的主体和监督的主体。

## 四　马场镇松林村

松林村（保留提升型村寨），属于贵安新区开展全域美丽乡村建设村寨范围，有别于马场平寨、湖潮车田等村寨，松林村美丽乡村建设起步较晚，目前处于建设初期。由于松林村毗邻红枫湖的特殊地理位置，虽风景秀丽，但在一定程度上制约了该村的发展。如何将劣势转化为优势，把阻力转化为潜力，将潜力转化为发展力，松林村成为较晚开展美丽乡村建设村寨中比较具有代表性的村寨，对其美丽乡村建设情况进行调研，有利于新区全域美丽乡村建设的提速和赶超。

### （一）村情概况

松林村位于红枫湖水域上游，是1958年红枫湖水库建设移民搬迁村寨。松林村位于平坝县东北部，隶属马场镇，东接贵阳清镇红枫湖，南接马场洋塘村，西邻清镇羊昌村，北毗马场马安村，面积约7平方公里。全村共有松林、鸡窝、新寨3个自然村寨。全村113户416人，原有贫困户25户98人，属贵安新区三类贫困村。

松林村三面被国家风景名胜区红枫湖围绕，距省道贵烟线直线距离3.5公里，距新区境内170厂4公里，距马场镇政府所在地9公里，距省城贵阳42公里，交通便利，区位条件优越。松林村属亚热带季风湿润气候区，年平均气温14.7℃，冬无严寒，夏无酷暑，多年平均降雨量1298毫米。虽降雨丰沛，但工程性缺水严重，田少地多。耕地面积805亩（其中水田105亩，旱地700亩），人均耕地2.1亩，林地5995亩，宜林荒山200亩，森林覆盖率57%，水面2400亩，草地800亩。

### （二）存在的问题

#### 1. 贫困状况依然存在

松林村全村113户416人，原有贫困户25户98人，属贵安新区三类贫困村。贫困原因多为残疾、大病以及丧失劳动力，现虽已脱贫，但由于基础较薄弱，收入仍不高，年人均收入为6000元左右。

#### 2. 经济发展受限，产业结构单一

松林村属于亚热带季风湿润气候区，且地理位置位于红枫湖上游水源带边，发展餐饮业和工业容易对生态环境造成污染。为了对水源带进行保护，导致松林村不能大规模发展工业等相关产业。全村产业以传统农业为

主，现种植猕猴桃340亩，蔬菜260亩，菊花170亩，桃树60亩，蜜蜂养殖5户。其中蜜蜂养殖为今年3月份引进，属于全村的新产业，还待推广。

**3. 基础设施较为薄弱**

（1）通村公路和串户路不完善。松林村开展美丽乡村建设工作较晚，目前仍处于起步阶段，资金基础薄弱，加之乡村旅游投资大，周期回报时间长，因而基础设施仍旧是重要问题。目前，松林村松林寨有4米宽、1.6公里长的进寨路一条，已硬化；有2～3米不等宽，约300米长的串户路一条，已硬化。松林村鸡窝寨现有4米宽、1公里长的进寨路1条；3.5米宽、300米长的串户路一条，进寨路及串户路均已硬化。松林村新寨现有4米宽、1公里长的进寨路一条，已硬化；8米宽、约300米长的串户路一条，已硬化。3个寨子虽已硬化通村公路及串户路，但是路面较窄、路面凹凸不平，使得出行和农作物的输出受限，在一定程度上制约了松林村旅游和经济的发展。

（2）环保设施及饮水渠建设不到位。松林村全村缺乏垃圾收集及污水处理设施，生活垃圾及污水处理依靠自然净化。3个自然村寨虽分别建有提灌站，但在枯水季节无法正常运行，引水渠破损、缺失。

（3）住房条件有待提高。松林村新寨为移民寨，寨子内房屋均是移民局为村民建的，每户只有67平方米，远远满足不了村民的生产生活用房需求，现在村民最大的愿望就是建房，以改善现有住房情况。

**4. 旅游生命周期短，开发资金不足**

由于松林村毗邻红枫湖的特殊地理位置，为了对水源带进行保护，导致松林村不能大规模发展工业等相关产业。为了将“劣势”转化为优势，松林村凭借生态风景优美的特色，发展了观光旅游业，主要在夏季开展天然露营及农耕体验园旅游活动。乡村旅游相对于其他大型旅游项目而言资金投入较小，但乡村旅游的规划、基础设施的完善、宣传营销的跟进和创新技术的引进，都需要一定的开发资金支持。而现在虽然乡村能够得到新区管委会方面的资金支持，但数量毕竟有限。

**5. 农村人口文化素质有待提高**

全村劳动力293人，其中中专、高中文化程度15人，初中文化75人，小学文化165人。松林村全村具有劳动力的青壮年大都选择流向城市，而留在农村的大都是妇女和孩童，由于他们接受的教育水平有限，其服务水平远远不能满足从城市来的游客的需求。

### （三）对策思考

**1. 充分使用电商平台**

在现有场地的基础上，建立小商店、邮政点，实现松林村特色产品、生活用品线下、线上一体销售，作为创新内容，前期已完成9朵云的搭建，可继续深化完善。

**2. 发展精品果蔬基地**

生态农场（QQ农场）：现共有23亩，其中7亩以家庭农场方式运作，剩余15亩为绿色蔬菜，目前种植有萝卜、大葱等。养蜂基地：由养蜂能人韩建波成立了“松林蜜语养蜂合作社”，目前合作社成员7人，全部为贫困户，基地有130箱蜜蜂，注册“松林蜜语”商标，每年利润的20%作为村集体经济资金，可现场观摩合作社发展情况、生产车间、蜜蜂基地、产品等。

**3. 做好生态环境保护工作**

一是提升生态文明宣传普及率。在村寨内长期开展生态文明宣传，包括公益宣传、科普教育、知识讲座等，转变村民观念，使其产生主动保护生态环境的意识。二是修建垃圾和污水处理措施，结合目前松林村规划，将在生态农场对面修建污水处理系统及荷花池，转变生活垃圾及污水依靠自然净化的处理模式，为建设生态文明型社区打下基础。

**4. 加大对基础设施建设**

一是统一规划，突出松林村苗族文化特色，对松林村民居进行房屋立面改造。对能够反映一定历史时期传统风貌或民族特色、地方特色的建筑或街区进行保护；其余民居进行统一的立面改造。二是拓宽乡村公路。根据贵安小镇的建设标准要求，路面宽度应不小于5~7米，将本村辖区沿湖木栈道修通，同时将邻村通村路修建打通，既为生产和各组相互交流提供便利，又为发展旅游业奠定基础。

**5. 加大劳动力就业培训力度**

结合松林村自身着重发展旅游业、种植业的特点，了解劳动力就业现状、劳动力求职意向和技能培训意向，有针对性地对劳动力进行农作物种植、露营服务等专业技能培训，对就业困难人员进行就业援助。

## 第四节　贵安非直管区10村寨调查

**问题发现：**

一是基础设施薄弱。比如上坝村，村里部分水泥路段因年久失修存在安全隐患，水利工程少，村地区卫生室医疗条件较差，村容村貌还需改善，科技文化投入不足，缺乏活动场馆，村民文化生活相对匮乏。比如民乐村，受到“保湖”即保护红枫湖的限制和需要，“一产禁止发展养殖，二产全面禁止发展，三产限制发展”，发展路径和选择受到极大制约，村级基础设施未能得到改善。比如下坪村组，目前为止都还没有路灯，没有规范的村级活动场所，村民组分布较散。

二是村级经济发展仍然不足。集体土地、山林、发展预留用地等资源价值没有得到充分挖掘，土地的使用收益率不高，部分村民收入来源主要依赖外出务工，普遍缺乏技能，收入仍然偏低，不了解有关政策和信息，找不到合适的创业、投资项目，村民经济结构单一，农业产业化水平不高，农民增收渠道狭窄，收入水平相对较低，部分村民仅仅是解决了“两不愁、三保障”，生活水平离小康还有一定距离。

三是培训教育不足。村支两委主要干部文化素质参差不齐，在组织、协调、推进工作方面明显后劲不足，村两委在短、中、长期的规划上思路不是那么清晰，政策水平不高，矛盾纠纷较多，干部不能及时解决问题，导致矛盾经常从小变大，问题从简单变得复杂。村支部党员的年龄老龄化严重，村支部的战斗堡垒、党员的模范带头作用未能得到充分的发挥，村民中青壮年外出务工比重大，能够调动的力量严重不足，村民思维不够开阔。

### 一　安顺市宋旗镇湖兴村和幺铺镇尚兴村

### （一）宋旗镇湖兴村

#### 1. 湖兴村基本村情

湖兴村是由原下坪村和猫猫洞村组成的一个行政村，共7个自然村，民风纯朴，治安良好，人文悠远，环境秀美。全村共有3080人，低保户有80户143人，其中五保户2人，一名孤儿，留守儿童有52名，空巢老人21人，8户危房改造户。村民的主要经济来源有：种植业、经商和外出务工；主要经济来源是经商和外出务工，占总人数的75%左右，其中经商占65%。

**2. 工作措施**

一是进一步调研、摸底、走访。建立民情日记，档案；组织召开村民小组座谈会，集思广益探索当前我村发展新路子，加快经济结构调整步伐；走访村中在贫困边缘的农户，对他们重点帮扶，力争计划内帮扶的农户在今年内远离贫困。二是摸清村里所有的村民住房情况，把无房户、危房户全部整理出来，帮助这部分村民，和其他村民一起努力解决他们的住房问题。三是依托帮扶单位帮扶，积极筹划争取项目投入。工作的强力推动，离不开基础建设上的大力投入。我村集体经济几乎为零，基建上的投入主要来源是相关职能部门的投入，2016年我村将在依托帮扶单位的基础上，积极做好项目申请，并承诺严格按照项目要求高标准完成项目实施。四是努力争取农网改造，改善村里基础设施。因我村近年房屋增多，用电量不断增加，电压不够，以前的电路老化，且电线杆比较矮，存在一定的安全隐患。在年内争取把我村的电路改善，让村民们能够安心安全用电。五是改善村里排污系统，让村民生活得更舒心。我村居住人口比较多，生活污水和生活垃圾也产生得更多，而我村的排污系统是几年前修建，管网较小，且常年失修，造成有些地方已经堵塞，下雨时污水、垃圾等就被雨水冲上路面，造成污水横流的场面，不利于人们的生活健康。争取把我村的排污管道增宽，对不完善的地方进行修改，让污水和垃圾得到正确处理，让村民对自己的居住环境感到安心、放心。

**3. 取得成效**

至2015年12月30日入住湖兴村以来，积极开展工作，深入农户家里走访调查，了解他们的家庭情况、工作情况、生活中遇到的困难以及听取他们对未来的发展思路。并和村支两委一起走访村里的低保户、和村干部一起慰问困难老党员，临近春节，给部分生活困难的低保户申请临时救助，领取衣物、被褥等进行发放慰问品，解决他们的当前困难。协助村干部核查所有的低保户，了解低保户的情况，帮助部分低保户交农村合作医疗保险。在开发区领导的帮助下，春节刚过就召集我们所有的扶贫主任一起到双阳工业园区里去参观工厂，观看工人工作过程。了解到附近工厂都可提供就业岗位，回村后立即去村民家宣传讲解，解决了部分村民的就业问题，愿意到工厂就业的还免费给他们做岗前培训，帮助他们更好更快地致富。帮助村里无房户老人金家兰申请建房，在走访低保户金家兰老人家时，了解到老人目前是无房户。她家二儿子外出务工十多年，前两年回家将多年攒下的积蓄在村里违法盖了一栋楼房，执法部门多次劝说无果后将他家的房屋依法拆除。拆除房屋后，在一次争吵中儿子失手杀害了妻子。现在她家的二儿子在服刑，留下二儿子家的两个孩子和老奶奶一起艰难生活，原来居住的老房破败不堪，不能居住。目前暂时居住在村委原来的办公室里，但雨水季节漏水严重。大儿子多次申请在被依法拆除的原址上建房，但不符合规定，所以一直未审批她家的建房申请。为此，我曾多次到宋旗镇村建所反映情况，申请建房，目前另选了一处建房地址，就等村建所的工作人员来看是否可以建房。

**4. 存在的问题**

一是村级经济发展仍然不足。集体土地、集体山林、发展预留用地等资源价值没有得到充分挖掘，土地的使用收益率不高，部分村民收入来源主要依赖外出务工，普遍缺乏技能，收入仍然偏低，少数有创业投资愿望的，又不了解有关政策和信息，找不到合适的创业、投资项目。二是我村基础设施落后造成公共服务能力仍然较弱。我村是几百户村民组成的大村，到目前为止都还没有路灯，晚上出行非常不方便，且下坪组许多村民的房屋都在路边，夜晚车多，给出行带来很大的安全隐患。没有规范的村级活动场所，村卫生室也达不到相关要求，村民组分布较散，村容村貌脏、乱、差，缺乏必要的卫生清理、夜间照明设备和活动场所。

**5. 对策思考**

一是盘活集体经济，拓宽经济产业结构。利用好村民集体共有财产加强组织领导作用，驻村第一书记和村委干部要一心团结，将中央、省、市有关扶贫、“三农”等好政策信息宣传好，促进村民干事的积极性。二是进一步完善本村公共基础设施，村委要多联系当地农水局、交通局、财政局等多家部门，结合“一村一议和四在农家·美丽乡村”等工程项目，将本村的基础交通、公共卫生、路灯照明设施等修建好。

### （二）幺铺镇尚兴村

尚兴村是在安顺黄铺物流园区规划范围内，安顺黄铺物流园区享受贵安新区同等开发优惠政策，属于新区非直管区。

#### 1. 尚兴村的基本情况

尚兴村是安顺市经济技术开发区幺铺镇的一个自然村寨，也是少数民族（布依族）集居的村寨。尚兴村位于安顺西南面，距城区4公里，距镇政府6公里。东接华西小坡村，南邻144厂，西望小屯村，北达白马村。隶属于安顺市开发区幺铺镇，有贵黄公路、清黄公路和贵昆铁路穿境而过，通信网络覆盖全村，交通、通信都十分便捷。全村植被茂盛，生态环境良好，气候宜人，风景秀丽，属纯布依族村寨，乡风民风淳朴、民族风情浓郁。现辖1个自然村，2个村民组，共78户318人，布依族占97.2%，其中：党员20人，退耕农户36户，退耕人口144人。全村总耕地面积780亩，其中：农田180亩，旱地600亩，人均占有耕地2.05亩。精准扶贫户有5户共计14人，低保户有5户共计9人。主要以种植水稻、油菜、蔬菜、经果林为主，农民人均纯收入达7860元。

#### 2. 主要措施

（1）利用资源优势，打造省级示范村。该村植被及生态环境良好，气候宜人，风景秀丽，是一个纯布依族的民族村寨。民俗风情浓厚淳朴，发展乡村旅游和农家乐多年，并配套进行了山塘改造、街道硬化、绿化美化和排污沟等部分设施建设，村庄整治已全部完工，被评为村庄整治省级“示范村”及省级“五好”基层党组织。

（2）投入建设资金，村容村貌发生大变化。安顺开发区投入总资金548万元重点打造尚兴村新农村建设。在村支两委的带领下，每一个项目都实实在在地落到了实处，村庄整治和“四在农家·美丽乡村”新农村建设活动的深入开展，让村民得到了大实惠，尚兴村出现了翻天覆地的新变化。家家户户的房屋外墙都绘上墙画，门前有了垃圾桶，村里设置了专职的保洁人员，安装了太阳能路灯，杜绝了畜禽乱跑、柴草乱垛、垃圾乱倒、粪肥乱堆、污水乱泼和私搭乱建等不卫生、不文明现象。修建文化广场300平方米和文化舞台100平方米。当年被评为“四在农家”省级示范村，村庄整治“省级示范村”、人口与计划生育省级“三星示范村”2014年评为国家级少数民族特色村寨。

(3) 经营农家乐，村民奔小康。尚兴村依托距城区近、风景秀丽等优势条件，大力发展乡村观光旅游业，种植经果林，开办农家乐，每到周末，来自城里和周围区县的客人们涌进农家乐，村里新修建起来的停车场经常都是停得满满当当。村干部说，村里最普通的一户一天也能接待四五十人，一个月下来收入都不会低于七八千元。经过几年的发展，尚兴村农家乐已初具规模，农家乐接待也成为村民增加收入的主要来源。

**3. 存在的问题**

一是村民经济结构单一，农业基础设施建设薄弱；二是农业产业化水平不高，农民增收渠道狭窄，收入水平相对较低；四是农民观念落后，接受农村产业发展新模式尚有差距，产业发展缺亮点、农民致富少支撑；三是交通基础设施薄弱。村子位于市区西南面，距离安顺市区7公里，由于气候宜人、景色优美、离市区近，每到春暖花开的季节，来赏花游玩的游客很多。由于村里的进村公路道路很窄，路面崎岖不平，遇到游客周末集中来赏花时，车流量大，很容易发生交通拥堵，村民出行也很不方便，多年来，交通问题一直是制约该村发展的瓶颈。目前未开通市区到本村的公交和旅游观光车。

**4. 对策思考**

一是加快农业产业结构调整，鼓励农业适度规模经营，大力发展特色优势产业，重点培育和扶持金刺梨、樱桃和观光苗圃园等农业产业，提高第二、第三产业占农村经济的比重，重点打造以观光苗圃园走廊高效农业示范园。二是提升村民公共管理。大力提升基层社会服务能力。充分发挥村委党组服务群众、凝聚人心的作用，以新任村支两委、扶贫主任为抓手，牢牢抓住基层社会治理的“末梢神经”，推行村级事务管理，争创“和谐村”“桃李村”“发展村”“美丽村”“无毒村”，调动村级组织自我管理、自我发展的积极性，强势推进乡风文明建设。

## 二　安顺蔡官镇药寨村、茅蕉坡村

### （一）蔡官镇药寨村

#### 1. 药寨行政村基本情况

西秀区蔡官镇药寨村位于蔡官镇北面，属于贵安新区排直管区，是原平地场乡政府所在地，距安顺城区 23 公里，蔡官镇政府 7.5 公里，国土面积 467 公顷，属金银山林区，森林覆盖面积广。村内自然生态环境优美，气候宜人，属亚带季风性气候，适宜水稻、油菜、蔬菜等粮食经济作物生长。药寨村由关口、旧院、白果寨、箐脚、毛栗坡、药寨、平地场、张家寨、三岔地、煤炭窑、河底下、老猫洞 12 个自然村寨组成，主要居民为汉族、回族。总户数 703 户，人口 3293 人，其中，关口、药寨、三岔地、河底下、老猫洞 5 个自然村 239 户 1094 人已经通过易地扶贫搬迁到蔡官镇金银小区居住。全村现有劳动力 1320 人，目前劳动力主要从事传统种植业，部分劳动力外出务工。药寨村有耕地 1600 亩，经济来源主要为传统种植业，主要农产品为玉米、油菜和少量水稻。产业调整后，部分土地用于种植经济林，主要种植有楠竹 400 亩，金刺梨 300 亩，核桃 300 亩。村内现有小学 1 所（平地场小学），在校学生 300 余人。有村卫生室 1 个，村医 1 人。有村级公路 7 公里，通组公路 8 公里。

#### 2. 工作措施

（1）出台具体帮扶文件。2016 年，蔡官镇党委、政府制定出台了《蔡官镇人民政府关于药寨村精准扶贫工作方案》（蔡府发〔2016〕16 号），该文件为药寨村带来了新的发展契机，通过先重点发展种植业和养殖业，然后在此基础上结合全域旅游、美丽乡村建设和农村电商，开发自己的特色产品，打造自己的农村旅游品牌，最终实现药寨村的全面发展。

（2）抓好党建凝聚人心。一是加强党员干部学习教育。帮村部门和村党支部每年制定相应的党建学习方案，比如 2016 年结合“两学一做”学习教育，制定了《药寨村“两学一做”计划方案》，并制作了“两学一做”宣传栏、学习园地，积极抓好“三会一课”等。除帮村书记、驻村书记、镇党委委员、村支书等按要求开展工作外，还邀请市级专家学者为全村党员上党课。

二是抓好基层党建发展党员。重视基层党组织建设和党员培养工作。如在2016年，党员转正2名，发展入党积极分子2名。在建党95周年活动中，药寨村分别被西秀区和蔡官镇两级党委评为“先进基层党组织”，村支书牟庆红荣获西秀区“优秀党员”称号，村主任杜以良荣获蔡官镇“优秀党员”称号，驻村第一书记张翔荣获蔡官镇“优秀党务工作者”称号。

（3）加快基础设施建设。近年来，蔡官镇党委政府和帮村部门中共安顺市委宣传部共同努力推进药寨村的各项基础设施项目落地实施。一是修建煤炭窑组通组路1.3公里，维修旧院组通组路0.5公里，修建连户路共5公里。二是从贵州华创集团引来资金95万元，修建两个大型蓄水池。该项目在市、区、镇、村四级的共同努力下，于2017年初开工修建，工程道路现已开始平整。三是为村民安装太阳能路灯63盏，前后投资50万维修村办公楼，装修并建立了200平方米的村级会议室，在村中安装10个大垃圾箱和20个小垃圾箱，安装村民健身器材，为村委会配置电脑、打印机、复印机等办公设备等，这些项目全部已完工，得到了村里干部群众的一致好评。

（4）推进易地扶贫搬迁。2013年，对三岔地、老猫洞、关口、药寨4个村民组进行整体易地扶贫搬迁，其中，三岔地搬迁43户217人，给予安置房46套；老猫洞搬迁28户121人，给予安置房28套；关口搬迁27户127人，给予安置房30套；药寨搬迁60户262人，给予安置房62套。2015年，对河底下组79户350人进行整体搬迁，给予安置房84套。另外，对个别贫困户进行单独安置，零星安置了2户17人，给予安置房2套。在易地扶贫搬迁工作中，镇党委政府、驻村工作组和村支两委认真做好搬迁农户的思想工作，妥善安置搬迁农户生产生活，制定优惠政策，促进农户增收脱贫。拟定搬迁群众产业发展规划，采取调整责任田，保留自留地、自留山等办法，帮助搬迁群众发展有特色、有市场的种养项目，提供产前、产中、产后服务。对搬迁户新上的经营项目，请上级相关部门优先安排扶贫贷款、信贷资金、免交工商管理费及经营费等，鼓励他们发展第二、第三产业。积极动员搬迁户参加免费劳动技能和务工技能培训，使其有一技之长，拓宽就业门路，真正实现稳得住、能致富的目标。

**3. 村民收入状况**

药寨村1320名劳动力大约有一半在外务工，加上近年来精准扶贫工作的开展，村民人均年纯收入在2015年为8880元，2016年为9160元。2014年定的贫困人口通过帮扶和财政兜底，收入也达到了3146元的贫困线以上，基本解决了“两不愁”和“三保障”。

**4. 存在的问题**

（1）村民生活水平不高。药寨村原有建档立卡贫困户88户265人，随着精准扶贫工作的深入开展，虽然村民年收入已达到3146元的贫困线以上，但部分村民仅仅是解决了“两不愁、三保障”，生活水平离小康还有一定距离。

（2）村集体经济不强。村级合作社尚未正式成立，村民资产各自分散管理，新农村建设缺少有力支撑。

（3）缺少村级支柱产业。目前本村还没有成规模的产业项目，没有示范带动效应。传统种植业缺乏典型带动，无吸纳就业创收企业。虽地处林区，有大量土地可用于发展种植业、养殖业，但暂无相关项目支持。

**5. 对策思考**

一是推进村级合作社的建立，与致富能手的合作社联合，形成合作联社，整合力量共同发力，在增加农户收入的同时，进一步壮大村集体经济。二是加快推进村中产业发展，争取进一步扩大楠竹种植面积，增加合作社牛、羊、猪、家禽等养殖数量，努力形成规模。三是积极争取美丽乡村建设，协调资金重新修建平地场集贸市场，结合产业发展和农村电商发展新型产业，努力将药寨村打造成与旅游型美丽乡村相媲美的产业型美丽乡村。

### （二）蔡官镇茅蕉坡村

**1. 茅蕉坡村基本情况**

茅蕉坡村位于安顺市西秀区蔡官镇东北部，距城区约18.5公里，辖4个村民组，有509户2253人，国土面积7920亩（耕地2500亩、林地2200亩、荒坡荒地3230亩），贫困户84户274人。本村森林覆盖率较大，蔡驿

（蔡官—驿马）公路、青挖（青山—挖沙坡）公路贯穿村区域，村、组及联户路网基本完善。罗大寨村民组传统村落特征明显，有方圆几十公里难得的古银杏3株（树龄约1000年以上），古寺庙（南斗青龙寺）。毗邻平坝区、普定县、织金县，距5A级风景区黄果树、龙宫路程仅有几十公里。村民主要以农为主，近年来调整产业结构，从传统农业向现代农业转化，发展种植、养殖、加工等特色农业，转移剩余劳动力到省外、市外省内、区外市内等地务工，增加村民的收入，以此来改善村民的生产、生活环境。

**2. 工作成效**

近年来，蔡官镇党委、政府按照中央、省、市、区的统一部署安排，加大相关政策的落实力度，调整产业结构，转移剩余劳动力外出务工，同时加强对教育、医疗、卫生、交通、通信等设施的建设投入力度，加大基础设施建设，与相邻的仲家坝村联合开发乡村旅游。以国家大扶贫政策为引领，结合实际，因村因户施策，开展扶贫工作“六个一批”帮助贫困农户走出困境，增收致富，现村落、河道、入村道路、办公条件、通组联户路得到有效整治，政策措施已初见成效，主要体现在贫困户的收入有明显增加、生产生活条件有明显改善、生活水平有明显提高。

**3. 村民收入情况**

经过近几年的政策扶持，加上产业结构调整及组织剩余劳动力外出务工，村民收入有明显的提高。现全村村民的平均收入约在9150元，未脱贫的农户有6户，收入约在3000元，有1/6的村民收入处在3162～5000元，在贫困线的临界点，随时有返贫的可能。

**4. 存在的问题**

一是村两委成员受文化知识的制约，能力参差不齐，在组织、协调、推进工作方面明显后劲不足。二是建章立制不完善，对规章制度的执行停留在写在纸上、挂在墙上、讲在嘴上，实际执行时不够彻底。三是村支部党员的年龄老龄化严重，村支部的战斗堡垒、党员的模范带头作用未能得到充分的发挥。四是村民中青壮年外出务工比重大，能够调动的力量严重不足。五是村两委在短、中、长期的规划上虽有所考虑，但思路不是那么清晰。六是国家发展项目的资金虽然立项拨付，但资金拨付不及时的情况时有发生。

**5. 对策思考**

针对工作中存在的问题，对下一步工作做出以下思考：一是加大对村组干部的理论、业务知识培训力度，提高他们熟练掌握所开展业务的能力；二是健全完善规章制度，加强规章制度的执行力、落实力；三是发展纳新党员，为村支部注入新鲜血液，充分发挥党员的模范带头作用；四是调整产业结构，人是一个关键性因素，要创造条件吸引青壮年返乡就业创业，切实发挥引领带头作用；五是村两委要集思广益，借鉴别人或他地的成功经验，做好短、中、长期的规划，立足实际，全面发展本村的经济，帮助村民增收致富；六是加强与上级各级单位部门的沟通，及时拨付项目款项，推进立项项目的完工及运行，达到预期的目的及效应。

## 三　安顺白云镇下村上坝组、 夏云镇湖新村

### （一）白云镇下村上坝自然村

平坝区白云镇林下村上坝自然村位于平坝区南方约10公里，处于万亩大坝的一方，地势总体平旷，借助产业园区和农村改革试点的机遇，边干边学，完成了“从散到聚”“从无到有”的蝶变，是贵安新区非直管区自然村发展的一个典型代表，具有较高的参考意义。

**1. 上坝自然村基本情况**

平坝区白云镇林下村上坝自然村位于飞虎山生态农业观光园核心区，距平坝城区10公里，距白云镇镇政府4公里，东接槎白河，南临邢江河，西望天台山，北靠飞虎山。现有总户数181户，总人口768人，分别占全村总户数、总人口的34.28%、34.04%。耕地面积2600亩，其中：田1200亩，地450亩，林地700亩，荒山200亩，集体山塘50亩。地貌以水田、耕地为主，属平地、丘陵地带，海拔700～1000米，年平均气温19℃，无霜期336天，自然资源丰富，适合水稻种植和多种水果种植，历来以粮食种植为主，大米、青菜远近闻名。寨风淳朴，人民勤劳，自然风光较好。

**2. 主要措施**

上坝自然村抓住属于平坝农村改革试点村的机遇，利用飞虎山以及地

势相对平坦的优势，深度挖掘，使农村环境不断改善，农民收入不断提高。

（1）明确一个创建目标。上坝自然村在基础设施建设和产业发展都相对滞后的情况下，看到周边村寨逐步发展起来后，在渴望改变现状和发展的推动下，通过召开村民代表大会，推举出11名有威望、有公信力、热心公益事业的代表牵头谋划创建飞虎山生态农业观光园，通过多次会议进行商议，提出了“人人当老板、户户是股东、共同奔小康”的创建目标，倡导大家有钱出钱、有力出力、有智出智、有地出地，以村民自愿为原则，采取现金入股、土地入股、土地流转等方式聚众智、集众资、合众力，推动园区启动建设。

（2）健全两套机制。一是健全园区管理机制，实行“一部两会三治理”管理，为飞虎山观光园的顺利推进提供强有力的组织保障。建立了合作社党支部，专门协调和处理园区创建中出现的各种问题，发挥先锋模范作用。“1234”管理机制、“5311”股权结构、“1632”发展目标等一系列管理制度，确保了合作社的公开、透明、规范运行，在园区创建中真正发挥引领作用。同时，根据园区发展需要配套设置了工会、扶贫基金互助会、妇女创业互助会、农民用水者协会等职能机构。结合园区发展需要，以9~10户为一组选举出一名村民代表组成村寨治理委员会，对寨风、寨貌、卫生三个方面进行监督管理。二是健全产业帮扶机制。针对飞虎山观光园涉及的行政村现有农户，特别是贫困户，采取了“三金合作”模式。第一“金”：农户出租土地收“租金”，从打破农户田地的四至边界入手，在保留原始档案资料的基础上，将因分户形成的“土地碎片化”进行优化整合，由合作社统一打捆租赁，农户从中收取土地租金；第二“金”：农户入股土地分“股金”，农户将土地作为原始资本入股合作社，由合作社统一管理、统一规划使用，农户年终从合作社分红；第三“金”：农户到项目上务工就业赚“薪金”，农户把土地租赁或入股合作社后，合作社进行产业发展和配套基础设施建设，农户就近务工就业，签订劳务合同，成为产业工人，每月领取“薪金”。

（3）抓好“三个结合”。一是将飞虎山观光园建设与“三权”促“三变”改革相结合。成立了“三权”促“三变”工作小组，专门安排6名管理人员开展土地确权、土地入股、土地流转等相关工作。有效地将原撂荒的土地和村集体林地、荒山资源整合利用。同时拟将为园区配套的中央财政农田水利设施项目资产注入合作社占股后，盈利按“532”模式分红，即50%作为合作社的发展资金，30%作为村级集体资产，20%用于贫困人口帮扶。大胆探索和不断完善股权众筹模式，采取农户个体现金入股、土地入股、集体资源入股、集体资金入股等方式，到目前为止，参与现金入股78人，募集股金108万元；参与土地入股87户，入股面积350亩，折价股金700万元；土地流转面积1650亩，涉及8个自然村370户；完成土地确权农户基础资料一户一档立卷归档655户，完成集体林权确权颁证1145.5亩，完成小型农田水利产权确权颁证两处，集体山塘入股合作社65亩，村级集体资金20万元入股合作社，用观光园形成的资产反担保向区农信社融资产业贷款500万元。二是产业布局与观光旅游相结合。立足现代农业生态、生产、生活、景观休闲的功能定位，按照“长短结合、以短养长、多产联动”的思路，唱好“文化戏”、打好“特色牌”、种好“摇钱树”，实施产业景观化、景观产业化，将观光园打造成为“金银山”“花果山”“游乐园”“休闲居”，把区位、地理、产业、文化、品牌等优势逐步转化为经济优势。以大米、果蔬、中药材为主导产业，以农产品加工销售为支撑产业，以休闲养生、农业观光、文化体验、水上游乐为配套产业，以水果采摘、生态陵园、精品农庄、文化展示、户外健身为衍生产业，辐射带动第一、第二、第三产业融合发展。三是将飞虎山观光园建设与扶贫攻坚相结合。合作社按照扶贫攻坚计划，实施产业扶贫战略。在合作社《章程》股权结构设置中规定实现利润的10%作为慈善股，用于园区涉及贫困户的帮扶金；优先安排贫困户和贫困边缘户在园区务工就业，确保创收增收；充分发挥扶贫基金互助会的作用，利用合作社与农信社等金融单位建立的合作平台和优惠政策为其担保贷款转为股金，按10%保底分红；发挥工会、妇女创业互助会、扶贫基金互助会在帮贫脱贫中的骨干作用，积极探索园区建设与贫困户脱贫的有效对接模式。

飞虎山观光园建设以来，项目区每月务工人数在1200人次以上，特别是“空巢”的中老年人务工的积极性非常高，人均月收入在1500元以上，吸引外出务工人员返乡就业120余人。园区从2016年3月正式启动开工至今近10个月的时间，狭窄的进村小道变成了宽敞的柏油路，荒凉杂乱的荒山坟地变成了文化广场，杂草丛生的荒坡荒地变成了果园，垃圾成堆的臭水坑变成了景观山塘。观光园正在从“摸着石头过河”逐步向总结完善迈进，正在向省级标准示范园区迈进。

**3. 最近三年来村民收入状况**

2014年上坝自然村村民年平均收入5334元；2015年平均收入6172元，同比增长15.7%；2016年平均收入7301元，同比增长18.3%。

**4. 存在的问题**

（1）基础设施不完善。依托美丽乡村建设和飞虎山农业观光园区建设，上坝自然村完成了一部分基础设施，但仍然滞后，存在道路破损、房屋破旧等问题，村容村貌还需改善；医疗条件差，科技文化投入不足，缺乏活动场馆，村民文化生活相对匮乏。

（2）村民思维不够开阔。上坝自然村村民小农意识还较为严重，在收入达到一定程度后，便安于现状，对村合作社产业发展产生了负面影响。同时，受到农村思维的局限性影响，合作社管理者认识不够高，制约合作社发展。

（3）居民收入不高。2014～2016年3年间，上坝自然村村民收入平均增长率达到了17%，2016年农民人均纯收入达到了7301元，与平坝区2016年农村人均纯收入8429元相比，还有待提高。

**5. 对策思考**

上坝自然村飞虎山生态农业观光园虽然初具一定规模，但目前还比较粗放，需要进一步提升，走可持续发展之路。一是继续深化农村改革试点，提高生产效率。结合“三权”促“三变”改革，实行“七权同确”，通过将闲置土地入股或流转给合作社统一开发产业项目，挖掘村集体土地、集体林地的价值，使闲置的土地得到有效整合利用和增值，解决了留守人员的就业与增收。二是抓好基础设施建设，挖掘发展潜力。拓宽通村道路，改善路面条件，做好与周边村落和黔中路等交通干线的互联互通，将交通线升级为交通网。抓好水利等农业基础设施建设，保障农村产业规模扩大的基础。建设村级活动场馆等公共设施，丰富农村居民生活，提高农民综合素质。三是结合精准扶贫，完善帮扶措施。对于飞虎山观光园第一期覆盖范围现有贫困户74户、198人，贫困边缘户120余户、346人，在观光园创建过程中，针对贫困户现状，合作社建立长效机制，做到对象精准、措施精准、帮扶精准。四是做大产业发展，同步发展步伐。结合贵安新区整体规划，抓住自身定位，抓住黔中路的交通机遇，结合飞虎山深厚的历史文化底蕴，协调与周边村落的发展步伐，合理搭配农业种植品种和面积，大力发展观光农业，促进农业和旅游业的产业结合，提升经济实力。

## （二）夏云镇湖新村

### 1. 湖新村基本情况

湖新村是2013年撤并村工作中将原阿腰寨、马武屯和茶场村合并的一个村，位于夏云镇中东面，与镇政府毗邻，贵黄公路、贵烟公路顺村而过，交通便利，区位优越。全村总面积8.29平方公里，辖10个自然村寨10个村民组1392户5096人，耕地总面积6068亩。

近年来，该村紧紧围绕建设蔬菜产业化、早熟玉米、山药种植、家政服务等，奋力扎实地推进村庄各项工作，取得了明显成效。2016年，农民人均纯收入预计达到8800元左右。

近年来，整合“一事一议”财政奖补资金88.5万元，水泥硬化夏云关至镇区、镇区至阿花山、镇区至槽子地等进村、串户路6.4公里；争取整乡通油路或水泥路工程建设项目，铺设油路3.9公里；新建马武獐子坝至老虎坡机耕道1.2公里，阿腰寨至马武屯1.28公里，阿花山至龙家山1.08公里，并全部实现水泥硬化；争取高标准农田建设项目，新建马武排灌沟渠3.6公里，新建阿腰云盘占地面积13亩三连体大棚4个，新建提灌站1座，高位蓄水池200立方米，安装喷灌设施覆盖面积200余亩，修建排洪沟1.2公里，新建机耕道2.1公里并实现水泥硬化，生产便道1.5公里；争取省级蔬菜产业化扶贫项目，发展核心区蔬菜种植1200亩，带动种植面积5000亩。现已发展山药200亩、糯玉米种植150亩、茶叶100亩。根据《贵州省示范小城镇建设与土地整治统筹推进指导意见》要求，编制申报省级示范小城镇高标准基本农田建设项目，建设规模184.82公顷，项目总投资568.8万元，涉及原马武、阿腰等村，现已获得批复，即将实施。

作为镇村联动示范点，着力在环境整治、农村集中建房、产业发展等方面下功夫，奋力推进美丽乡村建设。抓好农村集体土地确权登记发证工作，加快土地流转，引进大户抓好蔬菜等种植，着重培育发展山药、草莓等特色产业，引导农民以土地联合出租、土地入股、租赁经营等形式参与土地合理流转，农民既有租地收入，又可以就近务工增加收入。同时，解放出大批剩余劳动力到夏云工业园区、城镇发展和创业。

以夏云工业园区、镇区为支撑，抓好运输、物流、农家乐、家政服务“一条龙”发展，大力发展饮食业；以“四在农家·美丽乡村”创建作为抓手，积极争取上级资金支持，在拥有2家农家乐、5家“一条龙”服务的基础上，培育壮大饮食服务业；大力发展旅游业，建设乡村旅馆。

**2. 存在的问题**

（1）基础设施薄弱。村里部分水泥路段因年久失修病害多、路况差，存在安全隐患，路网通达深度不够，水利工程少，仍有大量设施需要新建、重建或维修。村区卫生室因为资金缺乏，医疗条件较差。

（2）村支两委主要干部文化素质参差不齐，而湖新村又是一个大村，矛盾纠纷较多，干部不能及时解决问题，导致矛盾经常从小变大，问题从简单变得复杂。

（3）村中贫困户较多，精准扶贫户就有70人，扶贫户年人均纯收入在2600~2800元，生活十分拮据。他们中有的是身残丧失劳动能力；有的是年迈体弱无法承担农活等体力劳动；有的是因为长年生病不能参与正常的生产劳动；有的是缺乏打算，家庭经济基础十分薄弱；有的是缺乏技能，缺少资金投入；有的是因学、因住房而困难的。这些问题既棘手，又现实。

**3. 对策思考**

（1）加强沟通协调，更多地去争取“一事一议”财政奖补资金。引导社会各界积极援建，鼓励企业、社会组织、个人通过捐资捐物、包村包项目等形式，支持农村基础设施建设及运行维护。

（2）按照习近平总书记提出的“五个好”要求，狠抓村支两委班子建设，加强村领导成员自身建设和班子成员学习教育，提升班子的整体素质。采取多种方式对村支两委进行培训，增强干部的协调力、责任感、使命感及向心力。

（3）针对扶贫问题，一是“实”字上入手，各级对精准扶贫工作要从“实”字上入手，不能是文件式、会议式、口号式的泛泛而谈。要从保障精准扶贫户的生活入手，对生活极困难的应当实行按人数定量求助机制，解决吃不用愁的问题。二是“居”字上用功，对目前居住仍十分困难的扶贫户，对在搬迁工作上自身难以出资的投建户，应由政府或相关部门通过地方财政、慈善、募捐相结合的方式建立专项救助资金，依据搬迁户的建筑投资缺口实施补助，尽快使居住在危房中的扶贫户尽早搬迁，脱离居住不安全的隐患。三是在“发展”二字上有突破，积极通过示范引导、示范带动、技术服务、项目倾斜、资金扶持手段帮助促进帮扶对象发展好产业，增强造血功能，提升自我发展的能力，要有针对性开展技能、技术培训，使每户有自己的发展重点，每人有自己的发展目标，要通过实实在在的帮扶，实实在在的发展取得突破。

## 四　贵阳红枫湖镇民乐村、右二村

### （一）红枫湖镇民乐村

#### 1. 民乐村基本情况

红枫湖镇民乐村由原民联村与簸箩村经行政村规模调整合并而成。“民乐”之名源于其两村村名其中一字而得，寓意为村民的生活幸福快乐。民乐村地处红枫湖镇西部，距清镇市区 11 公里，全村总面积 16.5 平方米，辖大梨树、彭家寨、新院、龙滩、黑寨、白泥坝、小堡、吴家院、碾子、王家寨、刘家寨、贾角坡、簸箩口、上小寨 14 个村民组，全村共 1280 户 4664 人，有党员 96 名，其中预备党员 2 名。该村交通便利，有清（镇）—镇（宁）高速公路穿境而过，于其境内长 3 公里，双向四车道；有贵黄省道过境而行，于其境内长 4 公里，双向两车道，接通安顺、昆明。全村以汉族为主，同时还有苗、回、布依、仡佬、彝等少数民族群众，是一个多民族大杂居，各民族小聚居的民族村寨。

#### 2. 主要工作措施及成效

（1）大力发展现代高效农业。该村位于省级现代高效农业示范园区建设的核心区，同时兼具交通便利的交通区位优势，具有发展现代高效农业的优势条件。依托省级高效农业示范园区建设，该村以打造“五园”为载体和渠道，大力发展现代高效农业。目前该村有菜园面积3400亩，由葡萄园面积400亩，有茶园面积1000亩，有药园面积500亩。同时，该村依托青远公司，创新销售理念，实行以销定产的经营模式，客户可在网上订购需要的蔬菜，便有专门的人员将其配送到家中，从而更好地为广大群众提供新鲜优质的蔬菜，同时又打开了销售市场，带动了群众增收。

（2）大力发展农村电子商务。根据红枫湖镇努力打造电子商务进农村综合示范镇的工作目标，该村依托自身具有“五园”农特产品的优势，通过加强与贵阳中天城投进行合作，大力发展农村电子商务，不仅极大地促进了该村农特产品的销售，而且有效带动了广大村民发家致富，同时，村集体经济按3%的销售利润进行“分红”，进一步壮大了村集体经济。截至目前，该村累计销售红提1000斤、水晶葡萄5万斤、桃子7万斤。

**3. 村民收入状况**

截至2016年底，民乐村集体经济达36.2万元，农民人均可支配收入14923.8元。全村识别低收入困难户117户323人，其中低保户57户121人，五保户5户6人，一般困难户55户196人。

**4. 存在的问题**

虽然近年来民乐经济社会发展取得了长足进步，但仍存在不少困难和问题。一是受到“保湖”即保护红枫湖的限制和需要，该村“一产禁止发展养殖，二产全面禁止发展，三产限制发展”，产业发展路径和选择受到极大制约，在很大程度上影响了该村的经济社会发展。二是民乐村位于红枫湖畔，具有良好的生态资源优势，加之部分村民小组生产生活基础设施建设相对滞后，影响了村民人居环境改善提高和乡村旅游业的发展。三是该村在发展农村电子商务中，遭遇产业规模相对小、电商人才极度匮乏和品牌知名度低等瓶颈，急需破题发展。

**5. 对策思考**

根据红枫湖镇“一打造三引领”（即打造生态文明示范城市样板区的先行区、支撑地，引领全市现代高效农业、引领全市大健康产业、引领全市大旅游产业）的工作思路和发展目标，结合民乐村的村情实际，红枫湖镇将在继续大力支持和引导该村发展现代高效农业和农村电子商务的同时，积极抢抓全省深入实施“美丽乡村”建设的大好机遇，结合该村吴家院组、碾子组、小堡组、黑寨组和白泥坝组5个村寨位于红枫湖畔具有山清水秀的环境资源优势，具有邻贵阳、融贵安具有交通便利的区位发展优势和于省级高效农业示范园区内具有明显的农业产业发展优势，以及这5个村寨已被纳入2017年贵阳市旅游发展大会规划区域的政策优势，通过将以上5个村寨向上申报美丽乡村“提高型”示范点建设，以实施“五大工程”为抓手，一是实施“环境整治工程”，推动村容村貌改善，努力建设生态家园；二是实施“产业提升工程”，促进农民增收致富，努力建设富裕家园；三是实施“社会建设工程”，维护农村社会和谐稳定，努力建设和谐家园；四是实施“文明新风工程”，提高村民文明素质，努力建设文明家园；五是实施“强基固本工程”，增强基层组织凝聚力，努力建设模范家园。同时，依托以上资源环境优势、区位发展优势和农业产业优势，抓住配合举办2017年贵阳旅游发展大会的有利契机，以发展生态农业休闲旅游为基本途径带动5个村寨实施美丽乡村“提高型”示范点建设，着力将以上5个村寨打造为“黔贵江南”的乡村旅游先行区和示范区。

### （二）红枫湖镇右二村

#### 1. 右二村基本情况

红枫湖镇右二村地处红枫湖镇西南面，距清镇市区10公里，全村总面积6.51平方千米，辖月亮冲、后头寨、沙坡、石灰窑、下山口、菜籽儿园、右二村7个村民组，共655户2124人，有党员31名。全村以汉族为主，同时有苗族、布依族等少数民族。右二村位于清镇市农村综合环境整治“一核三带七连线”的核心区域，自2015年启动农村综合环境整治以来，右二村大力实施基础设施建设、环卫设施改造、产业结构调整等工程，现已形成菜籽儿园、右二村等一批“美丽乡村”示范点。

#### 2. 主要工作措施及成效

近年来，红枫湖镇根据右二村的村情实际，结合全镇“保湖与富民”的战略发展需要，牢牢守住“两条底线”，充分发挥右二村生态环境良好的资源优势以及毗邻清镇市区、邻近贵阳、融入贵安的地理区位优势等，通过大力发展现代高效农业、乡村旅游业和农村电子商务等，着力推动右二村实现“百姓富”与“生态美”相统一。

（1）大力发展现代高效农业。充分发挥右二村位于省级现代高效农业示范园区核心区的优势和右二村生态环境良好的资源环境优势，通过对外招商引资、加强对台农业合作和扶持农业企业发展等方式，积极推动右二村大力发展现代高效农业。目前，该村有山韵、绿和美等3个农业龙头企业，主导产业为野山椒种植，种植规模达2500亩，年产量达4906吨，产值1373万元。

（2）大力发展乡村旅游业。充分发挥右二村位于红枫湖畔，生态环境良好，美丽乡村建设覆盖广，基础设施完备，环境卫生整洁和“万亩花海”知名度高等优质资源，积极引导和鼓励该村大力发展以避暑观光和赏花茗茶为主的乡村旅游业。目前，该村共有农家乐12户、农家旅社4户，促进当地就业150余人，年产值达400余万元。据不完全统计，每年“樱花节”期间，该村接待游客达12万余人次，且逐年增加，每年预计带动当地群众实现增收370余万元。

（3）大力发展农村电子商务。根据红枫湖镇努力打造电子商务进农村综合示范镇的工作目标，结合该村的农家腊肉等农特产品优势，积极鼓励和引导该村大力发展农村电子商务。2015年，该村开始启动电子商务进农村工作，截至目前，共实现线上交易1722单，销售额115万元，日均单量25单以上，该村“农村淘宝”合伙人王常友获“百万英雄”荣誉称号，该村获全省首届年货节“百强村”称号。

**3. 村民收入状况**

目前，右二村集体经济积累达37万余元，农民人均可支配收入达12420.2元。全村识别低收入困难户98户285人，其中，五保户2户2人，低保户18户40人，一般困难户78户243人。

**4. 存在的问题**

一是受到“保湖”即保护红枫湖的限制和需要，该村“第一产业禁止发展养殖，第二产业全面禁止发展，第三产业限制发展”，产业发展路径和选择受到极大制约，在很大程度上影响了该村的经济社会发展。二是虽然“樱花节”有效带动了该村乡村旅游业的发展，但由于受到村民综合素质、思想观念、文化水平等的限制，该村的乡村旅游业存在管理不规范、旅游基础设施滞后、旅游服务水平低等问题，制约了该村旅游业的加快发展。

**5. 对策思考**

根据红枫湖镇“一打造三引领”（即打造生态文明示范城市样板区的先行区、支撑地，引领全市现代高效农业、引领全市大健康产业、引领全市大旅游产业）的工作思路和发展目标，结合右二村的资源环境优势、地理区位优势和品牌效应优势，通过加强与其他村（居）协同联动，大力发展现代高效农业、大健康产业和大旅游产业，着力走“保湖与富民”双赢的绿色发展之路。特别是在发展大旅游产业方面，该村具有生态环境好、交通条件便利和“樱花节”知名度高等优势。下一步，该村将借助清镇市举办 2017 年贵阳市农业嘉年华活动和旅发大会的契机，依托自身的生态、交通和品牌优势，按照农旅文一体化思路，大力发展乡村旅游经济和产业，着力打造以“万亩花海”为主的生态农业旅游综合体，发挥生态资源和品牌优势，做大做强乡村旅游产业。

## 五 贵阳石板镇茨凹村、 镇山村

### （一）石板镇茨凹村

**1. 茨凹村基本情况**

茨凹村是坐落于贵州省贵阳市花溪区石板镇西南部的行政村，与著名天河潭景区比邻，东连接隆昌村，南邻芦荻村，西抵湖潮乡车田村，北抵麦萍乡康寨村，全村辖 3 个村民组，3 个自然村寨，主要居住着汉、苗、布依 3 个民族，全村人口 350 户 1390 人，其中男性人口 765 人，占全村人口数的 55%，女性人口 625 人，占全村人口数的 45%。以汉族为主，少数民族有苗族、布依族共 380 人。辖区总面积 4.3 平方公里，人口密度为每平方公里 323 人；耕地面积 990 亩，人均耕地面积 0.71 亩；林地面积 1800 亩。全村以种植水稻和玉米为主，年产粮食 380 吨，人均产粮 273 公斤。经济收入主要靠农业生产种植及部分富余劳动力外出务工为主，农民人口人均纯收入 6250 元。新型农村合作医疗参保率达 100%，参加基本养老保险的有405人。目前本村有5家个体企业。粮食作物以水稻、玉米、小麦为主，经济作物以油菜、干辣椒为主。茨凹村山清水秀，绿树成荫，距贵阳市中心20公里，距花溪15公里，地理位置十分优越。

**2. 措施与成效**

一是发展村级经济，壮大村级收入。全力配合天河潭景区提升改造项目工作，大力发展现代旅游业。加大农业基础信息服务，加强市场调研，强化产前产后信息指导，实现农业增收，加大农业产业结构调整，大力发展畜牧业，逐步推广壮大种植规模、养殖规模，走适度规模经营的路子，形成种植基地。同时结合政府实际对典型大户给予重点扶持，全方位服务。二是加快村级基础设施建设。美化村容村貌。（1）加强水利、道路基础设施建设，在经济作物种植区，完善水利设施、维修及新建防渗渠和田间道路，逐年完善全村灌溉用水问题。（2）加强村内卫生生活设施建设。村内每个组增设垃圾投放点2～3个。能源建设主要以沼气和太阳能热水器为中心，配合沼气工程，加大进行改圈、改厕、改厨，形成以户为单元的“畜—沼—菜”农业生态种养模式。（3）从根本上解决农村能源需求和环境“脏、乱、差”问题，达到人畜分离、方便卫生、节约能源、保护生态和改善环境的效果。（4）加快社会事业发展。建设村级活动广场两个，同时配套修建治安室、调解室、器材室、化妆室等500平方米。三是加强村容村貌的整洁。全面开展村容村貌的整洁活动，重点是：清垃圾、清路障、清沟渠“三清”；改水、改厕、改圈、改厨“四改”；治理乱建筑、乱搭，柴草乱垛，庭院乱挂，畜禽乱跑，污水乱流“五治”。建立卫生督察小组，营造人与自然和谐相处的环境。四是培育新型农民。引导村民崇善科学、抵制迷信、移风易俗、破除陋习，提倡科学健康的生活方式，形成文明向上的农村新风气。加强对村两委、村民小组，进行农业技术、科学文化知识和法制教育的培训，通过培训，让农民真正掌握1～2门科学、先进、适用的农业技术，成为有知识、懂经营、会服务的新型农民。

**3. 存在问题及对策思考**

近年来，依托天河潭风景区建设，茨凹村集体经济有所好转，但是村集体经济收入渠道单一。从总体上看，一是全村级集体经济基础总体偏弱，村级集体经济增长势头不强。目前，村级集体经济主要以土地提留款为主，导致村集体经济收入稳定性和持续性较差。近年来，由于村级支出呈现上扬态势，尤其在农村基础设施建设、公益事业建设、为民办实事和村干部报酬等方面的支出压力较大。二是村干部素质不高、发展意识不强。一些村干部学历较低、思想保守，缺乏发展村集体经济的新思路、新举措。三是对本村的资源优势挖掘不深，对有利于农村发展的政策贯彻不到位，导致地理、资源和政策等优势效能发挥较低，阻碍了农村集体经济的发展。下一步，茨凹村一是依托天河潭景区提升改造的资源优势，拓宽发展集体经济主渠道。采取“公开标底、自主定价、现场揭标”等办法，对村集体所有的集体土地、林地、荒地等资源进行有偿承包、租赁，把资源优势转化为经济优势，增加村集体收入。二是发展特色产业，培育发展集体经济新增长点。农村产业结构的调整和人们对生活需求的日益提高，使农村二、三产业的发展逐渐成为农村集体经济增收的另一有效途径。积极优化保障机制，集聚各方力量，为发展集体经济提供人才保证和智力支撑。同时，加大日常管理力度，确保村级集体收入合理有效使用。三是选优配强村干部。结合新农村建设要求，把是否有开拓创新能力和带领群众发展经济、增加收入的能力，作为选拔任用村干部，特别是村党组织书记的重要标准，大胆起用政治素质强、发展能力强、懂经营、会管理的能人，提高村级班子发展集体经济的能力。

### （二）石板镇镇山村

#### 1. 镇山村基本情况

镇山村距离石板镇集镇中心约 2 公里，地处花溪风景区和天河潭风景区之间的花溪水库中段，是一个由布依族、苗族混居的自然村寨。镇山村距贵阳西南 21 公里，花溪西北 11 公里，由花溪大坝乘船约 4 公里可达该村，交通十分便利。全村有 2 个自然寨，5 个村民小组，160 户人家，其中 110 余户为布依族，总人口约 750 人，占地面积约 3.8 平方公里。该村是一个三面临水一面向山的村寨村，分上、下两寨，下寨是 1958 年修花溪水库时搬迁而来的，上寨则是古屯堡区，民居均建在屯墙内，有石巷石街连通。据当地布依族家谱记载，镇山村始建于万历年间，当时李姓先祖因北调南征来到了这里，与布依族班氏女子联姻。以此推算起来，镇山已有四百多年历史了，村内尚存有古建屯墙、庙宇等历史遗迹。镇山村以其始建年代久远、民族风情古朴、民俗文化丰富而于1993年8月23日被省人民政府批准为“贵州镇山民族文化保护村”。1994年11月17日，贵州省人民政府决定以镇山村为基础建立露天民俗博物馆，定名为“贵州镇山露天民俗博物馆”，陈士能省长特地为该馆题写了馆名。1995年经省人民政府批准为省级文物保护单位和民族文化村。2001年中国、挪威合作国际生态文化项目落户镇山村，建成了“中国·贵州花溪布依族生态博物馆”。

**2. 措施与成效**

镇山村1993年被命名为民族文化保护村后，在省、市、区、镇各级党委政府及各级文化部门的大力支持和帮助下，开始走上了以民族文化带动村民增收、发展地方经济的道路，近20年来村民也在乡村旅游发展中得到了实惠、增加了收入，人均收入也翻了番，村寨环境也得到了改善。2016年完成了镇山村大寨组水库旁游客服务管理房建设项目、大寨组入口游客接待房建设项目、大寨组民族文化墙建设项目、镇山村观景长廊建设项目、古井保护修缮工作和长3.5米、宽2.5米古井保护廊项目建设工作。目前已启动了镇山村污水处理系统建设项目，项目进展顺利。新一届的党委、政府协调区级水利部门在观音洞修建水利项目以进一步做好花溪水库的环境保护工作。

**3. 存在问题及对策思考**

近年来，镇山村村级发展和乡村旅游至今没有做大做强，依然涛声依旧，因受到贵阳市饮水源保护的限制，加上贵州省文物保护单位这张牌子，迫使村级发展和保护的矛盾比较突出。近20年来村两委在克服种种困难的同时，只好尽最大的能力按照各级党委的要求及水源保护、文物保护的要求做好保护工作。在下一步的工作中，一是围绕贵阳市生态文明城市的建设和花溪区打造旅游创新区的这一契机，背靠贵安新区建设及今后大量人口入住的优势，打造好镇山村“生态、文化旅游”这一品牌，找准一条适合镇山旅游发展的道路。二是做好招商引资，由政府主导，打通与天河潭景区的统一规划，走统一打包开发、共同发展道路。划分绝对保护区域和相对保护区域，把老寨保护下来，在相对保护区内按照新农村及美丽乡村建设的要求统一规划、统一实施、统一格调，按地方建筑文化，利用现在建筑的手段，建设“布依风情街”和商业一条街，规划建设部分旅游服务设施。由企业统一出资修建，村民今后入住新村可以采取老房置换出资购置，这样老村寨就得到了保护；同时，打造好老寨的典型文化旅游产业，民俗风情和各种民俗文化的展示区、体验区、参观区等文化产业服务区。

# 第八章

# 村社微思考：一事当前

习近平同志指出："'三农'问题是党的工作的重中之重，也是天下第一难事。""三农"问题从新兴社会城市的角度可以扁平到社区和村寨的载体建设中，社区与村寨宛如城市的基本细胞，或是大数据信息链的"0"和"1"，或是生命中的染色体"X"和"Y"，在不的地耦合中构建城市中不同层级的组成单元，最终形成世界级城市和城市群。要探索城市的根本，离不开对村社的解剖，而村社的形成是复杂的过程，是由空间和时间等维度不断发展变化而成，包括空间显性状态和社会隐性组织，从根本上找到了城市病的病根和病原。

中国文化历史的悠久，农耕文化的漫长，工业社会的急剧发展，生态文明的期待，尤其是改革开放30多年来，村社完善面临着极大挑战，即立足于长远发展，着力于当下需求，积极推进不断完善的村社标准体系，尽力打造具有中国特色的城乡品牌。

贵安新区是2014年国务院批复的第8个国家级新区，在一张"白纸"上就开始谋划，就直管区有4个乡镇84个行政村366个自然村组散布在470平方公里山水田园间（2013年数据），城市化率不及国家乃至贵州省的平均数。挑战的背后是发展机遇，如何在"白纸"上构建新的村社生命共同体是关乎山水田园型美丽乡村可持续发展，关乎新区发展成为西部山地特色新兴城市的主线命题的基础，关乎基层村社治理的健康发展乃至上升到国家治理体系的构建。

## 第一节　城市“0”与“1”

### 一　社会背景

在新型城镇化持续深化的大潮中，城乡的差异导致农民工快速形成，大量青壮年农民奔波于城乡之间，目的是能够在城市赚取钱财，从而改善农村落后的生活，保障自己的家庭。于是中国农村空心化、空村化、衰败化的现象日益严重，无论是自然方面的乡村生态环境、乡土传统文化，还是人文社会方面的乡村公共精神，基层组织都不同程度衰落乃至处在崩塌边缘。乡村社会问题在经济优先不能完全兼顾公平的状态下不断积累，社会矛盾日益突出，社会建设亟须增强，完善乡村社会治理尤显迫切。如何完善创新乡镇的村寨以及城里的社区基层社会治理体制，是当前诸多社会建设任务之首。

### 二　概念梳理

书中所探讨的社区和村寨是基于城乡一体的两个最基本自然非行政社会组织单元。社区就是城里最基本空间形态，街道办事处可以由若干居委会组成，居委会由若干社区形成（或社区由几个居委会构成）；村寨就是自然村寨，若干自然村寨可以形成行政村，若干行政村形成乡镇，若干乡镇和若干街道办事处就形成了行政区县，若干行政区县就可以形成大、中、小城市。社区和自然村寨都是以自组织为主的城乡本底基本单元，体现了相对集聚微空间，也就是说，再大的城市也是由若干社区和自然村寨构成，也可以说社区和自然村寨是属于群众自己的互助服务平台，是群众自我服务的第一站。作为城里的社区形成原因可能是历史演变、文化类同、行政划分、楼宇耦合等，是体现了一定特征属性的合成空间，强调的是类同属性。作为乡镇的自然村寨更多的是家族繁衍、地理变化、自然发展等原因，都有自身内在组织慢慢形成一定的族群文化，体现了相对单一的族群发展空间。无论社区还是村寨都是一个与自己关联度相对较高的生存领域。姑且把村寨和社区看成城乡形成的“0”和“1”[①]，书中探讨的村社的社也有合作社的含义，通过给都市城或乡村的社区和村寨一体化制定绿色标准建设体系可以更好地建设城市本底质量。

## 三 历史与治理简析

传统中国是村中城，也就是郡县的区域空间的大国是小农，农本天下。我们说的农耕文明，本质说的也就是田人合一的生活形态，我们说的中国传统文化也就是宗统与君统的德法交融的古老民俗与文化，我们说的大国也就是由众多的县与无数村，组成中国郡县大国的行政体制，最终以儒释道文化形成今天的中国文化。在历史上，一直到北周，人们仍然尊重大族对地方的控制权，任用族姓成员为州县长官；北宋王安石变法，又实行保甲制；元代推行里社制，明代实行里甲制，清代又提出保甲制，无论哪朝哪代的变化，郡县两级政府管理社会时，一直没有离开过宗族社会。中国的郡县社会管理，具有一定的特殊性与稳定性，这种社会性一定要引起政府部门重视，否则很难治理中国。宗族自治，更是道与法之间的对立与统一的融汇。在郡县制中，尤其是县以下的整个社会宗族与宗法贯穿于整个社会生活之中，形成了传统村社文化特质。从1949年“土改”到“四清”，到“文化大革命”，中国乡村经过历次运动的冲刷、激荡，到改革开放之前，已经发生了深刻的变化，原来的乡村社会最具特色最牢固的宗亲人情关系冲淡了，但增强了亿万农民的主体意识和参与意识。我国当前的乡村治理模式中，基本上都将“自治”权放在“行政”村，但在实践中已经普遍认为这是当下乡村一个体制悖论。一方面，一般而言村支两委（党支部和村委会）无论距离还是关系，都离乡镇政府更近，离普通村民更远了。他们要应付层层下达的文件、考核、检查等任务，谋划乡村发展的“大事”，对解决村组级（村寨）“小事”心有余而力不足。而恰恰是大量微不足道的村社“小事”拖而不决，或者五花八门的“不公正”的积累，使群众对他们失去信任。另一方面，行政村两委班子成员往往是不同

① 林再兴在《自然规律》中写到“这个世界就是由‘0’和‘1’组成，‘0’与‘1’是《易经》初始天地阴阳的抽象符号演变的二进制，也是计算机的灵魂程序，是数字的始祖基数，更是逻辑的基石”。

自然村组的联系人，“一把钥匙开一把锁”。由于行政村的合并，一些“钥匙”下岗，导致相应的自然村组与行政村失去了沟通的渠道，基层政权与群众之间出现了组织断层，村社居民家庭或者个人遇到矛盾和问题时找不到有效的渠道排解和发泄，于是他们只能把事无巨细的“小事”乃至个人私事诉求解决对象转向其实无力解决问题的基层政府。结果必然是个人问题转化为社会问题，村社矛盾转化为社会矛盾，一旦出现纠纷矛盾就有可能“小事闹大，大事闹炸”，甚至引发严重的群体事件①。

今天的中国，人口骤增，流动量大，全球化经济、信息时代、数据时代与古老的中国相遇，家在削弱，这样一种国家治理的状态又是如何？现实在回答我们，“三农”问题已经上升为国家问题，这一切是否在告诉我们以德润民，用法治国，向尊重长治久安才是郡县立国之道吸取营养？在集体所有制、一切为人民、共同富裕、活跃集体经济的基础上继续深化改革，探索多权确权，通过确权赋权易权，推进“农民变社民变股民”兼顾集体与家庭，进一步发展生产力？

## 四　问题研析

新型城镇化其实是基于传统城市化（城镇化）问题基础上提出的。据不完全预测，10%的村庄会成为城市一部分，约60%的村庄会逐步空心化，还有约30%的村庄会发展成为有一定特色的中心村或中心镇。传统城市化（城镇化）体现了粗放式快速式发展模式，较普遍的做法是政府和开发商结盟主导，大拆大建，迫使农民上楼，留下建设用地（给政府或开发商），挑主要路网的周边进行开发建设，边缘的就让其自生自灭然后形成了城中村。农民的新居边缘化又几乎千村一面、千镇一面，沿着路边就像“一张皮”，住房结构城市化、生活方式城市化、社会形态城市化、治理模式城市化，最后变得无论哪方面都不伦不类。强制改变了村庄的传统文化和与自然亲密和谐的生产生活（生存）方式，强制力拆除的不仅是可见的传统村寨庭院、传统建筑（如祠堂），还有其背后久已形成的传统礼俗和

① 谭同学：《双面人——转型乡村中的人生、欲望与社会心态》，社会科学文献出版社，2016，第220页。

社会关系，强制力造成的文化破坏，无法带来文明的健康演进。同时，由于中华文明正是由农耕文化中生长出来的，这样的破坏力也深深地刺痛了民族文化自信，从而形成了大量的“空心村”，而绝大部分“空心村”是各级领导干部亲自主导的“看得见山、望得见水、留得住乡愁”的示范村，有的是领导的“扶贫村”，有的是领导的“联系点”，有的是名人“故居”所在村，有的是古村寨。村寨发展何去何从成为当下一个紧迫的问题。

## 五　策略要点

城市和农村正是在互为依存、对立统一中显现其各自价值。[①] 城市化达到一定的水平，自然就会出现“逆城市化”现象，这是城市发展规律。它实际上回应和缓解城市化过程中出现的种种社会问题。在当前逆城市化发展趋势下，农耕文化价值凸显，农民生活方式重现，农村生态价值凸显，农村建设趋向让农村更像农村。从消费的角度来看，对城市居民而言，从农耕文化和农作方式来看体现了健康，在农村生态中生产的产品和服务具有很高的养生价值。“看得见山、望得见水、留得住乡愁”，表达了逆城市化发展趋势下的市民对乡村生活方式的期待，显现了农村在城市发展进程中的独特价值。所以发展农村要思考以下策略。

一是协助村社成立内置金融合作社，注资并吸纳村内在外创业者资金。专业合作社与综合合作社互补发展。村民以土地承包权获得抵押贷款，配合政府出台美丽村寨建设相关优惠政策，制定出奖励办法。

二是协助集中村社内闲置的房屋和土地，统一管理经营。协助政府制定村寨改造的补贴政策，如改造房屋每平方米补贴 180 元（根据实际核算），院寨改造每平方米补贴 30 元（根据实际核算）。建设资金补贴原则是村民的房子和庭院农户出大头，政府出小头，政府负责村社基础性设施建设。

三是做整体性的规划设计，定位为因地制宜主题特色，配套周边自然资源。目的是使其特色鲜明，有别于其他村寨，达到一村一品。

---

① 王磊：《建设可经营的乡村》，中国乡建院，2016－12－23。

四是深入村民家入户调查，与村民生活在一起，深度了解他们需要什么，忌讳什么，搞清村内的宗族关系、矛盾情况、风俗习惯。

五是进行村庄地标性的建筑（公共建筑、村民房屋）、景观（村公共景观、村民庭院景观）及各项系统设计。村民房屋和庭院改造是一户一设计，前期先选积极性比较高的村民家庭进行设计和实施。通过示范精品户的寨地实施和经营，最大限度地激发其他村民改造的积极性。通过村标和景观墙，做建造技术的示范和建造材料的试验，试验成功了的技术再向村民做推广。

六是建造之前集中时间培训本地工匠，举办技术大比武，将好的施工队留下来。建造过程中继续进行施工技术指导，直至达到我们预期的艺术效果和质量要求。努力将本地工匠和村民的建造热情、艺术创造力激发出来，真正将他们培养成为本地最好的工匠，以便未来继续延续和发展优秀的建造技术。

七是研究试制深灰色水泥挤压砖来替代传统烧制灰砖。推进绿色发展路径收购外域拆迁后的旧材料（灰砖、红砖、石、瓦、木料、缸和罐等），既节省新农村建造成本，使得大量的旧建筑垃圾变废为宝，又增添了建筑景观古朴自然的艺术效果。

八是协助制定村规民约和经营管理办法，请专家对村民进行经营性知识的培训，统一经营标准的制定和推广。协助合作社和村民进行有地域特色的农业服务业的深度挖掘，发展和推广原种作物等。

九是引导政府吸引能力强的大学生村官驻村，帮助村民进一步经营和发展，与外界接轨，增强村庄的活力，加强党建，强化村庄两委核心引领作用，确保共同富裕。

十是第三方项目工作人员常年驻村工作，跟村民和当地政府零距离接触，当“赤脚”建筑师。在整个建造和前期经营过程中提供打包服务，做到有问题马上解决，高效应对村庄各种问题，及时调整设计和方法，真正实现在地工作。

## 六　发展展望

新型城镇化既有别于西方的城市化，又不同于传统城市化（城镇化），而是把传统意义的城市与乡村对立统一起来，体现为城村发展过程带来的第一生产力，表现为城市、城镇、乡村耦合过程，目标是建立起具有中国特色的可持续发展的新兴城市。未来的新兴城市是既有城又有村，自然村寨与新型社区相辅相成。在贵安新区表现为田园社区和美丽村寨形成的城市绿色本底，体现为绿色标准规范实施的建设质量基础。村社发展围绕深化集体所有制改革进行以下主观预测。

一是为保障主要农产品供给安全，绝大部分地区将恢复主要农产品“订购”，其土地制度将重回“有偿承包”或“耕者有其田”或“联产承包”。主要农产品“产销办生产经营”或“合作社生产经营”将逐步主流化，非主要农产品以“专业户生产”及“合作社经营”为主。二是“少数人先富起来”不再被主流提及，“共同富裕”成为主流话语。“明星村”加速发展，示范效应更强，有更多落后村选择并入“明星村”。“明星村”加快改革，退出机制形成。三是粮食等主要农产品收储价格（最低保护价）将上涨3倍左右。农民工工资将有3倍左右的增长。集体经济再度活跃，内需日趋旺盛，农民跨区域流动趋缓，将有5亿左右的国民（主要是兼职农户）长期工作和生活在乡（镇）村中，村镇房地产价格升幅大于城市。四是新村社生命共同体将成为农村最基本的组织，它是“统分结合”——基本经营制度和“村民自治”——基本治理制度的基本主体。“公司＋农户”为主要模式的农业和农村经济现代化将让位于新村社生命共同体主导的农业和农村经济现代化。五是为守住18亿亩耕地（确权后会增加），城镇郊区的土地“农转非”和边缘农村的土地“非转农”实行增减挂钩，改进版的重庆“地票交易制度”将推广。新农村建设将以建设10万个中心村和5万个中心镇为重点，财政资源将集中配置到10万个中心村和5万个中心镇。全国将产生20万个农机化农业合作社和10万个专业化农业园区。六是农村金融改革将以建设新村社生命共同体内部合作互助金融——“内置金融”为重点，农村金融体系将形成政策性银行批发——村社“内置金融”零售的格局。集体土地建设使用权、集体土地所有权，“两权”通过确权后可以在政策性银行抵押贷款，集体财产权、全村土地承包经营权、林权、小型水利工程产权、农民房屋所有权“五权”通过确权后可以在“内置金融”中抵押贷款。七是城市人可有条件地加入新村社生命共同体，新村社生命共同体成员可自由（有偿）退出共同体而市民化。城乡二元体制还将长期存在，但教育、医疗、就业、选举权和被选举权将城乡一体化。农民住房和城市商品房同样可自由交易，但要缴纳高额税费（村社内部交易除外）。帮助城市人下乡会成为一门很好的生意。八是传统农业和农村文明会在“逆城市化”潮流中得以复兴，低碳绿色环保等理念会引导传统农村生产生活方式创新并赋予其时尚性。农业农村文明将具有很高的消费价值，有数以万计的村庄将实现“农业服务业化”。像河南信阳平桥区郝堂村式的“新农村”，不仅城市年轻人趋之若鹜，也是城市老年人养老的首选。九是落后地区农村将有70%以上的婚龄男人找不到伴侣，农村老龄化世界之最，政府“扶贫办”改名为“共富办”，民间公益组织和村社共同体会在扶贫和养老领域发挥主要作用。政府将鼓励农民生育二胎应对贫困和高度老龄化。十是“推举协议制”将成为产生村委会的主要制度之一。“十户长”将成为农村最基本的“政治人”。

## 第二节　新村社生命共同体与绿色发展

### 一　概念提出

“社会基础不牢将会地动山摇”。从费孝通的乡村中国到周其仁的城乡中国，给我们提出了从传统村社到现代村社的演变路径，也提出了当下融城乡于一体发展的新兴城市村庄共同体面临的新内涵和新挑战。

新村社生命共同体既不同于传统村社共同体[①]，也不完全是工业或后工业化的所谓新村社共同体[②]。而是既有以农业为主体经济的村社共同体，也有非农经济和更多地体现出生态特征的新村社生命共同体，还含有都市

① 村社共同体：新中国成立后，对传统乡村社会进行了一次根本性的改造，将家族共同体自治为主的社会改造成了村社共同体自治为主的社会。表现为“四权统一”和“三位一体”，即以土地集体所有制为基础的“产权、财权、事权和治权”的统一和集经济发展、社区建设和社区治理的三种职能于一体。村社共同体的逐步发展壮大成为主导乡村政治、经济、社会（区）发展、建设和治理的最基本的组织主体，也是国家实现计划经济、统购统销和获得“剪刀差”收益的最基本主体。家族共同体由于其产权和财权被剥夺逐步衰落。

② 蓝宇蕴：《都市里的村庄：一个新村社共同体的实地研究》，生活·读书·新知三联出版社出版，2005，第221页。新村社共同体是建立在非农经济基础之上，主要有工业化和后工业化的都市村社共同体。

里的社区与农村的村寨联动形成的共同体。这三个点上的村社关系共同构成了城乡的本底，是相互依存和相互发展的未来城市的根本基础。新村庄生命共同体的“社”就当下还有合作社等含义。绿色发展是以和谐、效率、持续为目标的社会发展和经济增长方式，是在传统城市发展模式上的创新，其理念强调以人与自然和谐为价值取向，以绿色低碳循环为主要原则，以生态文明建设为基本抓手。

## 二 问题研析

新兴城市源自村社生命共同体。村寨是什么？村社缺少内在的活力，缺少村社生活和生命力的延续，村社没了，村民就没有了乡愁，村社的景观和风貌都无从谈起，城市就没有了已有历史的记忆。在城市资本利益的驱动下，村社快速改变了它的面貌；又因为某种原因，人们孤立它，让它破败，甚至胡乱成长，结果成为城市的累赘，一个反城市化的存在。城市把乡村保留在原地，不对它进行必要的帮助或者去有效、有机地利用，它就会自然地沦落为“城中村”。

我们现在的出发点和思维基础仍然是要建设一个城市，并且是新兴城市，既有都市中的社区，也有田园，不是简单地粗放地将农村城市化的状态，而是追求城乡等值发展，是城乡一体的完整概念，就是我们要讲的新兴城市。在空间上更多地考虑田园、生态和景观，在格局上融入了田园要素和生态要素，更加重视生态景观的打造。不同于拆平或孤立这两种城市化过程中对待村寨的方式，或者在乡村地区简单地进行保护，它是在因地制宜的基础上对村寨进行分类，哪些发展为城市社区？哪些发展为城镇社区？哪些发展为新型村寨？统筹发展城与乡，讲究城市的高度集聚又讲究乡村的自然本底，使“城更像城，乡村更像乡村”，互补地系统发展。最核心的价值在于对原有村寨格局和形态充分地尊重、保护和利用，同时，它是对环境和生态最大限度的尊重，对已有村庄和村庄文化遗产最大限度的尊重。这样可以带来一个好处，我们可以把村庄的肌理保护下来，甚至将村庄的面貌保护下来。但同时也带来一个挑战，因为我们要融入衔接城市功能，它们到底如何去跟乡村传统的风貌、传统的建筑融为一体？就在乡村蜕变为城中社区时，我们是否能用“有机”的理念善待城市周边的村庄地区，把这些村庄有机地培育出城市功能？那么将来它的景观和外形一定跟我们现有的土地开发模式完全不同，一定会形成它自己特有的一种尺度和风格，一种把历史和现实、村寨和城市、传统和现代融合在一起的新的城市面貌。我们国家有大量的山区，这些山区里往往有一些人口密度非常高的小平坝。我们现在看到的大量的做法都是将村寨推平，建设城市。那么，尊重原有的布局形态，尊重农田和村寨之间的格局关系，将村寨作为城市培育的基础，将各个村寨培育出不同的城市功能，再通过基础设施、道路交通将村寨连为一体，一个有机的新兴城市就形成了。

## 三　策略要点

村社公平带来绿色发展的可能。处于全球生产链条中下端的中国城市，从城市形态政治经济学维度看，正是在全球经济再结构中处于同质性复制链条的下游但又亟须转型的状况。我们可以构想一种“数据平台＋村社自组织”的方式，建立村社的数据资料库，并将它开放给公众。好的城市都是被累积和生长出来的，并不需要完整式颠覆式的蓝图式方案，会得到一条居民渐进式的自组织更新之路、一种通过数据平台上下结合的方式和一个多方合作的网络村社群。

一是发展认识方面，思想转变以及城乡等值发展。我们国家的城市管理、发展和经营的制度和农村是不一样的，所以最重要的首先是打破长期形成的“城乡二元”思维方式。改变城市发展的模式，特别是改变城市发展中土地经营、土地财政的模式。现有城镇化模式下追求的一定是单片土地以最高价卖出，伴随的一定是高强度、高密度的开发，因此，农村培育与城市功能差异且等值的重要前提是理念和制度上的转变。把城更像城，村更像村作为新兴城市的根本发展理念，这个也叫城乡等值发展。

二是顶层设计方面，规划设计引导城乡一体。想要实现在充分尊重宅地等村寨条件的背景下营建一个新兴城市的目标，其本身就要求有一个有序、合理的规划去引导。城市中的社区和村寨的合理序列，由此形成新兴城市集聚区和村寨分散区，进而构建起由村寨乡镇城区等不同层级单元组织的城市。既需要对乡村的肌理、基础、目前状态和发展潜力、周围用地条件等认真研究，规划出一套能够符合城市发展理想的方案去实现它，如适度的密度、宜人的尺度的规划设计，同时要合理布局功能，保证组团之间的互动性。

三是绿色城乡方面：有机引入城村共享。针对需要发展为城市社区的村寨，植入的城市功能应该和当地老百姓的生产、生活有密切的关联，比如能够支撑就业的服务业或制造业，既可以丰富老百姓的生活，提升公共服务的便捷程度，同时提供了必要的就业机会。这就叫植入功能、培育功能。我们常讲的一句话是，有风景、有生态、有文化就会有新的经济活动。它应该是一种田园风光的，一种诗意栖居的空间。

四是村社自治方面：农民参与为民服务。完善村社两委监督组织，构建村社监察委，加强自治横向组织，同时完善精细化村社“十户长”互助单元，加强自治纵向延伸，共同形成纵横交错的自治网。让农民用农村集体所有土地来参与建设，他们通过“三权”推动“三变”，通过农业转型和农业经营规模的扩大，节省出大量的农村劳动力。这些劳动力并没有离开乡村，而是在乡村地区从事着非农的劳动和就业。如此培育出一种“一城一乡”的聚落。这种聚落既能够很好地尊重和保护原有的自然、文化遗产，又能培育出非农的功能和产业，需要农民的介入。

# 第四部分 讨论篇

# 第九章

# 博士微讲堂：一堂一论

国家级新区绿色发展博士微讲堂，开办于2016年2月，定位是有志于服务国家级新区绿色发展虚拟博士研讨平台，目标是服务于国家级新区绿色发展有关报告编制，提出绿色发展相关思考建言，探索国家级新区可复制可推广的绿色发展经验和模式。主办单位是贵安规划建设领导小组办公室，协办单位是贵安发展研究中心、贵州民族大学等国内外相关高校、科研院所企事业单位，组成人员是国内外相关博士（政府、企业、社会领域），包括3名院士、5位千人计划学者、有关学院院长和高校校长达9人，目前达300余人微信群，研讨周期是每月两次线下讨论，每天线上讨论。发起人有梁盛平（贵安新区党政办、北京大学博士后）、柴洪辉（贵安发展研究中心、中央财大博士后）、潘善斌（贵州民族大学、中央民族大学博士）。宗旨是不忘读书报国初心，继续前进，奋力推进博士微讲堂，每期三五博士说微语、道未语、尽为事。

背景是自1992年国务院批准成立上海浦东新区以来，至2017年7月已有19个国家级新区，涉及陆域总面积20828平方公里，海域总面积25800平方公里，总人口2593.5万人，地区生产总值3.5937万亿元。国家级新区承担着打造国家区域经济的新引擎、探索体制机制新经验、创新协调发展新模式、践行新型城镇化先行区、推进新兴城市发展试验区的重要国家历史使命。微讲堂截至2017年3月，已开展总共28期，微讲堂已开展到直管区乡镇村寨、产业园区等具体基层一线中。下一步将扩展到贵安新区1795平方公里，深入乡镇村寨园区、乡镇和20个左右大小园区等非直管区，长顺惠水等协作区以及到其他国家级新区园区等地，联动起来，共享起来。

已参与线下论坛共有300余人次，其中博士有150余人次：柴洪辉（贵安新区发展研究中心、中央财大博士后）、许立勇（文化部艺术科技研究所、国家行政学院博士后）、尹良润（贵安新区新闻中心、南开大学博士后）、龙希成（贵州省社会科学院、北京大学博士后）、梁盛平（贵安新区党政办、北京大学博士后）、程联涛（贵州省委政策研究室、四川大学博士）、陈栋为（中国电建贵阳院、中山大学博士）、向一鸣（贵州省交勘院、吉林大学博士）、雷建云（中南民大、华中科技大学博士）、宋全杰（贵安新区规建局、中科院博士）、任永强（贵安新区党工委管委会法制办、西南政法大学博士）、胡明扬（贵州财大矿业经济研究院副院长、北京大学博士后）、刘孝蓉（贵安新区旅发中心、中科院博士）、胡方（贵安新区财政局、河北地大博士）、杨睿（贵州财大、中科院博士）、潘善斌（贵州民族大学教育评估中心、中央民族大学博士）、朱军（贵安新区社管局、北京大学博士）、颜春龙（贵州民族大学、暨南大学博士）、颜红霞（贵州民族大学）、朱四喜（贵州民族大学喀斯特湿地生态研究中心、浙江大学博士）、白正府（贵州民族大学民族文化与认知学院、华中师大博士）、王晓晖（贵州民族大学研究生院、中国社科院博士）、姚朝兵（贵州民族大学）等；领导专家企业家有100余人次：李海燕（贵安新区市场监管局）、韦腾波（贵安新区经发局）、韦明波（新区社管局）、唐玉军（开阳经开区）、魏霞（贵州社科院）、刘慧（贵阳学院）、魏建伟（绿交中心）、黄武（巅峰智业）、王小峰（巅峰智业）、潘其兵（文旅投）、张永贤（万维数字文化有限公司）、许文（贵州普林鑫泰塑木科技有限公司）、何峻正（贵州五道彩科技有限公司）等；村寨领导及村民代表50余人次：曹福全（贵安新区甘河村村主任）、黄金（贵安新区马场镇甘河村第一书记）、曹勇刚（贵安新区马场镇甘河村副主任）、曹声波、曹声顺、曹声政、陈元兴、曹成纲、曹秀琴、焦琼，普贡村寨领导及村民代表：韦腾林、韦山雍、韦山仁、韦山良、韦山尧、韦仁术等。

## 第一节　绿色文件谈

（第十八期，2016. 09. 17）

### 一　基于贵安新区落实《中共贵州省委贵州省人民政府关于推动绿色发展建设生态文明的意见》的思考

2016年8月，中共中央办公厅、国务院办公厅印发了《关于设立统一规范的国家生态文明试验区的意见》，其明确提出，选择生态基础较好、环境资源承载能力较强的福建省、江西省和贵州省作为试验区。2016 年 8 月，中共贵州省十一届七次全会召开，全会认为，中央将贵州作为首批国家生态文明试验区之一，标志着贵州生态文明建设站在了新的历史起点。会议通过《中共贵州省委贵州省人民政府关于推动绿色发展建设生态文明的意见》（以下简称《意见》），提出了贵州推进绿色发展生态文明建设的五大战略任务："发展绿色经济""打造绿色家园""完善绿色制度""筑牢绿色屏障""培育绿色文化"。国家和贵州绿色发展的顶层设计已经出台，关键在于如何有效落实。就贵安新区而言，就是如何在贵州国家级生态文明建设试验区中发挥积极作用。

本次微讲堂堂主潘善斌博士结合自己参与省生态文明法治建设的经历，提出贵州生态文明法治体系完善的重点和路径；龙希成博士则重点就省出台的《意见》及下一步落实的问题提出了自己独特的见解；梁盛平博士则重点结合贵安新区在生态文明体制机制创新提出了自己的看法；颜春龙博士从宏观上围绕生态文明试验区，就贵州省、贵安新区、贵安新区生态文明国际研究院下一步重点工作提出了若干思考问题；朱军博士则从自己本职工作角度重点谈了绿色社区及其标准建设的建议；颜红霞博士认为，打造国家级生态文明试验区需要调动全省各界科学研究力量共同加以研究。

## 二　相关讨论

**潘善斌博士：**

回顾近十年来，国家在推进生态文明建设方面的确是下了大力气。党的十八大把生态文明建设放在十分突出的地位，形成了经济建设、政治建设、文化建设、社会建设、生态文明建设五位一体的中国特色社会主义事业总布局。十八届三中全会提出生态文明建设必须用制度来保证的要求。十八届五中全会为"十三五"时期经济社会发展定调了五大理念：创新、协调、绿色、开放和共享。2015 年 4 月，《中共中央国务院关于加快推进生态文明建设的意见》出台；2015 年 11 月，中共中央、国务院印发了《生态文明体制改革总体方案》；2016 年 8 月，中共中央办公厅、国务院办公厅印发了《关于设立统一规范的国家生态文明试验区的意见》。从中央会议精神和政策走向的轨迹可以看出：一是生态文明建设的任务越来越紧迫；二是生态文明建设的地位越来越突出；三是生态文明建设越来越规范；四是生态文明建设体制改革日益进入深水区。我们注意到，过去围绕着生态文明建设，国家许多部委都出台了相关“生态文明建设先行区”“生态文明建设示范区”等规划和文件。与以往不同，这次是由中共中央办公厅、国务院办公厅直接下文并明文确定为“国家生态文明试验区”，分别选择在生态文明建设条件较好且具有区域代表性的福建、江西、贵州三个省份进行生态文明建设实验。对于贵州而言，这是新中国成立后在贵州设立的三个国家级试验区之一。这个文件的出台，不仅是对贵州近年来生态文明建设成就的充分肯定，也是对贵州生态文明建设能力、创新能力的充分信任。正是在这一背景下，《中共贵州省委贵州省人民政府关于推动绿色发展建设生态文明的意见》出台。《意见》就推动绿色发展建设生态文明重大意义和目标要求、发展绿色经济、打造绿色家园、完善绿色制度、筑牢绿色屏障、培育绿色文化及加强组织领导等方面的内容都做出规定。

我有以下 5 点基本认识：一是这些年来，贵州在生态文明建设的理论探索、立法实践和建设行动等方面的确走在全国的前面，与“生态文明建设先行示范区”这一称号基本匹配，为西部欠发达地区走出了一条生态友好、资源节约、经济增长、社会发展、生活改善的示范道路。二是贵州在生态文明建设制度创新能力方面还有待进一步提升。尽管我们有全国第一个省会城市的生态文明建设条例、有全国第一个省级层面上的生态文明立法，但在生态文明建设制度创新方面的亮点不多，除了像“河长制”“生态环保法庭”等能够在全国有较大示范和推广价值的制度创新之外，在其他生态文明建设体制机制创新重要领域贡献不多。三是贵州在进行生态文明建设制度设计理念方面存在脱离本土实际的问题。比如，在“垃圾处理”问题上，我们的基础设施、技术能力、资本实力、文化基因、市民素质等是我们设计城市和农村垃圾处理制度的制约性要素。在这方面，我们一定要基于我们城市和农村垃圾处理的文化、技术、资金、素质等方面的实际来出台我们的规范，而不是盲目地追求与北上广平起平坐，应该是立足于欠发达地区实际，为西部地区城市和农村垃圾处理制度设计和实施路径积经验、树典范、探路子。四是贵州在生态文明建设实施能力、执行能力和建设效果方面还不尽如人意。如近年来，贵阳市的交通拥堵、噪声污染重、城市规划乱、市民卫生素质差、基层社区服务能力低等诸多问题为外界所诟病。同时，也缺乏生态文明建设效果评价机制。所以，给外界的感觉就是“理论上的巨人，形动上的矮子”。五是贵州尚未建立起真正的问责机制、信息公开机制和公众参与机制。作为《贵州生态文明建设促进条例》起草主要成员之一，我在条例起草过程中，曾多次和省人大环资委、省人大法工委、省人大法制委交流与沟通过这个问题。我的一个基本判断是，现阶段，如果没有一个实实在在且强有力的问责机制、信息公开机制和公众参与机制，目标、路径、举措设计得再好，最后也会落空。尽管我们现在有这方面的一些规定，但鲜见地方政府及官员因生态文明建设不力而真正受到责任追究的个案，也未见地方政府在年度绩效考核中因环境保护不力而被“一票否决”的报道。

根据以上分析，我个人认为从立法入手刚性推进。首先是法规清理。研究并全面清理我省地方性法规、政府规章和规范性文件中不符合推动绿色发展、建设生态文明的内容。然后修订法规。重点开展《贵州省生态文明建设促进条例》等法规的修订工作。最后法规制定。围绕“山”“水”“林”“田”“湖”“天”等重点领域，“生产”“流通”和“消费”等重点环节，以对生态文明建设负有义务的政府、企业、社会、个人等责任主体，在全面清理现有生态文明建设法规基础上，结合促进生态文明建设中的难点和关键性问题，研究制定若干重要法规。如城市供水和节约用水、城市排水、园林绿化和农村白色垃圾、限制过量使用化肥农药、畜禽养殖污染防治等方面的地方性法规，以及循环经济发展促进条例、生态补偿条例、生态文明教育条例等。

**龙希成博士：**

我学习了《中共贵州省委贵州省人民政府关于推动绿色发展建设生态文明的意见》之后，我想从三个方面谈谈我的想法。

第一是对文件整体的看法。我也起草过这样的文件，起草时应当有一个概念，就是你不是领导全省在做一项事，但是这项目中有一部分属于公共的部分，一部分属于社会主体的部分。对于社会主体的部分，公共服务主要体现在公共产业，所以在这一点我想在这方面有些地方说得不太合适，所以要分清公私。第二是罗列生态文明建设任务的时候，文件提了很多华丽的词语，且其范围也是面面俱到。我觉得搞生态文明建设，应该重点对贵州省已有的与生态文明相关的事项，比如说绿色经济、绿色家园、绿色建筑、绿色交通等应该要有“沙盘”，对“沙盘”有一个清晰的概念。我觉得现在起草的文件不是这样子的，它是按自己的一个想法，我要做的事情而不是我已经做的事情，而是帮助已做的事情来改进，而不是现在已有的事情。举个例子，省里搞一个文化发展，它组建了一个很好的文化企业，但是找不到人，它先是临时找人，其实这个是很不对的，因为事情是人做出来的。所以首先是先有人后有事，而这个文件体现的是先有事后有人，所以我想任何一个文件的起草应该是对现状应有的一个沙盘、一个估计。第三是文件规定任务太多。它想做的事情、事项太多，但是最后一项保障措施只是提了一下，就是“领导体制、考核问责、舆论监督、协同落实”，这四块相对前面来说它太单薄了。从文件整体看起来，好像后面的落实都是政府落实，其实政府部门干的事情太多了，生态文明最主要的还是由社会来干。

总之，省里起草文件它应该区分公共领域和私人领域，它应该聚焦于公共领域。文件应当对现状有非常清晰的一个估计，我们的目的是帮助已有的现状来发展；文件现在立了很多关键的任务，对这个任务的落实，完成这个任务的保障和举措太单薄，而且它主要是落实在政府部门，政府部门承担这么多的责任，使得政府部门可能性的办法就是，上级来检查、考核，我就应付你，你不断地检查，我就不断地做材料，这是我对政府文件起草的一个看法。那么接下来是我对绿色发展建设生态文明的认识。

比如，产业是做绿色经济的，我觉得应该有个指南，总的要求是，不管是发展什么经济，都要符合绿色要求，那么就可以提出一个绿色的指标，就是说你这一类，我是鼓励你的，你那一类，我是禁止你的。实际上，我们国家现在也在做这方面的工作。比如说落后产能的淘汰，就是对不符合绿色发展的经济主体行为进行限制，然而就须淘汰，所以要有一个简洁的指标，无论是考核还是社会对你的识别都不要太复杂了。它只有产业，你就着眼于产业的话，就容易把重点放在政府想干什么的身上，而不是政府创造一个公共的环境，使得企业家和技能人才，它如何有种环境和机会更好地发展自己，发展什么样的自己？发展符合绿色指标体系指南的产业和企业，你应该把重点放在这里，而不是弄这么多产业的罗列。那么现在我们看出，我们在开放经济实验区的文件里面，包括杭州 G20 峰会上，提出一个很重要的概念就是“赢商环境”，现在我们和企业家交流时就发现“赢商环境”很不好，那你就把这个重点所忽略了。

我现在有个观点，不是说你现在发展什么就是什么，有时你得拐个弯。企业也是，你先把产业做好，首先你的基础设施要做好，这是你政府的重点，这是第一个。第二个是，我们现在的扶贫也好，美丽乡村建设也好，我注意到，我们现在的美丽乡村建设是最近这几年提出来的。但是这一次 8 月份，习近平总书记到青海去考察也是重点考察青海的生态建设方面，他提出“美丽城乡”，这是从过去我们的“美丽乡村”发展而来的，我觉得应该把这个概念突出出来。那么搞城镇化建设，我觉得要做到以下几点：一是大城市建设，也称为资源集聚区，就是在大城市建设过程中对周边发展有主要的冲击，如贵阳和金阳，把两个地方连起来做到城市发展一体化；二是绿色交通工程，重视交通对城市发展的重要性；三是市政工程要民主化、阳光化；四是绿色家园，开发商、物业管理、居委会等相关机构都是建设绿色家园的主体，管理绿色家园，做到人与人的和谐，人与自然的和谐，人与小区的和谐，人车分流；五是引导社会组织的发展，让其发挥好倡导功能和监督功能，发挥民间第三方的作用，确保社会组织在政治上面的良性发展。

**梁盛平博士：**

有人估算现在资源约 80% 都在政府那里，包括各种资源的调动。有一个数据，9 月份英国《经济学人》对中国新兴城市报告，贵阳排名第一，重庆第四，这个排名中有经济指标、活力指标等。而包括我们在座各位在内普通老百姓的感受却不是这样。我在想对于贵州生态文明这个实验区，我们贵安新区能做点什么事，就是贵安新区这边呼应什么内容。我这里也有几个信息可以进行交换。第一，本月底，贵安新区就要启动生态文明先行示范区动员大会，到时欢迎大家来参与。第二，如何落实问题。新区将围绕实施这个文件出台很多配套文件。大家现在关注的焦点是集中在配套文件上。担心落实上从文件到文件走过场这个问题。研究者、社会公众注意到，过去很多时候，政府下发的文件规定和要求往往大部分未落实，或来不及落实又有新的文件等，这实际上是文件的顶层设计与文件的系统性的问题。因此，省里面生态文明意见出台了，相关实施的配套文件如何，就是问题的关键。

就贵安新区而言，如何贯彻落实省里面的文件，如何在全省绿色发展建设生态文明试验区先行示范里谋得首席之地，可以在哪些方面争取到省里面的支持，将若干实验项目放到新区来，这是我们现在要讨论和研究的重点。我想，贵安新区完全可以在一些领域来创新、来试验。首先我们要进行全面的梳理，贵安新区在全省生态文明建设和绿色发展实验区建设中，我们的基础条件、实验优势在哪里？可能性的亮点在哪里？在全省建设生态文明实验区大框架中，我们能做哪些实验性项目？这些都要好好研究。当然，这些实验性的制度创新要在全省乃至全国范围内具有全局性、示范性、可复制性和可推广性。现在，省里面文件明确了“大力支持贵安新区绿色金融创新与发展，支持贵安新区大力开展生态文明建设和绿色发展创新性研究等”，那么，在其他领域中，贵安新区能否勇挑重担，勇于创新呢？我认为，还有一些领域，比如，在大数据与绿色发展这一块，我们就有一定的优势，以大数据中心的方式来引导生态文明建设和绿色发展，贵安新区应该大有作为。再比如，在绿色大学城、绿色社区、绿色法治、绿色文化、绿色旅游、绿色建筑、绿色交通、绿色能源、绿色食品安全、绿色城乡统筹等绿色标准方面，贵安新区应该都有争取到先行先试的基础和可能。

**颜春龙博士：**

省里面的文件规定得很好，接下来，我们要重点围绕几个问题展开研究。一是中央设立国家生态文明实验区，主要任务是什么？到底想分别从福建、江西、贵州试验区进行实验后得到什么？贵州到底能在哪些制度创新方面为国家层面上提什么？二是我们贵安新区生态文明国际研究院能做什么？怎么做？

**梁盛平博士：**

中央文件中确定贵州为生态文明建设试验区，一方面，是要求贵州积极探索西部地区如何建设好生态文明的路子；另一方面，重点在于探索出一系列生态文明建设制度体系，并能够在全国进行可复制、可推广。不管是从理论上还是从实践上，这些都是我们首先要破题的，我们贵安新区生态文明国际研究院应该有所作为。

**朱军博士：**

在这方面，我们实际部门可以提出我们工作领域生态文明建设的实际材料和问题，比如，在绿色社区建设尤其是贵安新区绿色社区标准制定方面，我们都可以积极参与。

**颜红霞博士：**

今天是第一次参加这样高级别的博士论坛，很受启发。我觉得，现在中央和省里面都已出台了顶层设计的文件，提出了生态文明建设的总体目标和具体要求，接下来主要的任务就是如何落实的问题，这也是我们从事研究工作者义不容辞的责任和使命。打造贵州国家级生态文明试验区，需要调动全省各界科学研究力量共同加以研究。

**潘善斌博士：**

好，今天我们围绕着“基于贵安新区落实《中共贵州省委贵州省人民政府关于推动绿色发展建设生态文明的意见》的思考”主题进行了热烈的讨论，大家的发言主要集中在两个层面上：一个是，贵州省生态文明建设顶层设计与落实问题；另一个是，聚焦贵安新区在省进行生态文明建设试验区大盘子、大框架中的地位和作用。大家谈得都很好，当然，这是一个很大的课题，需要我们持久性关注和不懈地研究。最后，我把本次论坛形成的共识和主要建议归纳一下。

### 三　主要建议

一是国家和省级层面生态文明建设顶层设计已经出台，关键在于落实，要尽快制定相关配套文件，尽快出台相关措施。

二是贵安新区在全力打造贵州国家级生态文明试验区中，可以在绿色金融、绿色社区、绿色文化、绿色法治、绿色产业、绿色城乡统筹等绿色标准体系和示范先行领域大有作为。

三是贵安新区生态文明研究院应抓紧行动，梳理相关重点和关键研究项目，尽快组织研究。

## 第二节　绿色消费谈

（第十七期，2016.09.02）

### 一　主题背景

21世纪是绿色世纪。绿色，代表生命、健康和活力，是充满希望的颜色。国际上对“绿色”的理解通常包括生命、节能、环保三个方面。绿色消费是指消费者对绿色产品的需求、购买和消费活动，是一种具有生态意识的、高层次的理性消费行为。

1962年，美国海洋生物学家蕾切尔·卡逊（Rachel Carson）经过4年时间，调查了使用化学杀虫剂对环境造成的危害后，出版了《寂静的春天》（*Silent Spring*）一书。在这本书中，指出人类用自己制造的毒药来提高农业产量，无异于饮鸩止渴，人类应该走“另外的路”。1968年3月，美国国际开发署署长W.S.高达在国际开发年会上发表了《绿色革命——成就与担忧》的演讲，首先提出了“绿色革命”的概念。1971年，加拿大工程师戴维·麦克塔格特发起成立了绿色和平组织。1972年罗马俱乐部提出“增长的极限”，报告提醒世人重视资源的有限性和地球环境破坏问题。

20世纪80年代后半期，英国掀起了“绿色消费者运动”，然后席卷了欧美各国。在英国1987年出版的《绿色消费者指南》中将绿色消费具体定义为避免使用下列商品的消费：（1）危害到消费者和他人健康的商品；（2）在生产、使用和丢弃时，造成大量资源消耗的商品；（3）因过度包装，超过商品本身价值或过短的生命周期而造成不必要消费的商品；（4）使用出自稀有动物或自然资源的商品；（5）含有对动物残酷或不必要的剥夺而生产的商品；（6）对其他国家尤其是发展中国家有不利影响的商品。

2000年初，美国学者艾伦·杜宁就在《多少算够——消费社会与地球的未来》里写道：消费作为影响可持续发展三大因素之一（其他两者为人口增长、技术变化），应该引起人们的充分重视。设立在美国华盛顿的世界观察研究所的研究表明，如果按照美国的消费模式，需要再造三个地球才能满足人类的需求。“绿色消费”的观念便是在这样的背景下被一小部分人提出，并渐渐在社会层面明朗化。这其实是一种反“消费主义”的理性力量。

归纳起来，绿色消费主要包括三方面的内容：消费无污染的物品；消费过程中不污染环境；自觉抵制和不消费那些破坏环境或大量浪费资源的商品等。

## 二　主旨内容

现阶段绿色消费发展的紧迫性。当下中国工业的迅速发展，资本的逐利功能，市场背景下自发地出现了过度消费、奢侈浪费等现象，甚至有的行业提出“有计划废止制”，更是加剧了资源环境的消耗。一般而言，消费数量的增加确实会促进经济增长，但只是促进了经济发展数量的增长，如果消费不是绿色的，就有可能会造成资源浪费、环境污染、生态破坏等人类可持续发展的生存问题。比如，在生活中大量使用一次性筷子、纸杯、餐盒等用品；在攀比消费心理的驱动下，频繁更换手机、电脑、电视等电子产品，形成大量无法处理的电子垃圾；未对生活垃圾进行可回收与不可回收的区分；购买过度包装的商品等。社会对绿色产品的有效需求不足。消费者行为受到心理、外界环境等影响，会出现感情重于理智的现象，甚至很多消费者对某种产品、某个品牌的选择，仅仅是出于社会潮流和跟风攀比，而不是真正对其性能、质量和服务的了解和信任。此外，考虑环境、成本等方面的因素，绿色产品的定价普遍较高，无法被普通消费者接受，难以形成有效的绿色消费者群体。推行绿色消费模式，需要政府有关部门、企业和社会公众的共同努力，构建绿色消费的实施体系。

相关文件出台。近期，有关生态文明、绿色发展等相关国字号文件相当密集。2015～2016年就有《中共中央国务院关于加快推进生态文明建设的意见》《中共中央国务院关于印发生态文明体制改革总体方案的通知》《国务院关于积极发挥新消费引领作用加快培育形成新供给新动力的指导意见》《关于促进绿色消费的指导意见》《消费品标准和质量提升规划（2016～2020年）》等二十余个重要实施意见。

我们现在所提倡的新消费不同于以往的传统消费。过去重商品消费，新消费则还关注服务消费。过去重物质消费，新消费更关注精神消费。新消费还引领健康消费的新风尚，是节约、理性、绿色、健康的消费，而不是奢侈浪费、不健康、非理性、破坏环境的消费。“绿色消费”渐渐成为人们耳熟能详的一个名词，并的的确确地改变了一些消费者的行为。要落实绿色消费，除了营造社会舆论，更重要的是在便利性、舒适性等多方面都有相应的配套设施，使消费者“不得不”做出绿色选择。

绿色购买有很多类似的称谓，如“亲环境购买”“环境友好购买”等。绿色购买是指消费者在购买过程中对产品相关环保属性或特点的考虑及其购买活动，特别的情形是指对环境友好产品或绿色产品的购买行为。绿色购买是绿色消费的前提和基础。绿色消费是指一种以适度节制消费、避免或减少对环境的破坏、崇尚自然和保护生态等为特征的新型消费行为和过程。影响绿色购买最本质的因素当然是消费者的绿色需求、购买的文化、心理、人口统计以及情景因素。

人类文明的演替在每个阶段都有其相应的消费模式。在以人与自然和谐发展为核心理念的高级文明形态——生态文明时代，需要与之相适应的消费模式，即绿色消费模式。绿色消费是一种理性消费模式，人们将绿色发展理念贯穿于生活的各个领域（包括衣、食、住、行、用等方面），而且个人的消费行为不损害社会整体利益和社会风尚，不妨碍他人的学习、生活、健康和安全，有助于推进人的全面发展。

绿色消费是一种低碳消费模式，倡导适度消费，反对一切挥霍性、奢侈性、铺张性的消费观念和行为，在保证人们生活水平不断提高的基础上，逐步提高对自然资源的利用效率，走出一条高效低碳的道路。绿色消费是一种生态化消费模式，提倡消费水平要与当前的生产力水平相适应，推行清洁生产，推进资源循环利用，实现人口、资源、环境的和谐统一以及自然、经济、社会的可持续发展。

随着我国消费需求不断升级，而供给体系（特别是绿色供给规模和结构）还不能适应消费需求，再加上绿色产品缺乏权威认证和标识、尚未实现全生命周期管理、价格过高、不同于国际标准……这些因素都影响了绿色消费模式的形成。构建绿色消费模式，有必要从消费源头抓起，对供给侧进行绿色化改革，推动消费模式绿色化转向。

## 三　相关讨论

**龙希成博士：**

一是投资与消费的关系是什么？今天“三驾马车”中的投资和出口下行，要把消费突出出来，要鼓励甚至刺激消费，那么中国古代 GDP 在世界上算高的（麦迪森估算 1820 年中国 GDP 占全世界的 1/3），中国古代有刺激消费的政策吗？我的看法是消费就是投资，消费并非吃喝玩乐、奢侈浪费，而是一种对个人发展、个人追求、个人实现的精心谋划与实施，是实实在在的对“人”的投资。其实科教兴国战略就是对“人”的投资，但投资主体是国家，现在要更加注重家庭和个人对“人”的投资，这样投资效率更高。二是随着智能化社会的来临，城市的商业功能正在加速让位给“互联网物流”，那么城市将越来越变成学习中心、文化中心，不可能人人都是创新者，更重要的是把创新者的创新知识、“牛人”经验、最佳实践者技能、高人见识等尽速传播、消化吸收、普及应用。我们看到，有别于学校内的学历教育，社会可以对个人提供更加能产生效益的学习机会；正当大家说人们不敢消费、不愿消费时，我看到人们渴望有效学习、高品质学习机会的需求还远远没有被释放出来。三是学习涉及场所，应该由政府提供或由政府和社会资本合作提供。学习涉及内容的个性化、多样化、个人需求的精准化，互联网大有可为，学习涉及“学费”投入，金融可以大有可为，而且个人通过学习所获得的能力发展和人脉扩展，均可以成为很好的“抵押品”，当然还涉及人的信用。我们看到近年来各种培训班（当然目前还主要停留在应试教育辅导）如雨后春笋般兴起，金融可以借此东风，大有可为。

**朱军博士：**

构建“绿色消费社区”。总体上看，居民对绿色消费社区建设的重要性认识不足，主要体现在生活习惯、消费饮食、文化娱乐等方面。出现的原因：一是绿色消费理念没有完全牢固根植于群众心中，部分群众仍受原有生活习惯的影响。比如，部分群众以前吃的菜是自己后院种的，吃的肉是自己养的猪，在消费理念上一时难以改变和适应。二是新区社区公约还没有正式实施。尽管提出构建文明和谐和绿色社区，但相关的政策制度和体制机制没有建立起来，缺少正向激励和负向的惩戒机制，绿色社区构建机制相对滞后。三是被搬迁群众的就业和社会保障问题需要加大力度。如果搬迁群众生计和家庭收入来源得不到有效保障，一旦离开原有的乡土，住上楼房后无业可就，生活水平质量下降，就谈不上绿色消费。四是市民素质还需要进一步提升。从原有的农村生活，从主要从事第一产业的农业转变到城市社区生活和主要从事第二、第三产业，在生产方式、生活方式、生活习惯上发生了根本性的变化。如果群众的市民素质与新型城镇化建设的速度不匹配，那么极有可能出现新的城中村，社区绿色消费理念就难以从根本上确立。五是社区配套不完善，将对绿色消费带来客观上的影响。社区要构建绿色健康的社区文化氛围，没有相应的较为完善的配套设施，群众业余生活消费就可能出现偏差，谈不上绿色消费。比如，公共交通设施不足，必然影响居民出行，他们大量购买私家车，既造成停车场拥挤，甚至出现社区乱停靠现象，也是一种非绿色消费的行为。建议把社区绿色消费纳入社区公约和推进新型社区建设的组成部分，积极探索绿色消费社区的建设标准，推进“绿色消费社区”创建工作。

**梁盛平博士：**

电子消费促进绿色消费。我有幸参加 8 月中旬工信部电子科技委主任办公会，在贵安新区北斗湾举行，由工信部副部长怀进鹏院士主持。其中赵正平委员提到电子产业有工业到电子消费阶段，让我想到绿色消费与电子消费的关联，传感器产业在百姓生活中扮演着重要角色。会议指出，软件产业有三次变革，第一次变革在20世纪80年代，是PC时代，软件开始成为商品，操作系统、数据库等基础软件的发展带来微软、甲骨文等公司崛起；第二次变革是90年代~2010年，是互联网+APPLE带来的，互联网与信息服务业、IT与CT的融合使得Yahoo、Google、Apple、百度、阿里巴巴、腾讯等公司快速发展；第三次变革从2010年开始，以移动互联网和云计算的发展为主要特征（在中国以移动互联网为特征的电子消费的互联网经济正成为世界核心竞争力）。

电子消费由于虚拟的云平台作用显示出更好地保护了很多原生态、资源已高度平衡的城乡这个空间载体，充分体现了绿色发展要求，同时彰显了绿色经济发展新常态，也是中国在工业文明后最有可能在这一领域和新技术做出对世界最大的国家贡献，重拾中国在现代文明时期的大国担当。神奇的贵州还保留了在人类层面都可以骄傲的绿色发展村落，如黔东南州从江县占里村（700余年700余人零增长，资源与生产消费平衡）、岜沙村[树葬绿色文化，生来一棵树苗死去一棵成树、加棒梯田（稻草鱼鸭垂直养殖体系）]，还有安徽的西递宏村（一条小河孕育一个几百年的村庄，生命之水、文化之水、绿色之水）等。以上案例可以给予我们启发：充分利用电子消费更好地保护生态单元生态城乡，传承绿色文化，推进绿色发展。

## 四 主要建言

一是政府部门应灵活运用财政和金融杠杆的调节作用，在信贷、税收等方面给予绿色产品生产企业一些扶持政策，鼓励其引进先进的绿色生产设备，采用环保工艺流程，开发并降低绿色产品的成本，使其价格能被广大消费者所接受。制定绿色采购政策，即以政府的购买力为依托，通过签订优先采购资源再生产品的合同，引导和支持企业的节能环保行为。完善绿色标志制度，健全绿色产品认证和市场准入制度。

二是企业应树立绿色发展理念，把绿色标准贯穿于整个生产经营活动中（包括采购、设计、生产、制造、工艺、运输、销售等），积极采用绿色技术，加大资金投入，更新生产设备，丰富绿色产品的供给结构。企业应注重对人才的培养，加强技术创新，提高生产效率，丰富绿色产品的品种和数量，降低成本和价格。同时，企业应做好绿色营销，对绿色产品的需求、动态、消费者购买欲望及支付能力进行市场调研，并根据消费者的绿色需求，在营销方案中突出绿色产品的文化特点、品牌标志，不断满足消费者的心理和行为需要。

三是应将绿色生态以及大数据教育内容纳入国家教育体系、计划以及各地区的发展规划中，在大、中、小学生中普及绿色发展教育。各级政府部门、学校和行业协会等机构应承担起对消费者、生产经营者进行绿色消费教育的责任，利用各种宣传工具和手段，积极宣传环境保护和绿色消费知识，使绿色消费理念深入人心。

## 第三节　公共文化谈

（第十九期，2016.09.28）

### 一　摘要

这次邀请到文化部许立勇博士顺道来新区，于是约几位博士们小聚一堂，从城镇系统规划和多规合一聊起，谈到文化，感慨贵安新区白手起家，虽有良好的自然条件、丰富的村落以及民族文化，但什么是新区的主题文化，却没有一个定论或明确的说法。贵安新区作为后城镇化阶段的西部现代新兴城市，它的个性是什么，它凭什么让大家记住它？希成博士、善斌博士分别从法治、公共文化的角度聊起花溪大学城以及当下大学生的绿色价值取向。作为培训传播绿色文化的聚集地，可持续发展从绿色大学城抓起。魏霞博士、朱军博士、刘慧博士结合自己工作体验，提出绿色社区作为绿色发展的重要抓手和突破口。大家一致认为新区的大学城、美丽的乡村和社区是公共文化的最根本的社会载体。

围绕绿色社区，构建贵安公共文化主题，未来的贵安可以是绿色的。绿色就是贵安的特色、使命、样板。新区要建设成为绿色城市的样板，发展好“第五代城市”。绿色文化是贵安内在的特征，绿色健康是贵安的灵魂，绿色特色是贵安的魅力。绿色城市来自每一个绿色社区，绿色社区来自你我他的点滴贡献。绿色社区，我有责任。

## 二 相关讨论

**许立勇博士：**

我去年参加一个会议，会上提到，北京市认为中关村管委会应该归市里管；国务院又下达了一个文件，认为中关村是国务院的一个新区，要归国务院管；后来我们想中关村是属于国家创建示范区，这个从规划的角度来讲没有问题。当时，我觉得现在可能全国各个市的区域都面临这样一个问题，即它没有一个很好的顶层设计，我们都是说到哪建到哪。根据我们的分析，我觉得现在政治体制改革是属于最难啃的骨头。我们经济上是全球一枝独秀，我们的产业是融合发展的，但我们在管理上还是一个计划时代的分头管理模式，跟不上产业发展步伐。那么城市化问题解决，现在只能靠典型突破，全覆盖是不可能的。大家都很清楚，从点上说，因为现在总是在讲要搞特色小镇，一下特色小镇这么火，主要是里面整合一下，外面却无法顾及。那我们就在想，特色小镇下一步的问题，发改委再做一千个、一万个之后呢？很多问题，特色小镇也很难解决，而且像我们的海淀、浦东、中关村等这些地方都很难有留白的地方了。所以我们在想，像这样的国家新区，像这种“产城融合”的模式，是否可以放进去一些规划理念？因此，我们也在考虑这个问题，最近这一段时间也在思索这个问题。我们在想，现在单纯的这种规划都是计划经济下的，那么怎样能够符合当下的发展，能够符合“产城融合”发展的理念，这个是比较重要的，现在我想跟大家碰撞一下规划创新，主要是从“多规合一”这个角度。

我们做研究的也不是说自己有多新的观点，也可以把自己感到困惑的地方说出来，我现在就有一个困惑。现在我们总是讲规划规划，那怎么做好全盘规划？那过去这么多年来，文化有人去规划吗？我看那广东省委书记去看那传统闽南建筑，建设得那么好，包括我们到乡村看，许多传统建筑都那么好，你说过去有人规划这些建筑吗？还是说这些匠人慢慢地你怎么建，我怎么建，无形中形成一个匹配的东西，所以就成了这样好的建筑；还是说，要有一个总的顶层设计。一个规划是怎么弄的？究竟是怎么发生的？我也感到困惑，我跟大家提出的，是不是说我们要顶层设计，过去并没有顶层设计，千百年来我们发现，它最后的成就很好，都是很协调的，跟自然很配合的，它是设计出来的还是匠人之间建设出来的呢？

规划肯定是要的，从学术上讲，有不同的观点，从我们政策研究来说，新区办公室是政府的核心部门，那就听党工委书记的，说书记讲了，一张蓝图干到底，要做的顶层设计，要做这个功能区。其实，我觉得从道理上讲很简单。我们传统的这种乡村记忆，已经被破坏掉了，我们以前的那种乡村治理，几千年不变的理念都没有了，现在只能靠规划。从我们目前规划的角度来看，大家觉得目前有什么问题，就是我们现在新区规划当中，大家都是一个局外人。从我们局外人角度来看，一个是贵安新区，一个是其他的新区，中关村怎么样的，我是觉得它现在这个规划，以前是没有的。现在贵安这边是后发的，它哪儿是可以规避掉的？各位博士，大家多说一说。

**梁盛平博士：**

立勇博士讲到中关村，从“多规合一”规划说起，我这里说一下城市文化，我们讨论的文化能不能往这边靠？如绿色文化、绿色服务文化、绿色公共文化，我们在思考，你作为一个普通者，怎么去理解，你作为一个研究者，怎么去理解，你作为一个生活者，跟你有什么关系。我2012年来贵阳市南明区政府挂职的时候，第一次觉得很干净的，后来才知道，时任市委书记李军博士是怎么搞的，有谁丢垃圾，或者在车上丢垃圾出来他自己就会追上去，要求媒体曝光，后来形成制度并逐步形成共识。贵安新区作为未来城市，它的绿色文化的走向和特征会怎么样？贵安新区现在完全形成了自己的文化，从某个角度来讲，它没有积淀，就像深圳一样，它当年是没有文化的，贵安新区其实也一样，也面临这样一个问题。我们现在有“很多文化”，但它没有集聚成贵安的文化，原来可能有一些原始人类文化遗址，可能有一些村民村寨子比较老，但是我觉得它支离破碎，没有形成共识，没有变成贵安新区的东西，所以，从这个意义上讲，贵安新区目前没有文化，没有那种内在的吸引力的东西。我认为现在就缺失一个根本性的文化共识：什么叫贵安人？这需要一些硬空间和软设施，引导你去这样做。在绿色文化里追寻属于自己的文化属性，是否可以成为贵安新区文化发展的方向？我觉得，这可以成为文化规划的顶层思考，突破则需从社区开始。

**潘善斌博士：**

前不久省人大环资委召开相关会议，提到两件事：第一个是 2015 年全国人大环资委和贵州省人大常委会举办了一个生态文明贵阳国际论坛分论坛，我在里边做了一些具体工作，就是“绿色发展与法治保障”论坛，到现在有一年了。明年这个分论坛还要搞，现在做相关筹备工作。第二个就是学习省委十一届七次全会的精神，探讨如何将贵州打造成为“生态文明建设法治示范区”。人大准备成立一个专门工作组，对不适应生态文明建设和绿色发展的地方法规进行清理并完善。实际上，法规清理工作就涉及很多新的立法理念和文化意识。我觉得，立法容易，但解决阻碍生态文明建设和绿色发展根子的问题却很难。比如，在大学城里，大学生们连一个起码的垃圾分类都做不到。花溪大学城十几万学生，好几万老师，应该是贵阳市乃至整个贵州省文化意识的制高点，这帮人都做不到，你还能指望一般老百姓吗？大学城里的人，都是社会的精英，所以下一步我们还要对此做进一步的研究。

另外还有一个我们的孩子生态文明素质怎么培育的问题。我这里有一些资料，美国、日本的孩子，除了从小就进行安全教育之外，在这环境保护意识方面，我们差得很远。我想，生态文明问题也应该从娃娃抓起，大学生要做表率。当然，绿色不仅仅是一个垃圾问题，比如说你现在可以在大学城校园走一走，灯火通明，进去看，空无一人。厕所的水经常不关，这个就是一个不节约不循环的问题，是一种浪费。所以我就想，绿色文化教育相当重要和关键，它无处不在。它需要有一个载体，有一个平台，有一个机制，甚至要有一个法律来保障。就国内来讲，宁夏、天津都出台了生态文明环境保护教育方面的地方性法规，但是那个比较窄。从我的专业角度讲，可以立一个“生态文明教育条例”，我觉得贵州是可以先行的。前些年，我在起草《贵州省生态文明建设促进条例》时，就和省人大法工委和环资委他们提过，当时，他们觉得条件还不成熟。这次，省人大常委会袁周副主任找我们去开会，我又提到这个事，这次人大基本上认可我的建议。刚才梁博士讲到规划的问题，我们上次交流过，我也看了前期研究成果。比如，立一个“贵安新区管理条例”或“贵安新区发展条例”就很有必要，我们高校的立法专家也可以贡献点智慧。当然，这个条例首先要解决贵安新区发展的规划问题，也会涉及新区绿色发展问题，微观上也可以规范生态文明教育问题。国内几个新区已经做了这个条例，我觉得贵安新区也应该将此事提到议事日程上来。

**王小峰总经理：**

我觉得中国人的文化就是慢慢地丢弃，比如中药，现在西方国家把我们的国宝拿去当“国宝”，我们则把我们的国宝都丢到垃圾里去了。还有一个是我们的珠算现在已经落后了，还有一个就是书法，这些世界性的文化遗产，现在很多人都不重视，将来慢慢都会流失了。一个真实的例子，幼儿园老师，问一个小朋友，你长大了要做什么？小朋友说，我长大了就挣大钱，包二奶，坐大飞机，到处旅游。然后老师再问旁边的另一个小女孩，你长大了要做什么？小女孩说我长大了，也挣大钱，做他二奶坐飞机，到处游。所以说这个社会是大染缸，已经触及我们的孩子了，所以这一块，不管是绿色也好，生态也好，规划也好，一切要从娃娃开始，归根结底还是一个素质问题。

**梁盛平博士：**

我觉得黄院长说得对，从小孩开始要有这个环境意识，要有这样的集体意识，这个原来我们“国家级新区绿色指标研究”课题组曾讨论过一段时间。刚才，潘博士提到的绿色大学城问题，因为那是贵阳乃至贵州高层次人才聚集的地方，所以我们当时提出了一个碳票。重庆市搞了一个“地票”，我们则提出了一个“碳票”。“碳票”是什么概念呢？就是说我设计一个边际，你只要有这种低碳消费的行为，我就给你碳票，你这个“碳票”尽管不能在整个贵阳市通用，但在大学城是可以用“碳票”兑换相关物品或其他消费的，如学生可以凭“碳票”免费乘坐公交，也可以兑换洗衣粉，这对于学生来说是很现实的，就是用“碳票”的形式来鼓励绿色出行的这么一种文化的倡导，就是说只要有人在的地方，包括社区，包括写字楼人多的地方，都完全可以自行为，这个自行为通过我们某个手段来完成，我觉得这是可以量化的，可以做指标的，然后坐公交车不用钱，学生他愿意干，你要说那么多大道理，你扣他的钱，他不干，然后就可以激发很多人进行垃圾分类。一次兑换一张“碳票”，像积分一样，这个交换范围，如果成功我就推广，不成功就在大学城来做，是很容易实施的事情。反则亦然，如果我发现你不关灯，不关水龙头，我就扣你的“碳票”，这种绿色文化形式很有意思、很管用的。

**潘善斌博士：**

同时，在学校如发现一个学生不节约不低碳的，我们通过一定的手段进行处罚。如他作为一个中学生、一个大学生，在评奖学金等各种荣誉时，就可以作为一个很重要的指标。我曾和我带的研究生提过这个问题，现在这些研究生中也有在将该题目做硕士论文选题来思考。

**黄武院长：**

绿色这个问题是可持续发展的，在执行贯彻方面，如绿色法学、绿色建筑、绿色文化，绿色本质是协调发展，纵向、横向可持续发展的考虑重点。

**梁盛平博士：**

我认为“文化 + 绿色”必须跟微观结合起来，社区规划是很现实的，大到永无边际，小到涉及每个人的感同身受。这一块怎么联结，是不是一个绿色文化以及怎么样倡导，值得我们进一步思考。如黔东南州从江县有个占里村，700 多年来每家每户只生一男一女，之所以出现这个神奇现象，关键是这里村规民约很好。村里人一结婚就到村里的鼓楼那里，两个人在那里发誓，只生一男一女。由此，我们认为，就是社区文化和每个人的利益都有关。讲每个人很自觉，这有点夸张，但我觉得有一个最厉害的地方就是，涉及个人与群体利害关系，如果说多生了，对不起，资源不够，大家有这样的一个共识，这是一个资源平衡的问题，所以文化是一种共识的积淀，习惯了就变成了文化。作为一个绿色文化，该怎么培植，有什么好招，大家可以琢磨一下。

**魏霞博士：**

刚才梁博士在讲到绿色文化这一块，我以前在开磷集团工作过，企业有企业文化，我对文化还是深有感触的。刚才谈到，贵安新区是国家级新区，它成立的时间不是很长，我们现在还没有形成一个真正文化的体系，我们现在提倡绿色发展、绿色文化，实际上，我们在发现挖掘、提炼、总结，应该还是总结出一套贵安新区发展文化，那么通过绿色发展，将绿色文化融入进去。我觉得应该有这么一个理念，我们可以通过结合贵安的实际情况，用一句话或一个词，高度概括浓缩，然后形成一个通俗易懂的、大家认可的东西，把它规范下来。大家就自觉按照这么一个文化理念和行为规范去做事、去发展。

**潘善斌博士：**

打造贵安的绿色文化，我们要看到现在的主题，我们去年研究时提到大学城，因为大学城有 15 万人左右，具有一定的影响力，贵安新区现在要着重培育绿色文化，因为这地方本身还有一个从农民到市民的转换过程，我们怎么来构思这个绿色文化体系，刚才魏老师提出的建议应该有一个口号，这个很好，是应该做一个方向性的东西。

我 2007 年来贵阳以后就住在花溪，那时道路比较破，楼房老一点，但是交通很好，且垃圾没有这么大的量，现在交通特别堵。我就提一个建议，就是能不能把这些“背篓”和这些骑摩托车搞运输的全部转化为林业工人，上山种树，政府拿钱来给他们工资，这里涉及“碳交易”的机制构建问题。贵阳有全国第 8 个环境资源交易所，是在以前的阳光产权交易平台上做起来的，当时我是顾问，还发了聘书。

**潘善斌博士：**

我刚才说的这是第一条建议，因为当时的领导不懂“碳交易”这个词，没有被采纳。第二条建议，是在花溪区全部实行绿色的能源大公交车，全免费，所有的非清洁能源的车不要进到花溪来（当然公务需要的除外）。好了，刚提到的那些人全部上山植树，政府给工资一个人一个月三四千，就业问题解决了；实行免费绿色交通，交通问题也解决了，这样旅游也带动起来了。所以，我提议，贵安新区能不能这样做，在区内实行全免费的绿色能源公共交通。

**梁盛平博士：**

这一期我们主要讲绿色社区、绿色文化，怎么样培植和对应的措施，我觉得大家都思考一下。每个社区都有绿色，大绿色下面各有小绿色，然后贵安新区未来的形象是讲卫生、发展绿色这一块，人人都是绿色发展的践行者，大家有这种意识，未来的贵安新区是健康的、讲卫生的、长寿的。我们大家都要思考，不管怎么样，还是要有一个大纲，纲下面要有线，线怎么整，就具体地实施行动计划，等等，分年度推进，然后请社管局提出课题，由生态文明研究院做平台来推广，这件事情，我觉得还是有点意思。

**潘善斌博士：**

我举个例子，进到贵安新区的房开商，贵安新区对他是有比较高的要求。比如就碧桂园贵安 1 号而言，新区就可以给他附加条件，你不是一个单体的一星二星三星，或者仅仅是绿色建筑这一块，你应该达到绿色社区设计和运营的标准，这个要靠什么样的一个机制来解决。再比如，我们湖潮乡的老百姓，现在种无公害菜、养猪、大米供应大学城，你看它起码在经济这个点上与我们现在谈的绿色发展有一个牵连，这就是绿色产业。通过绿色产业发展，该地区的绿色文化也就慢慢地培育起来了，人们整个文化素质也慢慢地随着提升起来。

**魏霞博士：**

我觉得绿色文化更多的是一种绿色文化公共领域，在公与私之间的冲突上，在设计绿色文化时要更多地将公与私的利益连接在一起来设计，可能就会落地生根。还有，在这样一个具体的实施里面，在贵安新区的大学城，可以将十几万大学生发动起来做志愿者，就可以有效倡导绿色公共文化。我觉得这是一个途径，就是通过公共文化这样一个社会组织推动绿色文化发展会更快、更好一点。

**龙希成博士：**

我对我所在的小区，有一个非常深的诉求就是：我们都是上班族，我们每天都要在上班的地方走一段路，在我们小区多走的这一段路，也这是散步的路径非常重要，空气又好，但是也有不足，就是人车分流没有做好，如果这个事情搞好的话，我们非常感谢，就是最大的福利。现在我们社区人行道、车行道都并列在一起，所以很多人停车时，都占用了人行道，每次物业就给他贴了个条，贴了个条没用。所以社区人群的行为怎么改变，这里有很多细微的机制在里面，重点是人的行为机制。还有的就是养狗的，就是你能不能把狗的粪便清理干净，有的人做得好，有的人做得不好，做得不好的怎么矫正过来，这是我们的一个科研题目，很细微的科研题目，就是停车、养狗、人车分流的设计这三条。

**魏霞博士：**

文化的多样性包括企业文化、校园文化、贵安新区文化、社区文化。所有的文化理念都必须有绿色文化的理念，动员贵安新区十多万大学生的参与具体的公共文化孵化的建设落实。贵安新区可利用大学城的优势，寻求组织志愿者对优秀文化的倡导便捷途径，通过公共组织的建设，建立公共文化的孵化组织，推动绿色文化传播的速度。大学生进入社区互动，带动社区，从而带动整个贵安新区。

**许立勇博士：**

根据大家讨论绿色社区的文化建设问题提几点建议：

第一层是重点放在绿色公共化服务建设——政府首抓文化建设，政府怎么落实是关键。一是文化建设中“十三五”文物保护利用规划；二是公共绿色文化服务破题是关键；三是绿色文化产业；四是绿色文化市场；五是绿色文化政策与管理；六是精神文明。现在贵安新区的绿色文化建设怎么落实，贵安新区研究价值属于成长型，国家只是一个基本的标准，贵安可以有自己的标准，可以推广到地区。从顶层来看，涉及新区公共文化服务标准制定问题，新型城市化中公共文化服务的基本保障和标准问题。

第二层是国家新区如何定位：摆好公共服务的位置和社会管理问题。初步定位一个示范区，把产业政策、资金引导过来，如何定位公共服务问题：公共服务、公共文化服务、公共社会服务。公共服务问题较为复杂，从对象角度去分析，对事不对人——只对行政区域。公共服务的目的就是把14.7万的农民加几万的产业工人以及加大学生三块放在一个体系中去。公共服务的核心、评估标准，要与教育结合，社会、产业结合，产业一定也要提供公共服务。文化产业是其他产业和相关系列的一个平台。对产业要有公共服务，也得强调公共服务性质。

第三层是公共服务怎么从自身角度、社区进行设计？以绿色社区打造为核心，以点带面进行推广。怎么服务？将其变为全国性的，公共服务要有自己的标准。

## 三　建言

一是应力争在“绿色金融发展”“绿色社区文化培育”“绿色发展法治保障”“绿色大学城构建”“绿色发展研究”等领域承担“贵州生态文明试验区”的重点任务。

二是建议围绕《中共贵州省委贵州省人民政府关于推动绿色发展建设生态文明的意见》，贵安新区生态文明国际研究院抓紧研究并提出“贵安新区生态文明试验区”重点研究课题计划，报新区管委会立项，并力争取得省委宣传部和省社科规划办支撑，纳入其专项计划中。

三是建议贵安新区生态文明国际研究院抓紧提出“贵安新区绿色社区文化重构实验”研究计划和方案，新区管委会立项。可在新区内选择2~3个社区，进行绿色文化社区培育实验性研究。

四是建议贵安新区生态文明国际研究院抓紧提出“贵安新区绿色发展法治样板社区”课题研究计划和方案，新区管委会立项，可在新区内选择2~3个社区，进行绿色发展法治样板社区实验性研究。

总之，贵安新区作为国家级新区白手起家，发展迅速，但是作为贵安自身的城市形象，城市文化并没有完全显现。绿色城市发展方向不失为一个合理可行的选择，从社区绿色文化打造开始，率先从绿色大学城作为突破口，绿色先行，你我有责。绿色是新区的发展特征，零碳社区，低碳出行，循环经济，绿色城乡。

## 第四节　绿色标准谈

（第二十一期，2016. 12. 06）

### 一　摘要

中央城市工作会议提出城市发展从数量型到质量型，城市质量发展内涵成为现实的迫切需要，城市要有“精、气、神”，既有卓越的理念也要有扎实的工匠精神。如果把新兴城市当成一个完整的生命体，那么城市区位是自然基因遗传，城市空间是骨骼，产业经济是肌体，货币是血液，交通基础设施是筋脉。

贵安新区作为国家级新区，既不同于以发展产业经济为主的国家级高新区、国家级经开区，也不同于具有完整行政建制的市区，而是基于“脱离城市病”的创新发展的国家战略区域，践行新型城镇化的先行示范区，实现未来新兴城市的先试实验区，探索出具有可复制、可示范的新兴城市发展经验。

按照习近平总书记对新区提出的“高端化、绿色化、集约化”和李克强总理对新区提出的“用十年时间，把贵安新区建设成为西部现代化新兴城市”的指示精神，本期微言堂基于贵安新区田园社区·美丽乡村建设标准经国家顺利验收为基础展开对新区“绿色标准、全城质量”讨论。大家可以对作为新兴城市的田园社区和美丽乡村两个基本组成单元进行质量标准解剖，可能更好对新兴城市提出生态解决方案以反转“城市病”。最后大家表示一起努力编撰《新区质量发展报告》和《绿标再发现》等理论成果。

### 二　相关讨论

**梁盛平博士：**

这个微讲堂已经到了总第二十一期了，围绕绿色发展，以前讨论了绿色金融、绿色产品、绿色消费等主题。关于这一期的主题是围绕着新区质量。贵安新区今年的主题活动也是质量兴区，前期也做了很多工作，并且上个月顺利通过国家“田园社区美丽乡村”建设标准试点验收。贵安新区前两三年一直在做市政道路、公建配套建设、大力发展产业，生态城市初步轮廓也慢慢地更加清晰了。从绿色发展角度看新区已到了第二个阶段，那就是质量兴区阶段，有关部门也实施了很多标准。贵安新区的质量体系如何？有什么标准？在实践的基础上如何总结提炼质量发展特色？所以就有了今天在这里讨论的主题。依托已经完成的质量发展研究规划素材和实践经验理论整理具体怎么做，什么时候完成？要有个时间节点。在 2017 年 6 月份生态文明贵阳国际论坛贵安分论坛时最好有个理论成果，并同步发布 2017 年贵安新区质量发展的报告。

十八大后国内很多专家学者围绕绿色发展以及各地政府都在讨论并实践，据有关调查了解在质量这个切入点进行深入探讨的不多，在 2016 年《绿色再发现》的基础上经过大家每次头脑风暴让我们想到了另外一个角度，就是关于国家级新区质量发展报告这一块，可否是《绿标再发现》？姑且先作为讨论的靶子提出来，它是对传统标准的重新解构，对生态文明新时代的标准做一个创新性解读和实践，目的就是延伸《绿色再发现》的绿色发展研究。从质量标准这一块来说，新区在实践方面做了很多有益的探索，包括国家刚验收的新区田园社区美丽乡村建设标准体系等，今年正是整理归纳及继续探索研究新区质量发展关键的时候。大家来讨论一下，先请新区市场监管局副局长李海燕同志介绍一下相关情况。

**李海燕副局长：**

贵安新区市场监管局成立以后，2014 年初，我们申请了国家级美丽乡村标准化试点，并于今年 9 月 2 日验收通过。我们主要完成了 20 项标准体系的颁布实施，这 20 标准项涵盖了贵安新区的方方面面，共有 6 个部门参与了编制。在标准制定的过程中，我们围绕绿色标准做了一些文章，包括城市建设里面也有很多理念，从绿色的角度进行阐释，前期主要围绕标准完成了这项工作。接下来的工作思路的重点是大数据所体现的各项标准。作为市场监管包括质监部门只是一个标准的管理部门，并不是具体的来做这个标准的部门。所以在这个过程中，我们也感觉到，因为新区成立时间较短，所以缺乏这方面的技术支持。

前期，大数据办按照省里的统一部署，做了一些这方面的尝试，现在我了解的是，他们要准备拟定的三个关于大数据的国家标准，现在是编制完成还没有颁布实施，但这一块是我们接下来编制标准的着力点。另外，还有一个涉及标准的，就是高端装备制造的了。现在说的中国制造，大多还是中国加工，没有自己的品牌，所以说在这一块上贵安新区到底该怎么做，值得研究。我认为，围绕质量品牌，有两个方面的工作是可以做的。一方面是品牌培育，我们目前在做增创国家级的一个品牌，培育一个示范项目。贵安新区按照规划有五大园区，目前来说，投产的主要是电子信息和高端装备，高端装备目前有20余家企业，里面有些企业拿到全国来说，还是有些影响力的。另一方面，我们有一个省长质量奖。因为贵安新区成立时间较短，企业门槛条件基本还达不到，但是到明年以后我们基本上能够运作这件事情。在新区成立之初，2014年1月份，我们出台了一个质量新区的实施意见，实际上在这里面最重要体现的就是对品牌培育的一个资金奖励。在这个品牌培育上，我们有我们的思路，但也比较困惑。对于贵安新区来说，企业如何体现出它们的品牌，不走以前加工制造的老路，走出品牌强区的这么一个新路，是下一步要重点思考的问题。以前说中国是世界工厂，实际上现在看到的并不是世界工厂而是世界加工厂，这个问题不只在全国，在贵安新区也有这样的体现。我们如果一直是加工制造的话，它怎么会有自己的品牌？

**朱军博士：**

刚才李局长说的20项标准，社管局占了七个半，主要来自三个方面。第一，社区建设的一个标准。包括现在新区实施的安置社区。第二，关于市民的素质培训。要达到一个什么样的标准，职业技能有一个鉴定和培训，要教他们如何就业、如何创业。第三，关于非物质文化遗产。我们准备在新区发展一个能工巧匠的匠人工作室，把非物质文化遗产的继承人，以及有一定技能的人聚集起来。具体来讲包括公共服务、基层组织建设、劳动力就业、文明行为、民族民俗文化绿色保护和传承技术、非物质文化遗产保护和传承技术、社区管理、社会保障等规范。

**潘善斌博士：**

我们通常讲的意义上的绿标，有深绿，有浅绿。就深绿来讲，比如说国家出台的绿标：绿色制造、绿色产品、绿色消费。另外还有如绿色食品、绿色交通、绿色建筑等。还有一种浅绿，刚才讲的大数据，以及技术的发展，从本质上来讲，是环境节约型、资源友好型，以及人素质的提高，这也是绿的一种内涵定位。

这本书我认为可以做一些尝试，像大数据和高端产业这一块，它们可以提供一些支撑。高端化、绿色化和集约化三者之间是有辩证关系的，在某种意义上，集约化就体现了绿色化的要求，大数据这一块也体现了集约化，能不能以这些引领为主导，让它们也参与进来，提供一下条件上的支持，形成一个个专题，这样的研究成果拿出去在国内可以叫得响。刚刚朱军博士讲的“非遗”问题，有一些东西本身是体现我们多彩贵州的少数民族的人与自然、生命与环境，里面蕴含很多丰富的内容。我们应该充分发挥传统文化。另外，围绕这个主题可以做一些前期的文献研究，我们要去学习和了解，真正要做这个东西，需要好好研究一些理念上的东西，以及现在世界各国绿色标准的一些规律和趋势。在这样绿色化的理念下，我们的标准要朝着什么方向走，这是第一个大的层面。第二个层面，标准是一个很细的问题，里面涉及很多法律问题，有一个引导性的标准、示范性的标准，尤其是强制性的标准，要作为执法依据。另外一个梁博士讲的绿色与质量的问题，有一点，它的本色是绿色的，但“质量”现在是个中性词，有好有坏，绿色是代表发展的趋势，这之间到底是怎样的关系，怎么样对接起来，怎么创造新的名词（比如绿色标准）。

**柴洪辉博士：**

中央深改办今年开会关于深改工作中央层面提的要点，其中很关键的一项任务就是建立这个生态补偿制度。建立这个生态补偿制度它有一个前提就是核算，如果没有权威的核算，要怎么补偿，资金的多少没有明确的标准。刚才梁博士谈到关于自然资产（NC）负债表的问题，是很有必要进行对自然资产的核算，盘活好新区的自然资产存量，增强核心竞争力。

**朱四喜博士：**

关于湿地生态系统服务价值的问题。比如说湿地，要涵养水土，它价值是什么样，它可以改变局部的气候，它可以提供直接的产品，还可以提供休闲娱乐的产品，包括文化、教育、科研，等等。其实它每个部分都有价值的，可以直接算成生态系统服务价值。据专家计算，同样的湿地面积要比森林，甚至比海洋的生态系统和我们的农田的价值都要高，据初步估计要高 10 倍以上。就像贵州，是典型的喀斯特地貌，它在地理位置上非常重要，长江和珠江的源头都在贵州，按自然资产（NC）来算的话，贵州是具有较大无形资产的，绿色 GDP（GEP）可能在全国就不是倒数而是顺数了，能进前十了。

**潘善斌博士：**

生态补偿的问题，发改委在四年前就在牵头做生态补偿条例，一直没做出来。现在是一些概念化的东西，国际上怎么算？现在有没有一些成形的核算体系？社会上对它的认可到底怎么样？现在深圳有一家在做绿色城镇标准，继而发出了相应的调查问卷去做调研。实际上下一步我们也要做这个工作，要把一些想法，一些要做的标准，发到一些权威机构去做调研。

**梁盛平博士：**

2016 年编纂的《绿色再发现》主要从图像学的角度进行切入。按照贡布里希的图像学理论，头脑里首先有美的样式思维之后，在大自然里看到同样的景色，就会觉得很美，这就是美的再发现。“色”主要是图像的概念，《绿色再发现》这本书首先讲什么是绿色图像，这本书里的图像是真实而美丽的，甚至是人们诗意栖居般生存的，其给人们描绘了一座真实的美的城市的视觉图景。用这个美的图像作为新蓝图建设一座美丽的城市，这就是新区的未来城市的构建。怎么做呢？从识别开始，而后规划和实践，贵安新区的绿色本底很好，在自然没有被破坏的前提下，造了一个与它适合的新兴城市，这是未来一个有机生态城市的模型。对于《绿标再发现》，通过对比标准找到贵安国家级新区绿色标准的定位。传统的城市发展样式都不完全适合贵安新区，新区应该是一个后城市化的典范，代表未来生态城市的样式，必然有一套相对新的质量标准发展体系。

## 三 小结

贵安质量发展报告可否从这几个方面——美丽乡村、数字社区、绿色产品和小微企业，抓住新区重点和特色概括。我们一定要从国家级新区绿色发展的标准来要求，不走传统城乡统筹的路子，国家级新区按照国家的战略定位要代表的是未来型城市质量。面面俱到也不现实，围绕国家级新区的美丽乡村新型社区这个城乡基础该是什么样子？国家级新区作为未来城市，其中乡村社区有什么标准？是城市中最重要的终端组织，是全城质量的完全组成部分。新兴城市终端组织必然含有乡村和社区两个部分，在贵安主要体现为美丽乡村和数字社区；另一个就是绿色产品，这是无论城乡都需要的，再有小微企业，我们在社区乡村重点要抓的是“双创”这一块，体现的是小微企业。《绿标再发现》比较上一版要增加一个总的构思和想法思考，什么是绿标？对以前的绿标做评价，对传统的做法做评价。还有绿标的规划，这是不一定实施的，但有可行性。绿标包括我们已做过什么，正在做什么，未来打算怎么做，规划是代表未来，识别是对过去标准的评价，这也相当于把贵安新区的绿色标准素材给予了分类。什么叫国家级新区？它不是传统的国家级经济开发区、国家级高新区，也不是建制的行政市，而是新兴城市的前奏，国家级新区既有产业经济也有城乡统筹。

有两个方面需要综合考虑，一方面是国家质量体系本身板块的架构，这个是我们共同认识的一个基础，要有贵安新区与众不同的、创新的地方。另一方面是大家所认可的核心指标，贵安新区的特色指标。质量本身就是量和质的关系，从量变到质变，量的堆积才能到质的报告，所以绿标主要是体现在纵向的比较上需要大量的素材，横向上就是要产出不同的区域因地制宜的质量标准。《贵安新区质量发展报告》和《绿标再发现》这两本书的逻辑与现实的冲突在：贵安新区的绿标如果和其他地区的一样，那么就不能体现自身的水平；反之如果绿标做得有引领性，别人反过来看我们的实践，至少在区域标准制定上是有引领发展价值，有国家发展效益。

## 第五节　新兴城市谈

（第二十二期，2016. 12. 17）

### 一　摘要

城市是一个国家或地区同世界经济联系的桥梁和纽带，是国际经济大循环的空间依托。坚持走新型城镇化发展道路，凭借现代化的信息网、交通网，形成自己的城市特色，融入以全球为尺度的新的世界城市发展体系，加快连接助力“一带一路”立体交通网络建设。随着科技文明进步，世界正经历一场从工业文明向新生态文明的革命，传统城市发展模式不改革行将死的时候，迫切需要创新理论引领世界城市发展和变革，就像克里斯·安德森《长尾理论》写道，依托云计算新的生产工具和传播工具将不断普及、供应需求间的中间环节也逐渐缩短，新的经济形态显现。霍华德的田园城市理想、沙里宁的“有机疏散”理论即将大放光彩。

贵安新区作为国家级新区，践行国家新型城镇化的先行区，探索未来新兴城市的实验区，既要发展新兴产业，成为西部重要增长极，又要扩大开放，迅速发展为内陆开放经济的新高地，更要创新生态发展，建设成为生态文明示范区。

本次微讲堂主题是国家级新区与新兴城市，大家从意念、文化、经济、交通、产业、城镇化等方面进行了热烈讨论。

### 二　相关讨论

**梁盛平博士：**

这一期微讲堂的主题是国家级新区与新兴城市。当前的阶段是以经济建设为中心任务的社会主义初级阶段，到目前初步测算国家级经开区有225家，国家级高新区有134家，其他特殊功能区有159家，尤其是自1992年设立上海浦东新区以来国家级新区近三年迅速发展到18家，作为新型城镇化先行区的国家级新区，承担了发展成为未来新兴城市的探索任务，至少未来的新兴城市没有现在的“城市病”，城市给人以舒适的待遇、通畅的出行、便捷的服务、良好的生态等。这次讨论试图回归到城市的本体。例如安徽黄山脚下的宏村、西递等，小小村落就解读了一个城市的原型：一条小河穿过整个村庄，里面有书院、文昌阁、祠堂、广场、交易市场等，通过水的巧妙设计，既是生活水也是净化的水，还给予寓形以神的寓意。城市无非是进行放大和再组合。

“城”，就是一个围合的空间，最早主要有防卫的概念。“市”就是可以交换物品的场所。到了工业化阶段，随着人口大集聚，城市有很多个功能板块了，有中心区、行政区、文化区、产业区、居住区等。中国改革开放30多年来伴随着城市化运动导致了城市发展的诸多困惑，如交通拥堵、雾霾、地下排水、城市垃圾等问题。为了推进健康的城市发展，中共中央、国务院印发了《国家新型城镇化规划（2014～2020年）》。新型城镇化着重解决好农业、转移人口落户城镇、城镇棚户区和城中村改造、中西部城镇化问题。逐步形成城市群、中心城市、大城市、中城市、小城市、镇、乡、社区、村的城镇化序列。尤其是促进农民市民化过程中很需要“特色小镇”，特色小镇是一个很重要的介于城乡之间的发展空间。新兴城市实际上是新型城镇化发展的目标，它们是一个不会有“城市病”的未来健康可持续城市。所以新兴城市就是从城到村的一个城镇化序列，未来的城离不开乡和村，村也离不开城，是一个相互支撑的体系。从城市发展角度理解，国家级新区就是一个新兴城市的前夜，当然这个过程会有非常多的矛盾、挑战、机遇。我认为这个过程还有较长一个不断从量变到质变的过程，还有很多未知需要创新的事与物，今天微言堂就要探讨围绕贵安新区从国家级新区到新兴城市应如何蜕变。

**胡方博士：**

“新兴”的概念特别好，但中国的城市化，包括大多数城市化，在发展过程中明显有行政色彩太浓的问题。首先是一个经济概念，经济发展到一定程度必然有文明和文化，这些是城市的核心，然后再反作用于经济的发展，这个发展过程当中叫“产业”，产业发展是世界城市的一个功能布局。在贵阳，我认为经济不突出导致城市功能分块很乱，这就会带来一系列的问题：教育、文化、医疗、交通，经济发展和文化没有配套就没有一个线“串”起来，是散的。所以城市化的根本就是经济，“城”是一个地域的概念，“市”实际上是一种文化关系，人和人之间的一种合作，这个合作的空间讲究成本节约，所以产业链也好，区域经济也好，本质上还是一个生产。城市发展本身随着经济的发展，从奴隶社会比较低下的自然经济到初级的商品经济，然后到高度发达的市场经济里面的互联网经济，经济的发展变化与城市的格局必然发生一个较大的变化，而这种变化是和经济紧密相连的。贵安新区，作为贵州省西部增长基地，这个一点都不为过，但是目前要有一个正确的经济和文化的定位。

**潘善斌博士：**

“新兴城市”什么叫“新”？ “新”的标准是什么？谁定的标准？“新”，城市的内在驱动力是什么？“城”和“市”都是一个大课题。在20世纪80年代的时候，江浙一带的中小城镇的理念，到后来的城市化，现在又有城镇化，根本的问题就是刚才提到的文化的问题。所以一个小村落走向一个小城市的雏形，我想最主要的是文化基因，文化实际上不仅维系着一个家族或者一个小的社区，同时它对外也有一个强大的吸引力。刚才梁博士提及西方的广场概念，西方的一些哲学书里记载从古希腊开始，城邦广场是一个民主和自由的象征，它是一个普通人无门槛就可以去的，一个高谈阔论的地方，一个公共的空间，一个表达话语权的地方。国内有很多广场，也是这种公共功能发挥的地方。贵安新区作为未来城市的一个缩写，是否规划里面有类似能提供这么一个功能的点或项目？过去的城市是一种防卫需要，城里是一个小型社会。现在的城市实际上是由一个主体功能来区分，比如美国的华盛顿是一个政治中心，而纽约是世界的、经济的、贸易金融的中心。中国的北京、上海也是这样的一个对比。

我们现代的社区是一个在城市基础下的最小的单位，比如农村社区、民族自治社区。社区体现了人与人之间的合作，“社”体现了一种合作的本质。我们现在的城市从广义上来讲可能是一种生产领域的分工，一个经济的收入，或者以经济作为一种纽带，如果形成一个社区的概念，是一种文化的延伸。讲到未来城市的问题，什么叫“城市”？城市的对立面是什么？城市的反义词是什么？那就意味着不是城市，是否就一定等于农村？那非城市能反映一个未来内涵的东西，到底叫什么市？

**胡方博士：**

我理解的城市，首先就是经济，经济的发展就涉及人，从经济的本质来说，经济活动是为了人活动的自由空间。从物质的角度和文化的角度来说是自由度，经济的自由度、文化的自由度。城市、乡村、农村、城镇，这些概念涉及从经济发展的角度有一个区域空间合作的范围问题。它本质没有矛盾，所以农村，包括花溪村、大学村换个角度来说它们也可以是城镇。现在讲城镇是一个延续古代的地理概念，实际上是保护地域空间的概念。“新兴城市”从经济的角度来说，中国的北京、上海一直称为城市群中心、大都市，实际上这也是在讲城市到底怎么建，包括城镇化，这里面本质的原因从经济的角度来说还是一个经济布局和经济协作的问题。一个人的劳动强度是很低的，在自然状态下生存不了的，这涉及群体社会在生产力方面怎么进行合作，而这个合作是在一定的空间领域里，涉及空间布局。所以讲城镇、乡村、大都市，是从一个经济角度来布局的问题。

**魏建伟：**

刚才听取了各位的观点，我有几个不成熟的建议、想法。经济基础决定上层建筑，经济发展还得考虑人流量的一个外部因素。现在贵安新区大批量地招企业，其实就是在把人聚集过来。它需要这种资金密集型的企业进来，把人力、物力与企业结合，带动当地的经济发展。

关于“新”和“兴”这两个方面去创一个城市的问题，作为一个新区就要从“新”，新在哪儿？我们的布局就是大数据，包括三大运营商——电信、移动、联通，现在都已经在这建了区域中心。把一些创新性纳入到这个城市，这个城市就是创新性，这个新区就是创新的新区。

我们现在做产业链的整合，叫资金整合。是以产业链进行整合、融资。供应链是产业链里的一部分，以它进行融资。尤其像生产方、加工商、销售方，有一方跟不上，各个产业都会停滞。

**胡方博士：**

国家在改革，另一个说法为：全要素生产力的整体提高。经济的发展不是靠全和长，而是看齐不齐。经济发展也是这样，为什么叫产业链、价值链？中间有一环跟不上整体全完，贵安新区的发展和经济发展一样，是一环扣一环的。

新兴的城市、新兴的经济，而新兴产业要结合本地的资源，优势的资源要结合人和自然，包括资金等各个方面的搭配，才能叫作新兴城市，人气到一定程度很自然地就形成一定的文化和氛围，形成人和市场。

**潘善斌博士：**

我认为这与地形、自然环境有关系。文化方面，需要一个适应的过程，比如：一个城市最基本的卫生要求都达不到，我们就会感到苦恼；还有人们对公共准则的遵守问题，如交通。城市里一些直观的东西，是客观存在的，接下来还是人的一个现代化问题、人的城市化问题，即从更高、更好的方便发展。贵州相对整体经济总量不大，科技程度不高，不能与东部城市相提并论，它也不同于中部、西部，有自己的特色。城市靠产业来带动，又必须结合自身的优势和特点。

**柴洪辉博士：**

我一直在思考，我们的城市究竟该怎样建。其实就是规划的问题，现如今堵车这个问题究竟是怎么造成的？有这样几个问题：第一，理念层面上，我们所有的城市规划，当初都是照搬苏联模式，最典型的城市就是北京，是当初苏联专家规划的，其主导思想就是1平方公里1万人，是苏联的模式，但是问题在于当初2200万平方公里的苏联属于地广人稀的，所以苏联的理念规划的北京城今天堵车堵得一塌糊涂，所以这从理念上就出了问题。第二，霍华德的田园城市这个理念提出来，从20世纪60年代到今天影响力依然很大，我认为田园思考是没错的，但是城市一定要注意宜居性，但是宜居性田园城市并不意味着“摊大饼”似的这种规划理念，而城市的本质它是讲规模讲节约的。规划的时候说有生态，有绿地，有公园，功能相通就往一块儿放置，但是这中间出了一个问题，“摊大饼”永远是从中心往外摊，这就导致所有城市规划都围绕这个中心，交通自然是要堵得一塌糊涂。第三，对于城市道路的规划，我们走的是什么路子，是按照成绩道路的规划理念来的，按成绩道路的规划理念来规划城市道路，它承担的功能是不一样的，那就必然导致交通规划出问题，尤其这种二线城市，比如郑州，高架不修还好，修出来之后堵得一塌糊涂。第四，路的加密，要确保公共交通不能超过 300 米，让人不管从任意一个方向出来，都不超过 300 米，公共交通就能找得到站点，就能上得去，就能快速地让人流散开。但是贵安新区的路，远远达不到。在欧洲，在路的加密这方面，基本上很多的新城区在 150 ~ 200 米，是真正实现了小街区。所以这也是一个很严重的问题。第五，北京的堵车不仅仅是因为规划的问题，所有的资源例如教育卫生、医疗、科技、金融等都集中在了北京，全国各地的人都要往北京走，自然就成了这个样子。现在我们的城市规划也运用了这个理念，高端医院、学校、大型的购物中心，全部集中在市中心，贵安新区规划的贵安高铁站远离市中心，否则的话就会像所有的火车站一样堵得一塌糊涂。高端的医院，也要在市郊的位置。现在小学规划，目前的标准直径一公里之内的，以及幼儿园的规划，现在大都随着小区的建设规划走，将来能够真正建成邻里中心，这样才是城市综合规划，才能解决问题。第六，我们的规划，从管理角度，总是把地块分得非常清楚，农业就是农业，工业就是工业，居住就是居住。这事实上是有问题的，比如说像现在高端产业园那边，我们的才盖一二层，但事实上上面的地也都是浪费，我们现在的国土面积不小，建设用地面积不小，但是我们的城市就出了这么多问题。最近的研究，说深圳 5 年前修编的时候是按照 800 万人口规划，但现在都 2000 多万了。最早北京是按照 1100 万的人口规划的，然而北京的面积和东京都市区是一样的，东京都市区有 3500 万人，但交通却不会像北京这么堵。

**尹良润博士：**

我也有两个观点：第一，一个城市的构成讲究三个层面——意识层面、器物层面、具体活动的人。关于人的层面，新兴城市还得有新兴的市民，如果大多是特别没素质的人，就很难成为新兴城市。美国有一个比弗利山庄，美国的很多名流都喜欢住在那，相当于一个特色小镇。如果以后贵安新区也是这个感觉，一个城市和人的素质是相互促进的，这个城市会更美。新兴城市人的建设是比较缓慢的，也非常急迫，需要做很多工作。第二，特色小镇不仅是行政的区划小镇，包括很多，一些村寨也可以叫特色小镇。为什么不提特色城市呢？因为城市太大太难塑造了。但是新区可以在特色城市做一个全国的最新探索，因为它面积很小，完全可以规划成一个特色城市，可以申报一个中国比较少有的特色城市或新区。

**梁盛平博士**

城市化和城镇化在住建部是一个讨论了很久的话题，城市是来自西方的翻译，很多专家认为城市化是城市在吞噬农村，有一定的不妥当的地方，后来才有城镇化，城镇化是讲了一个过程，是一个序列，城市有大中小，还包括镇乡村。刚才柴博士讲的是一个交通，尹博士讲的是特色小城市，胡博士谈到经济，魏总谈到产业链，潘博士重点讲文化等，从不同角度对新兴城市进行了生动的讨论。走传统城市发展道路，实践证明很难走，城市也都是在教训中前进的。贵安新区从某个角度上来看，起点非常好，它可以在通过新型城镇化发展成为新兴城市这一新的角度完全可以回避传统“城市病”。贵安新区应该要承担这个发展使命，为新兴城市探索出国家的区域发展模式。从一张白纸白手起家到新兴城市之间，确实有很多可探讨的地方。我认为城市发展归根结底就三个事情：自然本身的事情、人与自然的事情、人与人的事情。新兴城市里面的发展的核心就是关于人的城市。

## 第六节　贵安村寨复兴谈

（第二十五期，2017.01.21）

### 一　摘要

村寨与社区的社会秩序建设在社会建设中具有特殊重要的意义。我国社会是否稳定和繁荣基本上取决于社区和村寨的稳定及百姓的幸福，这个现象数千年没有变化过。因此，村寨和社区的建设有必要单独提出来讨论。社区和村寨这两个作为城乡最基本的自组织单元，是新兴城市的基础，其健康可持续发展程度事关未来城市的发展和稳定。所以这期微言堂直接深入长陇村组，讨论复兴村寨。各位博士专家围绕“复兴什么”展开讨论，从村寨文化载体、村寨微经济、民族建筑、共同富裕、兼职农户、村社共同体、“农转非与非转农”、内置金融（互助金融）、农业服务业化、“十户长”等进行讨论启发。更为欣慰的是，曹福全村主任听了很受启发，允诺其甘河村愿意下一步为微言堂提供永久性讨论平台，微平台大影响。微言堂将围绕一个村寨和一个社区进行讨论和实验，尝试探索山地特色村社共同体发展路径。

## 二　相关讨论

**梁盛平博士：**

开个篇：今天把2017年第二期微讲堂拿到村寨里进行，讨论的主题就是复兴传统村寨。以后要坚持把微言堂立足于最需要的基层，立足于四两拨千斤。下面有请本期的堂主刘孝蓉博士。

**刘孝蓉博士：**

来到贵安新区看到了很多村子后，还是有一些感触的，感觉它们和我们原始的村落还是不一样，我对生态博物馆了解比较多，例如：贵州的六盘水成立的第一个生态博物馆，是从欧洲引进过来的，这里原始的苗族文化及村民自治组织符合生态博物馆成立的要求。但引进后出现了一些问题，而当时是没有预见到的。由于贵州村寨文化保存得比较好，后面又成立了贵阳的镇山村（布依族）、黎平的唐安（侗族）等。把“洋”的这种理念引入后，有时候就不太适用，因为中国制度是自上而下，很多时候都行不通，然后我们就在研究能不能让村民本身去修复他们自身的文化，传承他们的文化，并且发挥他们村落的一种力量。村庄的治理一般都是外来的专家告诉他们这么做，恰恰就是因为这种方式，反而把村落原生态及“三观”都改变了，特别是价值观方面改变得最明显，实行下来感觉和原来的初衷有出入。对于村落复兴这个问题，由于受中原文化等各方面的影响，它也是在不断变化，所以希望借此机会对于“村落复兴”这个问题，听听大家的建议。

**柴洪辉博士：**

“传统复兴”，复兴什么？我认为这是一个问题，更大程度上可能大家都认为从文化方面着手，可文化是需要一个载体的，而现实告诉我们传统的载体文化一直在消亡。换句话说，农村人他们其实更向往城市的生活，所以，从这个角度如果复兴的话，究竟复兴的是什么？事实上农村外出打工的越来越多，而他们挣钱回来的第一件事就是修房子，那么以往的面貌还在吗？我们能不能在城里人都说这个地方好的同时，这里的人也实实在在感觉到它的好呢？而且有还能完全保护这个传承的载体，首先是房子，而这中间又有很重要的一点，不管房子的载体是怎么样的，政府在承担这种载体上很重要的一条，就是基础设施的建设，如废水处理方面的问题，垃圾处理的问题。也就是说，“洋”的东西进来了，怎么接地气的问题。

**宋全杰博士：**

我认为还是要结合我们的规划，我们应该重视规划，规划要管长远的东西，农村和城市的建设是不一样的。为什么说要提倡“乡愁”？乡愁就是一种不太容易变的东西，所以说这种规划要管得非常长远，然后把好的东西留下来，才能让人们认为是比较好的“乡愁”。这就要求这个规划者要长时间待在农村，和村民们共同完成这个规划，也才能经得起历史的考验。另外我觉得硬件方面，要把村落的风貌保留住，里面可以根据个人习惯及喜好进行改造，但外面风貌要传承下去，如象征性的树、广场，一定要做好，村镇一体化联通。最后我认为动力很关键，我们应该把产业和发展联系起来。发展旅游是个方向，但不能都发展旅游，否则会出现问题。所以要想好、选好一个点、长远的打算、周密计划，要有产业的引入，形成发展的动力，然后再去实施。

**柴洪辉博士：**

从规划的角度，由于搞村寨规划不赚钱，所以搞规划专业的人都是在搞城市规划，他们学的也是城市规划。所以说村寨规划难搞，如前所说村里有类似歪脖子树的，它在如今的社会已经留不住了，人们会想方设法把它弄走。很多乡村，办完美丽乡村后都不再美丽。开农家乐，城里人来吃，因为城里人天天大鱼大肉，就觉得农家乐这种范儿做得好，结果我们的政府跑去给开农家乐的老百姓一培训，菜怎么炒，该怎么样，结果一培训，全部培训成城市的大饭店的路子了，于是人家都不来了。

**杨壮博士：**

今天的主题叫村落的复兴，刚才柴博士讲的时候我也想了一下，这个村落复兴，复兴什么，哪里有欠缺需要复兴，我觉得这是一个根源的问题，大家可能都是从普通角度来考虑，我就在想，首先村落的基本功能是什么，要复兴首先是把它的基本功能搞清楚。村落无非就是两个功能：生活和生产。生活就不用说了，生产什么？以前是农业，然后就是工业、商业、服务业，这是一个递进的过程，我们到现在来讲，村落的复兴，首先是弥补它的功能。不仅仅是我要把它传统的、历史的复兴，这只是一个很少的一面，这只是个表面，我觉得最重要的是这个功能的复兴，就是生活和生产，因为整个世界史在发展，历史也是在延续。在这个过程当中，生活上，比如刚才大家都提到的，因为城市确实是发展在前面，它其实也是一个村落的转型，所以农村也好村落也好，城市的短板在什么地方，不是说一定要拉平，但至少要一个趋同，大家变成一致的一个过程，这是生活。

第二生产，这就涉及一个规划，当然了不仅仅在建设的这种规划，更多的是产业类的规划和整个发展的规划。这种情况要搞清楚。如果说讲方法大家都明白，每个村落都不一样，这是毋庸置疑的。生产是根据整个村落的具体情况，无非就是我们讲的三个产业，怎么来布局，怎么来规划。而且复兴，从更多的功能来讲是为了经济上的，当然经济发展不是说经济增长，这个是要考虑的一个问题。但不知道每个村落具体是个什么情况，就像我们搞园区一样，从新区来讲，原来都是农村，发展成工业区，下一步就是要建城市中心，变成商业区。它整个的过程就是怎么来布局。村落的没落，比较向下的趋势，除了之前讲过的物质上的，还有跟我们整个社会发展的生产方式的变化有关系。比如说一个村，老人留下了，年轻人都出去发展了。这个趋势也没有办法，除非村落的发展能够赶上城市也好或者工业区，有个趋同的同城才能把年轻人吸引回来，这我觉得很简单的一个道理。

刚才大家讲的文化，讲到村落的复兴，除了物质上的，就是文化上的。文化复兴是什么，大家提到的例如枯井、一棵大树，或者祠堂被移走了，这都只是个表象，更多的是一个村落代表中国一个灵魂，一个文化的灵魂，一个农业乡土的灵魂。我们中国的文化是根植于农业的文化，直到现在都没有变。另外国外的文化，美国是一个移民的国家，包括北美南美大洋洲，都是移民，但是他们传承的这些都是欧洲人的后代，或者是黑人的后代，或者是印第安人的后代，他们继承的文化上和欧洲是一脉相承的。这种文化就是一种灵魂的传承，而不是局限于一个村落。所以我觉得村落这种转移是必然的。文化到底需不需要保留，到底需不需要转移，就相当于中国的文化和西方的文化的碰撞。所以刚才大家讲村落的复兴，但实际上它代表了好几个层面。物质上就是生产和生活，更重要的就是大家讲的文化上越拔越高。文化就变成了我们中国的文化怎么发展的问题。我觉得每个文化都有它的优点，但也有它的局限性。到现在这个社会，都是交流的一个社会，各种元素都是流动的，也不能够固守，为了保留这个而保留，我觉得是没有意义的。

**许文：**

这是一个由外到内的保护，而不是复兴了，里面这些人，这个镇小，他想保护么，他可能不一定想保护，他也不知道要保护什么东西。我们真的要保护这个东西的时候，我们要到村子里面找到村子的历史、文化、人文，特别了解的人。我们外来的人来复兴、来保护，那我们保护的就是城市的内容了。要先找这个亮点，比如几千年下来后像花溪青岩古镇一样能存得下来的，有旅游价值的。如果我们保护的东西没有价值，那就没有必要保护。

**柴洪辉博士：**

我不太同意这个观点，为什么说我们复兴的是什么呢？复兴的是文化。为什么要保护它？这中间就是一种寻根，换句话说，就是对我们自身的拷问，我究竟是从哪里来的，而这个本身就是中国文化，尤其我们一直是农耕文化，我们的根还是在农村，不管我们现在北上发展成什么样了。现在这个文化的阶段，我们没有发展到美国、欧洲那样，但到了商业文化的时代，有一个很重要的一点，从新中国成立后，从大文化上都是在没落的。我们可以把乡村弄得有特色，而不能说它没有特色就不保留，因为我们的根在这。在汉文化中间，扩展到整个中华文化，很重要的一个环节。保存传统村落从文化的角度起到这个作用，就是把我们的根传承下来。

**梁盛平博士：**

改革开放30多年来，市场经济的快速发展，人与人之间的关系充满了市场的味道，尤其是村寨中原有的血脉集体与秩序。为了更加可持续发展，既要坚持经济发展带来物质生活水平的提高，也要坚持村寨原有秩序的修复，增强公德心，增强集体荣誉感，增强文化认同感。

**曹福全村主任：**

我们的村落是一个有机联系的整体，保留村落首先要有灵魂，一个村如果有一两百年的历史，它就会有它的特色、文化以及一些代表性的东西，即就是一个文化载体、家族载体。现代社会不断发展，对于村落的保留我们要有所选择，如文化方面就一定要保留。在规划方面人是第一要素，规划要与“人性”结合起来，如果人的素质等方面跟不上，那也是起不了作用的，所以说规划要围绕着“人性”和“自然”来做，结合好了、处理好了，我们的规划就成功了。在乡镇垃圾处理方面我认为主要有三个方面：一是政府的督促力度不强；二是村里的领导班子思想觉悟不高；三是管理水平达不到一定的境界。所以，在管理方面一定要选拔有一定素质的人，特别是要有责任感和有发展眼光的人，规划村落文化上一定要结合当地的民风、民俗，进而促进民族文化素质的提升和个人文化素质的提升。这需要我们下很大的功夫，而且用心很重要，使村民在物质文明和精神文明上共同提高。

**胡方博士：**

传承复兴村落文化，它与我们的生产方式息息相关，如果要搞村落旅游就一定要有特色，如何保存、如何传承是值得我们思考的问题。

**曹福全村主任：**

贵安新区传统村落保存传承，一方面是注重乡村基础设施、环境卫生和生态的保护。另一方面是要提高老百姓的综合素质文化修养，两者结合才能更好地传承和发展。

**胡明扬博士：**

我们发展传统村落文化一定要挖掘出当地本民族特色，搞一个全省第一甚至全国第一，那发展是最有潜力的。比如我国少数民族的“逃难文化”就是很好的一个看点，对旅游开发很有促进作用，不能乱开发，一定要先规划。所以做规划的人一定要把全省的资源都摸清楚了，才去做小的地方特色，做出来不能同质化。

**任永强博士：**

我们今天讨论的传统村落传承和保护很有意义，我觉得不是所有的传统村落都值得去保护和传承，我们应该保护传承有意义和古典的村落文化。怎么才得很好地传承和保护？从规划方面来讲，有多种评判标准，要涉及跨专业多方面多领域的参与并进行讨论研究。传承与保护需要内生动力（当地人民族文化特色）和外生动力机制（政府支持）等相结合，主动作为寻根文化，才能很好地保护、传承和发展。

**刘珣博士：**

传统村落文化的复兴，我们大家都是从三个方面阐述。第一，拥有特色民族文化村落的旅游开发。第二，真正的传统村落文化的传承和保留。第三，传统村落的新型城镇化建设开发。这三个问题大家在讨论时有些混淆，其实在我们实践中也常出现这些问题，有的传统村落文化在旅游开发的时候就消失了，有些传统文化我们保留了但是不注重城镇化的开发，老百姓的基本生活水平没有得到真正提升，这种文化的保留不长久。我个人认为，传统村落文化的保留与复兴，核心在于如何定位好政府和百姓之间的角色分工，政府要找好定位，不能太主观，不能太任性。

**陈栋为博士：**

刚才听了各位博士谈了很多关于传统村落文化的传承和保护，感触很深。传统文化最突出的特点就是封闭，对于现在的城镇化发展是有益的，在开放共享的信息时代里，这是我们不可跨越的鸿沟，在传统村落的开发上我们怎样填补这样的鸿沟，政府、企业和村民在传承开发时都与外界能够很好地沟通，才能最大地发挥作用，推动发展。

**刘孝蓉博士：**

今天我们主要讨论了三个方面的问题：第一，传统村落保护和开发的层级的问题，就是我们到底怎样做，即哪一种要保护？哪一种要开发？用什么方式来开发？首先这是要分层次的，其次是保护有价值的古典村落文化，最后是可以通过旅游资源的开发挖掘，用心呵护好的文化。我觉得在这个层面上我们要发挥我们的想象力，今天也提出很多好的意见为我们下一步保护传统村落文化打下基础。第二，有些东西不需要保护，已经被历史社会所淘汰的，我们可以通过人为的更先进的高科技方式来进行开发，所以针对这种文化传承的保护程度我们是要分层次的。第三，我们也谈到一个主体就是谁的文化，我们究竟保护它什么？其实我觉得村子就是一个人化自然，所以它的主体应该是当地人，也就是保护当地的文化精英、民族精英和乡村精英，这样村民对自己的文化会有感情，也会有自信。但是村落文化有一个经济发展程度的问题。当经济发展到一定程度时对文化才有充分的自信，才能更好地发展，除了主体外还需要政府以及各方面力量的支持。就是传统村落的建设或重建，在规划建设当中要考虑到一些专家学者的意见建议，今天我们讨论这事是对我们一个很大的促进，也是对决策者影响的一个开始。

## 第七节　贵安村寨搬迁谈

（第二十六期，2017.02.18）

### 一　摘要

本期博士微讲堂围绕村寨在整体搬迁中发生的痛点，各位博士各抒己见。首先村支两委及村民代表围绕存在搬迁积极性不高的现象进行陈述，尽管安置点房子建得较好，但因为长期自力更生，没有太多钱财收入，人们担心停车费、燃气费、物业费等有关费用负担不起，以后没有田可种，对未来的生存有担忧等，对这些问题大家做了深度的对话。就痛点问题尹博士提出了加强政策宣传、电视夜校培训、编制视频搬迁手册、拍摄贵安记忆等办法提高村民搬迁积极性。潘博士从社区发展的角度强调了发展集体经济，以便平衡再分配，增强对弱势群体的帮扶，达到共同富裕的发展目的，并积极梳理社区传承村寨传统文化，以增强村落凝聚力。刘博士认为通过大病医疗、社会保障、意外保险等多方面的立体保障手段以增强村民未来安全感，提供技能培训以提高村民未来生活能力。大家畅所欲言，提出以社区发展的角度推进村寨的发展，真正培育新社区的内生动力，村民未来要被培养成未来城市的主人，而不是弱势群体，警惕乡愁沦为矫情。

对此大家提出的对策思考有：一是甘河村由于未来搬迁后作为公园绿化用地，在公园里应适当保留不易迁走的村寨历史文化遗存物，成为公园的一个景点。二是村两委利用既有集体资产加强发展集体股份制企业，增强集体收入，带领村民到相关转型社区学习，让村民看到希望，增强信心。三是创新各种宣传教育方式方法，提高村民素质，提升就业能力，尽快融入城市，尽快成为未来城市的主人。四是完善村民自有组织，培育其他社会组织，引进像微言堂这种高端人才的平台论坛，经常进行主题式头脑风暴，让村民直接参与。

## 二　相关讨论

**梁盛平博士：**

这个微讲堂今年已经是第三期总第二十六期了，微讲堂主旨就是以博士为主，各方人士都参与进来，共同讨论贵安新区的可持续发展，每一期都做一个思考，没有结论。今天的主题是整体搬迁型村落的痛点思考。最近，市场监管局围绕美丽乡村标准化建设情况对多个村寨做了一系列调研报告，其中发现一个共性问题：老百姓搬进新的安置小区，他们存在积极性不高的现象，对此大家很困惑。现在有请曹主任主持，各位村两委代表围绕搬迁问题畅所欲言。

**曹福全主任：**

今天我们对村寨的历史、现在的环境、今后的发展发表一些自己的思考与看法。今天我们的主题是贵安新区整体搬迁型村落的痛点思考，今年贵安新区的大事中其中一件就是甘河村回迁安置。房子修好了，我们村两委需要做的就是做好老百姓的工作，让他们回迁到安置点去，住进新房子，离开我们赖以生存几辈子甚至几百年的老房屋。我们从生下来，村寨就不断地变迁，已经在我们心中有了深深的烙印，是一生中不能遗忘的记忆。黄书记自从甘河村挂村7个月以来，他的工作思路是一户一户地谈心，多听老百姓的想法、说法，多了解他们的做法和家庭环境。所以，首先请黄书记发表自己的看法。

**黄金村委第一书记：**

通过我在甘河村的工作和走访，说一下我了解到的老百姓心声。在新区成立初期，甘河村老百姓确实对贵安新区的一些政策不是很理解，产生一些额外的想法。另外一个问题是政府征地过后，他们拿到的钱不知道怎么用，村里有些人把征地所得的钱都花光了，所以拿到钱怎么去经营，怎么去发展，村民是不知道的。甘河的安置点已经建好了，老百姓搬进去，他们觉得主要的问题是费用，例如，原本在村寨里停车很自由并且不花一分钱，但在新安置点停车却需要收费，这是他们不愿意的。再比如说他们以前用的水都是井里打出来的，现在他们却需要考虑到负担费用的问题，思想一时间转变不过来。大部分村民的想法是觉得如果把原有的村庄规划好了，会住得更舒服一点，方方面面生活的问题、费用问题都成为他们家庭现阶段主要的考虑点，也是他们最切实的想法。

**曹成刚副主任：**

其实曹家到甘河村这个地方历史也比较悠久，我们的祖先是从江浙地区迁徙过来的，到现在已经有七百多年的历史，这里出过文臣，也有武将，村的历史不断地被传承下来。甘河村以农业为主体，以前这个地方是叫凤凰村，也叫干河村，因为每年农历四月到十月期间村前那条河才有流淌着半年左右的河水，有半年的干涸期，因此得名干河村，后来2004年改名为甘河村，寓意是苦尽甘来，甘河村的由来就因此得名。

**曹福全主任：**

今天讲的就是为什么我们要传承，我们的传统，我们的村落，有村落就会有文化，有文化就会有灵魂，如果我们离开了这几个主题，就谈不上村落寨子，好的坏的都可以讨论，它并不影响我们今天的发展，但是我们不能忘记历史，忘记历史就无法驾驭未来。随着黔中大道的开通，贵安新区发生了很大的变化，新区修建的回迁房，大家都感觉不错，这里依然沉淀着村里的山山水水，但它从农村一下子转变成城市，我们的老一辈他们依然怀念之前的山山水水，对以前的风貌还是有感情的，他们不像我们年轻人那样容易接受新事物，他们仍然对土地怀有深厚的感情。我也尝试着和一些老人交流：生活是不断变化的，也是越来越美好的。但为什么如今我们的社区中还会出现一些矛盾，这些都需要不断地讨论，一个个去解决。

**潘善斌博士：**

刚才大家谈到了“村民存在搬迁积极性不高”和“村落传统文化传承”这两个问题，我认为二者之间并不矛盾。这里，一个涉及村落的文化变迁，另一个是传统文化的传承。刚才谈到的村落整体搬迁，老百姓存在一些想法，或者老百姓有一些情绪，我认为是正常的，也是可以理解的。为什么这样说呢？我个人认为，可以从几个方面来理解：一是文化方面上的差异。许多老年人与现代年轻人生活理念和生活方式有差异，故土难舍。二是有搬迁后村民们的生活成本增加方面的因素。三是村民搬迁后，许多寄托着村民情感的传统文化载体可能消失，尤其是在甘河村生活了几十年的老人，心理上会有较大的失落感和不适应感。甘河村的老百姓，祖祖辈辈生活在这个青山绿水的地方，他们有自己的生活方式和生计方式，现在要开发，要整体搬迁了，从某种意义上来说对他们也是一种牺牲。对他们而言，政府不仅要考虑到村民搬迁的成本、未来生计的可持续保障，更要充分理解和考虑搬迁村民文化心理需求。对搬迁村民所做出的承诺，政府应该及时兑现，政府包括政府官员应具有契约精神，政策的透明度也很重要，这也是现代法治国家的核心。我发现我们现在缺少一种契约精神，包括政府和村民。如果这个能够解决，老百姓的情绪就能得到缓解，他们就会看到未来。

另一方面，我们应当高度重视搬迁村民的文化需求。村子整体搬迁了，村子的许多传统文化载体没有了，尽管搬迁后老百姓居住条件明显改善、生活环境显著提高，但他们总觉得空落落的。这里涉及一个很重要的问题就是，在传统农业村落向现代城市、传统农民向现代市民快速转变过程中，如何将传统文化记忆和现代生活模式有效嫁接的问题。今年的 1 月 25 日，中共中央办公厅和国务院办公厅联合下发了一个很重要的文件，名称为《关于实施中华优秀传统文化传承发展工程的意见》，就提到要“把中华优秀传统文化内涵更好更多地融入生产生活各方面”。我觉得，对搬迁的村民而言，在即将进入小康时代，文化需求的满足是其更为重要的安身立命根基。对于甘河村而言，如何在村落空间急剧变换中把村上的传统优秀文化（包括文化载体）以有效的方式传承下来，是当下和未来应思考和行动的重点。光有钱和现代化的房子是解决不了人的心灵及文化上的需求。只有把文化、精神上的东西与物质上的东西结合起来，搬迁的老百姓才会心安，才能感觉到未来有底、生活有根。显然，在进入到城市社区的过程中，以一种什么样的文化载体来展现村上的文化精髓，是需要认真研究的一个课题。

**尹良润博士：**

今天我主要说三点：“感”“知”“行”。“感”，是我对于甘河镇的感觉，总结出来就是“三生”的变迁，第一个“生”是生活方式的变迁，以前甘河村村民住的是平房，现在住在楼房里，开始享受更安逸的生活。第二个“生”就是以前单一的生活方式，现在多元化的生活方式。以前从来没有想过的问题，现在都要面对。消费方式也是，以前可能是物物交换，而现在需要用货币，以前有赶集，现在也没了，生活方式变化比较大。还有生产方式也不一样了，以前我们是小生产，效率很低很简单，现在是大生产，高效量大。第三个“生”指的是生态的变化，有两方面，一个是文化的生态变化，以前有很淳朴的原生态，到现在多元文化的冲击，有一些比较腐朽的文化有的人就沾染了。另一个是实实在在的生态文化也变迁了，以前青山绿水，前屋后院，现在已经没有这么大的院子了，变成了高楼大厦。这“三生”的变迁，我感觉也是一种城市化的变迁，一种身份的变迁。在这个变迁的过程中，人会比较焦虑，会有一种恐慌。

我们政府包括我们个人，如何帮助大家来适应这个变迁，我想了两点，第一个就是典型的宣传，新闻中心应尽我们所能，推一些好的典型和做法，包括一些好的经验。第二个就是痛点我们也宣传一下，我想了几点，一是叫电视夜校，因为很多人不知道该从事什么职业好，要培训也没有什么钱去培训，但是看电视就愿意了，在家里也不用花钱，所以我想搞搞电视夜校。二是我想的就是搬迁手册，做一个视频版的，看了视频起码心里有个底，就不焦虑了。三是乡村记录的问题，叫作贵安记忆，就是乡村记录，把贵安很多东西记录下来，我们工作做了一部分，把新区的重要工地都航拍记录了，但是很可惜我们没有把所有乡村都记录，因为新区是有88个行政村，我们大概只做了几十个村的变迁。以后时代发展了，我们可以把每个村的变迁都记录下来，很有意义。四是痛点就是拆迁款到底怎么用，我们进入小区以后，规划管理的下一步没有给我们一种安全感。政府有政府的政策，但是没有透明度，老百姓不清楚，对进入搬迁很困惑。

**梁盛平博士：**

刚才潘老师就针对文化载体做了一些交流，尹主任就谈了很多设想，从“感”“知”“行”出发，理论程度很高，三个中关键是行，如电视夜校、搬迁手册、乡村记录等，都是很好的想法。甘河村作为行政村有两个自然组，一个是甘河，一个是刘家庄。贵安新区在甘河村片区发展的是电子信息产业，原来路还没有通的时候已经在谋划这一块，要纳入电子信息产业园做产业发展。贵安新区的村庄分两种类型，一种是发展为城市社区，甘河村就是这种，所以甘河村未来不是农村。另外一种就是美丽村庄，也就是不改变村寨的性质，就像平寨一样，叫作就地提升型美丽乡村改造。甘河村的未来是城市板块，深入一点，就是城市板块中的工业园区型社区。所以新区农村的两个走向，一个是农村变城市社区，一个就是改造后的美丽乡村。当然怎么变，它有一个过程。可以说一夜之间不可能变成城市，所以对于村民来说有担忧。我调研了几个村寨，了解了一些农村的问题，“三农”问题（农村、农业、农民）是事关国家稳定的问题，如果农村搞不好，这个国家的基础是不牢固的。贵安新区也是这样，要搞好，农村这个就是保底。所以我们一方面要有大局思想，另一方面也要有探索思想。贵安新区的探索，我们既要由上而下地找，也要由下往上地推。

我就先讲两个小点，一是关于文化，文化也是载体问题。甘河村这个位置在总规划图里它是要规划成一个山体公园，并不是一个建设用地。但是这里面有很多文化，我们需要收集各种传承故事，形成旅游文化。村子的一些雕塑或是村子里其他有价值的东西，都可以搬进安置点，这样安置小区就比较有特色，这是文化载体方面。第二是土地的问题，农村最核心的问题就是土地，土地是最重要的资源。甘河村在城市板块，怎么把田园风光搬进城市是个过程。现在对于甘河村来讲，剩余的土地和集体用地还有宅基地，这些怎么转化成资产？哪些资产是公共的？哪些资产是私有的？怎么盘活？怎么共享？保证集体的公共财富，平衡弱势群体，集约之后，可能将作为一个再分配的平衡器，这个是需要琢磨的，但是来源还是土地。

**刘珣博士：**

搬迁问题就是保障问题，保障问题非常迫切，需要有一个长期的规划，这方面贵安新区是比较负责任的，给予每个失地农民 5 平方米的商业铺面的赔偿，作为农民的一个产业，如果卖掉将失去最后的保险，后悔莫及。征地补偿的商业铺面应锁定在自己的名下，避免农民失去最后的保障。从另一个角度，我觉得可以以村集体的形式留下一份实业，以这样的形式创造出承载老百姓利益的一种载体。大家应该转换思维方式。保障问题应该是转型期间村委会重点关注的问题，现阶段社会保障有三个层面：一是政府保障，对于农民要应保尽报，以最高额度，通过村集体资金或集体村民结合的方式进行投保；二是社会救助，利用各方资源，积极联系慈善总会等各方公益组织，对大病医疗救助等方面提供帮助，还有通过新型媒体，以众筹、众扶等新模式帮助村民解决实际问题；三是个人储蓄，我觉得都可以充分地利用。总结一下，就是过渡期间要充分保障农民的利益，现在的资源和未来的资源如何衔接、如何利用。未来的发展要求农民快速提升农民素质、主动进入角色，充分拾取社会变革带来的红利。

**梁盛平博士：**

实际上甘河村面临的已不是农村问题，而是怎样快速融入城市的问题。站在城市的角度，怎样去适应城市的发展，尽快地融入城市，做城市的主人。

**胡方博士：**

每一种文化都有一种凝结点，它不是凭空而出的，文化要有物质的寄托，要有一个着力点。一个传承这么久的村落，应该有其优秀的文化。城乡化最大的一个痛点就是土地被征收，财产的形式发生变化，另一个是生活方式发生变化，在村民内心中影响更大，这些痛点会使原始的农村文化慢慢地丢失，人与人的交流也会变得陌生，所以保护好文化资源与保护乡村的共有的资产是不能分开的，这是村民生活最起码的保障。

## 第八节　贵安村寨提升谈

（第二十七期 2017.03.05）

### 一　摘要

在今年第二、三期（总第 25、26 期）微讲堂博士团直接进入村寨交流后，受到村民的欢迎，博士们也得到很大的收获，这期微讲堂应普贡村民韦腾林的邀请，来到就地提升型村寨普贡村进行座谈交流。大家推荐村民代表又是新区社管局就职的韦明波作为本期堂主，村民们先分别就村寨基本情况、历史文化、当前的需求进行介绍，然后博士们及专家进行对策思考。

村两委老支书老主任及村民代表踊跃参加，围绕“就地提升型村寨发展如何保留七百余年耕读文化、山水田林保护和美丽村寨改造等痛点”大家畅所欲言，重点对村民提出的要重建韦氏宗祠、普贡中学完善、分散式村居公共配套、推进新区第二批次村寨改建提出思考，各位专家博士结合自己的专业和工作经历提出众多讨论：一是要全体村民发动起来，像当年无私贡献田地、稻谷、树木等支持建设普贡中学一样支持村寨改造提升和公共设施建设。二是村两委应加强与政府部门或有意向的开发商的对接，对普贡村有价值的文物古迹进行修复或重建，解村民乡愁之苦。三是在对村寨改造前期规划阶段一定要先完成自然资产核算并有健全的管理机制，确保自然资产的增值保值和村民的自然收益。村两委要及时解决改造过程中存在的主要问题，使村寨改造的效果效率得到有效的提升。四是在进行村寨改造时要发展有关基金和以村民为股民的内置金融体系建设，成为村经济发展的资金池。在进行改造的过程中要与新区工程项目相互结合，也要把养殖业、农业等方面的资金进行相互捆绑，并综合运用，还要节约资金的使用，避免滥用和重复利用的现象。五是充分利用丰富的水资源，大力发展特色旅游。另外就推进第二批次新区美丽乡村建设、盘活良好的耕田山水溶洞等自然资源资产化、继续延续深厚的耕读传统文化、着手与贵州民大生态研究院合作推进生态调查和分散式污水处理破题、加快完成国家湿地公园建设等提出对策思考。

普贡村隶属于贵安新区马场镇，位于新区东南部，东联凯掌村，南接马路村，西邻毛昌村，北毗平寨村，面积 7 平方公里，由 11 个自然村寨，总户数 593 户，人口 2063 人，主要由布依族、苗族组成。距马场镇政府所在地 13 公里，距省城贵阳 50 公里，贵广公路、西纵线贯穿村寨，交通便利。水资源丰富，主要经济产业有种植业、养殖业、建筑业。

普贡学校是一所具有 80 余年悠久历史的教学基地，由原韦氏支祠的私塾发展为现在的普贡小学、普贡中学，现有小学教师 9 名，学生 348 人；中学教师 56 名，学生 1100 人，分为 18 个班。

## 二 相关讨论

**梁盛平博士：**

贵安新区村寨在未来发展中分为“两类三型”，三型中第一种是就地提升改造型村寨；第二种是整体搬迁型村寨；第三种是未来整合型村寨。我们今天来到的就是第一种就地提升改造型村寨（普贡村），下面就提升改造的过程中普贡村所遇到的问题和困难，我们大家相互交流一下，请贵安新区社管局普贡村村民代表韦明波作为本期堂主主持。

**韦明波：**

下面我对普贡村的历史背景及现状还有现在所存在的一些痛点作简要的介绍：普贡村在明朝时从江西省吉安县杨柳大湾搬迁过来的，全村都是布依族，我们祖先韦普孪当时是朱元璋的一个将领，明初西南地区叛乱他奉命南征平叛，来到贵州，在普贡这里安营扎寨了，繁衍生根了。当时路途遥远、跋山涉水，没有按时给朝廷进贡，后来就补进了贡品，故名补贡村，现代更名为普贡村。普贡村交通便利，地理位置较好，产业以农业为主。村里有较齐全的教育基础配套设施，一所小学、一所中学。普贡中学的教学质量在新区中是较好的，吸引了来自平坝区、马场镇、长顺县、清镇市的生源。痛点主要有以下几方面：一是民房在改造的过程中避免不了局部易地搬迁安置，那么在安置点的选择上，有待商讨，村民在这里居住了几百年，现在就叫他搬了，会不习惯。二是村寨发展资金与内在动力不足，普贡村虽然不是贫困村，但是这里村民普遍不富裕，很难自我提升和发展。三是普贡村基础配套设施不是很完善，很多生活配套设施还是很不健全。四是村民对村寨的发展理念较传统，希望留住现在的村容村貌。

**潘善斌博士：**

我有一点想法，我们能不能围绕着这个村的各种资源条件，从就地提升型发展视角，从它的历史、文化、教育、经济方面来做一些调研，做一些分析，这是很有意义的，也是很有价值的。所谓痛点，讲白了，就是一种困惑。比如刚才村民提到的祠堂重建问题，就涉及宅基地方面的法律问题和国家有关民族、宗教方面的政策，这样的问题是值得咱们去琢磨和研究的。普贡村在贵安新区总体发展规划中定位为就地提升型发展模式，在这个过程当中，在保留传统农业生产同时，村变成居委会，成为农村社区，这里也涉及诸多法律问题，值得研究。普贡村文化是一种移民文化，有较为独特的少数民族文化特色，老先生写的材料我都提前看了，的确有许多值得去整理和发掘的历史，咱们可以在这方面做一些调查和研究的工作。在贵安新区发展过程当中，我们要把历史的东西、“非遗”的东西、村民精神寄托的东西和现代发展尤其是文化传承与创新好好结合。

**姚朝兵博士：**

我是土生土长的贵州人，我的专业是法学，我有一个在黔东南黄平县苗族贫困村做村官的经历。在这段经历中，我也感受到在基层，农村的发展有一些共性的地方，例如产业结构比较单一，基本上就是传统农业（种苞谷、油菜），水田和旱地各一半，比较落后。刚才我听了村民详细的介绍，普贡村也是传统的农业（种水稻），有一定比例的水田，一定比例的旱地，还有一些药材的产业，但是都没有成规模，是零稀的。另外讲到的农村治理也有一些痛点，实际上它也是农村发展到一定阶段产生的矛盾，如涉及搬迁的问题，它里面有民族的情感，尤其少数民族地区，都是一个家族，几百年都住在同一个地方，经常来往，情感上有联系，一下子搬迁到异地去，情绪上还是会有一些波动。

**潘善斌博士：**

实际上现在大家都高度关注食品安全问题，在城里面生活大家都很担忧，因为食品安全保障不了。而普贡村离贵安新区、花溪比较近，建议村民可以进行无污染的蔬菜种植，这样不仅可以让来的人吃到安全食品，也可以拉动旅游业。

**韦腾林：**

我讲一个主题，分两个层面来讲，农村痛点和出发点是要富裕农村经济。第一个层面是变革农村目前的产业结构，第二个层面是要对村两委这样的基层组织单位普及经济产业知识，要把他们打造成为“领头羊”。普贡村目前的生产发展还是处于原始的农耕模式，对经济产业问题没有概念，缺乏城市生活经验，没有在城市生活的谋生技能和理财能力，从农村搬到社区，突然间就成了市民，从他们内心深处来讲他们是恐慌的，因为他们不具备在城市生存的谋生手段。富裕农村经济首先得教会村民有市场经济意识，运用这个意识去引领、发展各自的家庭经济，村民富裕了，所谓的城市恐慌症才能得到根除。富裕农村经济很好讲，但执行起来确实是需要一批有魄力、有担当的领导做牵头引领，而且要抓到痛点抓到实处。从村民到村两委应该要加强经济知识以及现代农业知识的学习，特别是现代农村产业结构方面的知识普及，这方面急需政府匹配一些培训资源，让他们从原始的农耕生活逐步过渡到产业农民，甚至到农民企业家，教会他们经济知识和现代农业技术，这就是所谓的授人以鱼不如授人以渔。

**何峻正：**

我们公司经营的旅游模式是户外拓展旅游模式，在贵州有规模或者是成型的旅游景点大家都很熟悉了，但是这些对于现在贵州普通群众或者高校学生来说，已经没有新鲜感了（例如花溪公园、青岩古镇），他们想要寻找的就是一个比较原汁原味的东西，让老百姓和游客去做互动，在这里面体验一些比较原始的生活。像我们推行的露营、拓展这块。我们公司规划的旅游就是依托人的素质，而不是整个基础设施。对于合作的对象，不需要投资很大，需要给我们的是原汁原味的，能够宿营的地方，那么我们就能依托这片营地开展各种旅游项目。因地制宜，当地的压力也不会大。现在村寨能够提供的是一个什么样的局限性的东西，那么我们在这个局限性里面，让我们的人来对参与的人员做素质培养，达到我们的要求。对于旅游来说，这是一个新型理念的东西，不是传统意义上的旅游。

**刘珣博士：**

在整个新农村发展之中，痛苦是不可避免的，时代是在不断地变化，我们必须得适应，即使说我们在这过程中找不到归属感，找不到以前的生活痕迹，但这是我们必须经历的。从这个角度来讲，我们应该一直向前看，我们搬到一个新的地方，能不能有能力利用以前的资源让自己变成一个比城里人更有成本、更有能力的一个人。中国新农村发展有一种模式，叫资产变资本，把村里的资源整合起来，村民是股东，利用资产发展经济，这是我们新农村发展的一个切入点，这需要一个开明的有魄力的领导，善于在我们的村里面发现商机。

**梁盛平博士：**

实际上整个城市、整个社会它的根都在村寨，我一直在思考村寨和社区的关系，我最早的思考是，村寨和社区是两个相对应的单元，因为社区代表城市，村寨代表农村，我始终是剥离式的思考这个问题，想把这个逻辑关系理清楚。我想农村也可以有社区，倒过来推城市也可以有田园，相当于两个细胞，它本身可以组合，还可结合成不同层次的单元体，这个组织结构不断融合发展，产生了大城市的概念，或者城市群的概念，或者增长极的概念。我谈三点体会：一是少数民族这一块，国家对少数民族的支持政策有很多，政策需要用好，需要挖掘。二是村寨的转型，村寨转型实际上也是我们今天讲的重点，就地提升型村寨的痛点刚刚讲到了一个乡愁的难忘，像普贡村祠堂，如果现在把它恢复也是假的，假的味道就不一样了，这个无病呻吟的东西是否有价值是个问题，那么你怎么恢复你这个记忆，就有很多种手段，位置你不要去动它，碑在那里，依托石碑，在它周围可以用现代化的手段，例如运用 VR 技术，虚拟现实的科技手段，把历史的东西融进去，戴上 VR 眼镜或裸眼就能让人清楚直观地感受历史文化，祠堂问题怎么解决才好，我们可以做深层次的策划。关于人的转型，涉及长辈思想的转换，我们不必强求，要尊重历史，年轻人要依托普贡中学开展业务提升培训班学习，正规的也行，民间式的也行，大家一定要增加对未来的信心。年青一代要快速转型，成为发展的主力，但是要尊重长者的意见，有时还要尽量满足，要分类来看待。经济转型可以在不破坏生态、不影响生活的情况下进行植入。三是提两点建议：第一是不能“等、靠、要”，要有自身的内在组织，传统的家族力量和现有共享资源要融合进来，例如自然资源的盘活和人文资源的延续等。这个听起来有点宽，就是自然资源我们也要做到保值增值，因为村寨最宝贵的是自然资源，并不是工业资源，怎么搞自然资源，这个东西可以思考。第二就是基金问题，发展需要驱动力，驱动力就是钱的问题，钱怎么来？现在很多人在探讨内置金融，内置金融是跟我们原来信用社不一样的概念，内置金融是一种村民大家有股份，就是互助经济，它是一个资金池，相当于它可以驱动一些项目，形成村里的一个金融体系。刚才我看到村民的文化确实很深厚，确实有传承，只要村两委在境界上提高，有一个更高的大局观，就能更好地服务，更公平地分利。

**胡方博士：**

普贡村的文化很深厚，资源也是得天独厚的，我现在就从经济角度说一下：就地提升，肯定有痛点，就痛点这个角度来说，所有的问题实际上都是要靠经济的发展来解决，只要把经济搞好了，这些问题都不是问题。但是经济怎么去搞，我们国家发展到现在，是走市场经济这个路子，这个路子和传统的农业是两种思路，普贡村不要把自己的优势盲目地和别人攀比，一定要和周边的城市或农村形成一种互补，要合作，这样你的价值就会更凸显。我现在提两个建议：第一就是你要知道你们村的资源是什么，资源怎么去整合，我理解的资源第一个就是你们的自然资源，实际上从新区开看，围绕你们村的水资源还是比较丰富的，首先是在保护源头的前提下，进行旅游开发。还有一个资源就是你们两千三百亩的土地，这个土地怎么去用，要搞清楚市场，土地在服务业里怎么去规划，要做到哪一块，而且是一年四季，你这个收入要有一个持续地流入；另一个资源就是你们村的人才资源，他们能不能把你们现有的这些自然资源，最大限度地按照现在的这个市场经济整合，而且他们带来的效用，可能比一般的要好。所以这个整合价值和效用更大一点。第二就是村里现有的资源怎么和国家政策对接，要掌握国家和新区的政策，最大限度地运用，就能保证大家都得利，这个更加关键。

附件：

# 贵安新区全面推进质量兴区工作实施意见（2014～2020年）

为贯彻落实国务院《质量发展纲要（2011～2020年）》和《省人民政府关于贯彻落实〈质量发展纲要（2011～2020年）〉全面推进质量兴省工作的意见》（黔府发〔2012〕27号）要求，全面推进质量兴区工作，着力提升质量管理水平，以质量发展带动经济发展，以质量提升提高经济增长的质量和效益，促进经济跨越式发展，结合新区实际，制定本实施意见。

## 一　指导思想

以科学发展观为统领，立足新区工业化、城镇化、信息化、农业现代化“四化”同步发展战略，按照“服务高端化、产品特色化、生产生态化、发展可持续”原则，坚持“以人为本、安全为先、诚信守法、夯实基础、创新驱动、以质取胜”工作方针，围绕“一年有框架、二年有效果、三年有形象、五年大发展”目标，从强化法治、落实责任、加强教育、增强全社会质量意识入手，着力推进质量兴区工作，全面提升质量总体水平，走质量效益型、资源节约型、环境友好型发展道路，促进新区经济社会又好又快、更好更快发展。

## 二　主要目标

到2020年，质量兴区取得显著成效，质量基础进一步夯实，质量总体水平显著提升，质量发展成果惠及全区各族人民。实现全区产业结构优化升级，产品结构体现新区经济特色，企业技术水平和质量管理水平明显提升，形成一批具有自主知识产权、知名品牌、市场竞争力强的优势企业；建设一批技术先进、产品特色、服务高端、链条延伸、发展持续、环境优美的产业集群。以电子信息、高端装备制造、国际物流、服务外包等产业为重点，设立并推进综合保税区的规范化建设、标准化运行、规模化发展，强化保税加工、保税仓储、保税物流、保税服务功能，提升贵安新区对黔中经济区的引擎带动作用。全区产品质量、工程质量总体超过全国平均水平，服务质量、生态及环境质量、主导产业及重点产品质量达到全国先进水平。

## （一）产品质量

到2020年，主导产业及重点产品总体质量达到国内先进水平，一般产品质量监督抽查合格率超过全国平均水平。农产品质量安全指标达到国家规定的标准。出口产品质量符合进口国相关要求。力争创建国家级品牌1个以上，贵州省名牌产品达到20个以上，贵安新区名牌产品达到35个以上；力争中国驰名商标1个以上，贵州省著名商标30个以上；力争专利申请量年均增长达到15%，其中发明专利占30%左右。

力争制定国家标准1项以上和行业标准2项以上；全区重点工业企业质量管理体系认证率达到85%以上；强制性产品认证率达到100%；重点产品采标率保持在85%以上；重点产品质量监督抽查合格率保持在95%以上；生产许可证获证企业和重点企业质量档案建档率达到100%。

### 1. 电子信息制造业产品

大数据云存储技术、新一代信息技术、信息化控制软件开发制造等电子信息产业产品实物质量达到国内先进水平，其中部分产品实物质量达到国内领先水平。

### 2. 高端装备制造业产品

航空发动机和标准件、新能源汽车核心部件研发生产、医疗健康及运动成套设备、石油机械、工程机械、环保装备、电力设备等装备制造业产品质量达到国内先进水平，其中部分产品质量达到国内领先水平。

### 3. 新能源新材料产业产品

航天航空材料、电子信息材料、新能源材料、生态环保型建材和装饰材料等新材料产业产品质量达到国内先进水平。

### 4. 生物医药和食品产业产品

食品生产企业100%建立食品安全信用档案和食品生产企业信用监督考核评价体系，食品经营及餐饮单位100%实行“易票通”或者建立食品进货索证索票制度、进货台账制度和食品安全信用档案。药品生产企业日常监督覆盖率达到 100%，药品生产、经营企业通过 G 米 P、GSP 认证率达到 100%，基本药物生产企业监督抽检覆盖率达到 98% 以上。

大力发展独具特色和市场前景的有机绿色健康食品，优质大米、茶叶等重点产品实物质量达到国内先进水平。

**5. 现代都市农业农产品**

围绕优质稻谷、玉米、油菜、茶叶、中药材、烤烟、苗木花卉、果蔬（辣椒、葡萄、豆薯）等种植业产品以及肉牛、灰鹅等畜牧业产品，通过制定和实施系列无公害、绿色、有机农产品标准化生产标准和操作规程，农产品质量安全综合合格率达到 95% 以上，农产品质量超过全国平均水平；大型农产品批发市场 100% 纳入质量安全监测范围；认证无公害、绿色、有机农产品 5 个以上，农产品地理标志 2 个以上；制定农业地方标准 20 项以上，农业标准化普及率超过 50%。

**6. 民族特色旅游产品**

充分挖掘民族文化，依托民族民间工艺，加快发展民族服饰、蜡染、布依地毯、银饰、刺绣、木雕、石雕、系腰带等传统名、特、优旅游商品加工业，制定 2 项以上旅游商品及工艺技术地方标准，培育 3 项以上具有地方特色、在全省乃至全国具有较高知名度的特色旅游商品品牌。重点特色旅游商品（产品）质量监督抽查合格率达到 90% 以上。

（二）工程质量

到 2020 年，竣工交付使用的工程质量达到国家标准或规范要求，大中型工程建设项目交验合格率达到 100%，优良率 60% 以上；其他工程一次验收合格率达到 98% 以上，力争“鲁班奖”“詹天佑土木工程奖”“大禹奖”等国家级奖项。

**1. 建筑工程**

城市房屋建筑与市政工程质量监督覆盖率、工程质量验收合格率达到 100%；争创国家优质工程奖 1 项以上，省优质工程奖 4 项以上。

**2. 道路工程**

全区高速公路、干线公路、农村公路交工验收合格率达到 100%，优良率分别达到85%、80%、60%以上。

**3. 水利工程**

单位工程质量合格率达到100%，工程竣工验收合格率达到100%；争创中国水利工程优质（大禹）奖，省优良工程奖。

**4. 污染治理设施工程**

污染治理设施工程质量达到国家标准或规范要求，大中型工程项目交验合格率达到100%，其他工程一次验收合格率达到98%以上。

（三）服务质量

到2020年，建立覆盖旅游、住宿、商务、商贸、交通、通信、金融、保险、医疗卫生、教育、文化艺术等行业的服务标准体系。依托综合保税区保税仓储、保税物流、保税服务等核心功能，着力提升国际贸易、中转、仓储、物流等服务业的服务质量。顾客满意率达到85%以上，培育创建服务业省级名牌企业2个以上。

**1. 旅游业**

力争创建3A级以上旅游景区（景点）1个以上，四星级以上旅游饭店达到3家以上。旅游、住宿、餐饮、购物、客运、娱乐等服务业标准覆盖率达到80%以上，游客满意率达到85%以上。

**2. 商务及商贸服务业**

大中型商贸服务企业60%以上建立质量诚信档案，大型物流企业A级认证率达到60%以上。对列入商业特许经营管理系统的商贸服务企业质量动态监管率达到100%。电子商务、电子物流、电子公共服务、商务办公写字楼服务、公寓服务、物流服务、会展服务、会议中心服务、文化体育服务等服务质量顾客满意率达到70%以上。

**3. 交通运输业**

公路长途客运正点率达到80%以上，城市轨道交通正点率达到98%以上，乘客满意率达到85%以上，投诉处理及时率达到99%以上。

**4. 通信业**

健全通信业企业安全生产标准，引导电信、移动、联通等通信企业和邮政部门实现安全生产标准化、规范化。加快云计算技术在电子政务、中小企业信息化、工业设计等重点领域和教育、医疗、交通等公共服务领域推广应用，服务质量客户满意率达90%以上，投诉处理及时率达到99%以上。

**5. 金融保险业**

顾客满意率达到90%以上，投诉处理及时率达到99%以上。

**6. 集中政务服务**

镇乡级以上政务服务大厅（点）标准体系建设率达到80%以上；新区政务服务中心获得省级以上服务标准化试点单位称号。政务服务质量顾客满意率达到98%以上，投诉处理及时率达到99%以上。

**7. 教育卫生服务**

高级中学以上教育机构标准体系建设率达到40%以上；力争2家以上高等院校争创省级以上服务标准化试点单位称号；教学服务质量学生满意率达到80%以上，投诉处理及时率达到95%以上；综合医院标准体系建设率达到100%，病员满意率达到70%以上，投诉处理及时率达到90%以上。

**8. 计量便民服务**

燃油加油机、计价器、衡器、水表、电表、煤气表六大类计量器具的检定率达到100%。强化定量包装商品的商品量计量监督，加强商业单位在用强制检定计量器具监管，在大型集贸市场（超市）设立公平秤方便群众复秤，实现超市卖场、标准化集贸市场、医疗机构等民生领域在用强检计量器具到期受检率达到100%。计时收费等民生计量问题实现有效监控，顾客满意率达到90%以上，投诉处理及时率达到99%以上。

### （四）生态及环境质量

到2020年，完成城市环境综合整治目标定量考核，按照国家环境保护模范城市标准建设新区环境，全区单位生产总值能耗和规模以上工业单位增加值能耗下降率达到全国先进水平，化学需氧量、二氧化硫、氨氮和氮氧化物排放总量达到贵州省环保厅下达的指标范围内。新建住宅执行节能标准率达到90%以上，全面完成国家和省下达的其他节能减排目标任务。

全区森林覆盖率达到45%以上，城市（城镇）建成区绿化覆盖率达到

45%以上。城市空气质量年平均浓度值达到国家二级标准以上，且主要污染物日平均浓度达到二级标准的天数占全年总天数的90%以上，其中一类环境空气功能区达到《环境空气质量标准》（GB 3095）中的一级标准。

地表水环境质量均达到规定水质类别，集中式饮用水源地水质达标率稳定在100%。城市（镇）生活污水达标处理率达到95%以上，再生水回用率达到30%以上，工业废水达标排放率达到95%以上，工业用水重复利用率达到80%以上。

城市（城镇）垃圾无害化处理率达到100%，一般工业固体废弃物处置利用率达到80%以上，工业废气达标处理率达到95%以上，危险废弃物综合处置率达到100%，城市（城镇）区域环境噪声平均值和交通干线噪声平均值达标率达到90%以上。

## 三　重点任务

### （一）实施质量兴企工程

强化企业在质量工作中的主体作用，引导企业以市场为导向，大力开展质量兴企、质量兴业等活动，支持企业争创国际国内一流品牌，走质量效益型发展道路。

**1. 提升企业质量管理水平**

建立健全企业质量管理体系、企业标准体系和计量检测体系，加强全员、全过程、全方位的质量管理，大力推广先进技术手段和现代质量管理理念方法，广泛开展质量改进、质量攻关、质量风险分析、质量成本控制、质量管理小组等活动。

**2. 开展质量对比提升活动，实现质量改进和赶超**

在电子信息产业、高端装备制造业、高端服务业、现代都市农业所属企业分类分层次广泛开展质量对比提升活动，在重点行业和支柱产业开展竞争性绩效对比。支持企业制定质量改进和赶超措施，优化生产工艺、更新生产设备、实施技术改造升级和创新管理模式，改进市场销售战略，实现质量提升和赶超。

**3. 支持企业开展技术创新活动**

引导企业积极采用新技术、新工艺、新材料、新标准，提高产品、工程、服务的技术含量和服务水平。加强企业质量技术创新能力建设，鼓励有条件的企业建立技术中心、工程中心和产业孵化基地，培育一批创新能力较强、服务水平较高、具有一定影响力，集研发、设计、制造、系统集成于一体的创新型企业。

### （二）实施品牌带动工程

以提高质量推动品牌建设，以品牌建设助推经济转型发展。

**1. 制订并组织实施品牌培育计划，打造贵安新区品牌**

通过自主创新、质量提升、品牌经营、商标注册、专利申请、产品认证和管理体系认证以及标准升级等手段，加大对名牌产品、驰名商标、著名商标、地理标志保护产品、品牌服务企业、国家及省级高新技术企业及创新型企业认定等品牌的培育力度，培育一批拥有自主知识产权、核心技术和市场竞争力强的知名产品品牌和服务品牌，壮大一批在全国乃至国际上具有较强竞争力的品牌企业集团和产业集群。

**2. 鼓励生产要素向品牌企业集聚**

鼓励和引导新区企业发挥品牌带动优势，实施规模扩张，促使各类生产要素向品牌企业集聚，打造在全国乃至国际市场叫得响的“贵安品牌”形象。

**3. 开展贵安新区品牌企业及名牌产品评价**

立足新区产业结构和特色产品，开展“贵安新区名牌产品”评价和“贵安新区高端服务企业”品牌认定，探索设计制定全区一、二、三产业统一的各类“贵安新区品牌标志”。

**4. 开展知名品牌示范区建设**

以电子信息产业园区、高端装备制造产业园区、健康产业生态园区、现代都市农业示范区等园区为重点，开展知名品牌示范区创建工作，规范产业发展，扩大品牌影响，提升各类园区整体经济竞争力。

### （三）实施技术基础工程

以服务电子信息技术产业、高端装备制造产业、现代中医药产业发展和生态环境质量提升为重点，积极申报建立国家、省级各类技术机构，创建新区产业发展急需的检验检测（监测）技术中心，为新区产品质量、工程质量、服务质量、生态及环境质量评价和仲裁提供坚实的技术支撑，搭建新区科技创新和技术进步的检验检测技术平台。

**1. 推进检验检测（监测）公共服务平台建设**

根据新区产业发展规划及招商引资项目，按照成熟一个建立一个的原则，采取政府主导、企业共建和社会共同参与等多种方式，在2020年底前以电子基础元器件、航天航空装备及配件、特种设备及环保装备、环境保护监测、工程质量检测等为重点，逐步建立以国家级或省级技术机构为龙头，区级技术机构为骨干的全区技术机构检验检测（监测）公共服务平台。

**2. 拓宽检验检测平台建设主体**

引导和支持企业、高等院校、科研机构参与国家、省级、区级质量检验检测（监测）公共服务平台的共同建设。

**3. 强化企业自检能力建设**

鼓励大型企业建立完善本企业检验检测体系，支持中小企业联合建立检测实验室，强化企业自检能力建设，使之成为质量保证和技术创新的基础。

**4. 提高检验检测结果公信力**

加强对企业重点实验室资质认定及证后监管工作，对技术机构进行分类监管和指导，规范检验检测行为，提高检验检测质量和服务水平，提升检验检测社会公信力，确保技术机构和实验室为企业和社会提供的检验检测结果合法、准确、科学、公正。

**5. 夯实计量技术基础**

强化计量基础支撑作用，加强计量标准体系建设，大力推进法制计量，全面加强工业计量，积极拓展工程计量，切实加强能源计量和民生计量工作。

### （四）实施标准提升工程

加快实施标准化战略，制定并实施全区标准化发展规划，全面提升标准化管理水平，以标准化促进产业化。

**1. 开展农业标准化工作**

加大对无公害农产品、绿色食品、有机产品和地理标志保护产品的政策扶持力度，加快制定和实施农业技术标准体系，把现代都市农业示范园区建设、农业标准化生产示范区等创建活动与“三品一标”认证紧密结合起来，增强“三品一标”的辐射带动作用，进而提升特色农产品、食品的质量和附加值。

**2. 推进以先进标准为载体的管理体系认证**

以电子信息产业、高端装备制造业、高端服务业为重点，积极引导和支持企业开展质量管理体系（ISO 9000）、环境管理体系（ISO 14000）、职业健康安全管理体系（OHSAS 18000）、危害分析与关键控制点（HACCP）体系认证，建立健全以技术标准为主体、管理标准和工作标准相配套的企业标准体系，推动企业积极开展标准化良好行为企业确认活动。

**3. 鼓励企业制定内控标准**

鼓励和支持企业开展与出口国（或地区）产品及技术标准的比对分析，引导、支持企业制定高于现行国家标准的企业内控标准，满足国内外购货方产品质量指标的个性化要求。

**4. 加大采用国际标准工作力度**

鼓励企业采用国际标准或国外先进标准，不断缩小与国际先进标准的差距，以先进的技术标准提升产业发展质量，提升企业产品在国内外的市场占有率。

**5. 支持企业参与高层次标准制定**

引导、支持电子信息产业、高端装备制造业企业和科研院所参与国际标准和国家标准的制（修）订工作，及时将拥有自主知识产权的技术和专利转化为标准，促进技术专利化、专利标准化、标准国际化，抢占行业制高点和标准话语权，提高行业及其企业在国内外市场的核心竞争力和知名度。

### （五）实施节能减排工程

依据国家、省节能减排方针政策、目标任务以及新区管委会产业结构政策要求，坚持降低能源消耗强度与减少主要污染物排放总量及合理控制能源消费总量相结合，实现经济发展与节约能源、环境保护相协调。

**1. 建立市场准入与退出机制**

严格高耗能、高污染项目生产许可管理，加大淘汰落后产能和不符合新区产业政策企业的处置力度。

**2. 支持节能降耗技术改造**

支持企业加快推进节能降耗技术改造与技术进步，科学合理开发利用原材料、能源和资源，鼓励企业采用节能、环保型工艺设备。

**3. 开展节能减排达标活动**

以工业园区和城市综合体为载体，以城市生活垃圾、工业废渣综合利用为重点，切实抓好企业污染物达标排放，逐步建立能源计量监测体系，积极推进节能减排标准化、循环经济标准化工作。

### （六）实施生态保护工程

启动国家环境保护模范城市创建工作，大力开展水污染防治、大气污染防治、噪声污染防治、辐射污染防治、固体废物污染防治、生活垃圾污染防治、土壤污染防治和农业面源污染防治。

**1. 加强污染处理设施建设及标准化管理**

加快垃圾无害化处理和生活污水处理设施建设，推行垃圾无害化处理机构和污水处理厂全程标准化管理。

**2. 开展工程建设扬尘和机动车尾气超标控制**

对房屋建设、平基土石方施工等各类工地严格执行强制性控尘规定。建立机动车尾气污染监管体系，严格执行机动车辆销售环保准入制度。加强机动车年检监督管理，及时淘汰尾气超标车辆。严把机动车尾气净化装置安装和使用质量关。

**3. 加强对水源的保护和监督管理**

合理利用和保护水源，优化水土保持方案，加强对水源污染治理设施运行的监督管理。

**4. 开展农业领域污染治理**

重点对持久性有机污染物、重金属污染超标的农田土壤进行综合治理，对已污染的土壤进行修复治理。加大农业面源污染控制力度，鼓励农村秸秆、畜禽粪便等种养殖废弃物资源化综合利用，确保养殖废水达标排放。严格控制氮肥、磷肥施用量，加大都市农业示范园、观光农业示范园和科技创新农业示范园规范化、标准化、生态化建设力度。

**5. 继续实施造林绿化工程**

建立健全林业技术标准体系，建立一批林业标准化示范区，进一步加强造林绿化以及生态林保护、重点防护林建设，加强城市园林绿化建设。

**6. 建立健全预防和处置环境污染事故的体制机制**

建立健全突发环境污染事故的应急预案和环境监测预警体系，完善环境执法监督管理体系和科学有效的环境监管机制。大力推进重点污染源自动监控系统建设，有效预防和处置环境污染事故。

**7. 积极推进国家生态文明示范区建设**

按照国家生态文明建设相关要求，探索建立新区生态文明示范区建设的总体规划、指标体系、工作任务和保障措施，适时启动新区生态文明示范区建设工作。

### （七）实施安居畅行工程

加强房屋建筑工程和市政道路工程、交通工程质量管理，进一步健全工程质量保证体系。

**1. 建立健全工程质量保证体系**

对房屋建筑工程、市政道路工程、交通工程以及管委会确定规划建设的公共文化设施、环境污染治理设施和美丽乡村基础设施等重点工程，建立健全工程质量保证体系并认真组织实施。

**2. 加强对道路交通工程建设的质量管理**

实行工程质量责任制，严格按照施工质量规范和技术要求，抓好工程建设特别是特大、重点控制性工程建设的全过程质量监控，确保交通道路工程质量。

**3. 构建道路交通运输安全保障体系**

进一步强化对车辆、驾驶员、道路交通标志和标线的管理，确保道路运输安全。建立健全道路客运和危险品运输企业安全生产评价制度，加强危险货物专业化运输管理，规范危险货物运输标志，加快交通场站安检设施和公路安全设施建设，提高安全保障水平。

**4. 加强对建筑工程质量的监督管理**

严把项目开工和工程竣工验收关，严格执行招标投标制、工程监理制、质量终身负责制。严格落实国家节能技术标准，加强室内装饰装潢质量监管和检测。

**5. 加强对住宅小区和公共服务设施的管理**

完善住宅小区基础设施和公共服务设施，提高物业管理服务质量和水平。强化城市综合体、城市公园、社区公园建设和管理的生产安全和生活安全。

### （八）实施质量安全工程

严格落实质量安全工作企业主体责任、政府属地管理责任和“谁主管、谁负责”的行业监管责任相结合的原则，全面提升新区质量安全总体质量水平。

**1. 建立健全质量安全工作责任制**

以食品质量安全、特种设备安全、危险化学品安全、工程质量安全、环境质量安全、矿山生产安全等为重点，建立和完善质量安全监管责任制、执法打假责任制、举报奖励制、行政监管过错责任追究制，形成“地方政府负总责、监管部门各负其责、生产经营者为第一责任人”的质量安全责任体系。

**2. 提高质量安全监管部门履职能力**

加大政府质量综合管理和质量安全保障能力投入，强化质量工作基础建设，提升质量监管部门的履职能力，逐步在电子信息产业园区、高端装备制造业产业园区、特色轻工业产业园区等功能区以及产业集中的乡镇建立质量监管协作机构，推行质量监管协管员制度。

**3. 建立健全质量安全全过程监督管理体系**

严格市场准入和退出制度，依法加强电子信息产品、高端装备制造业产品、食品、药品、特色农产品的全过程质量监管，建立健全相应的风险管理、责任管理、动态管理、绩效评价等科学规范的全过程监督管理体系。

**4. 建立质量安全风险评估、监测和处置制度**

建立和完善质量安全风险评估、监测、预警、信息通报和快速处置制度，制定质量安全风险应急预案，加强质量安全风险信息资源共享，切实做到对质量安全风险的早发现、早研判、早预警、早处置。

**5. 突出对质量安全隐患重点产品的整治**

制定重点监管产品目录，完善产品质量监督抽查制度，加大重点安全隐患产品和设备的抽样检验频次。

**6. 严把进出口产品质量安全关**

加强进口商品、入境动植物及其产品、食品的检验检疫，严把涉及安全、环保、卫生、健康等重点产品的入境检验检疫关。

**7. 提升质量安全突发事故预防和处置能力**

开展质量安全突发事故处置应急演练，提升风险防范和应急处置能力，切实防范和有效处置特种设备安全突发事故、食品药品质量安全突发事故、重大基础设施工程质量事故、环境污染突发事故。

**8. 建立质量安全企业主体责任制度**

全面落实企业质量安全主体责任，明确企业法定代表人为质量安全第一责任人，完善“一票否决”的企业质量安全责任制。建立和完善企业质量安全事故报告及应急处理制度，督促企业切实履行质量担保责任及缺陷产品召回等法定义务和依法承担质量损害赔偿责任。完善企业产品（或服务）质量信用信息记录，建立诚信企业质量档案，健全质量信用评价体系，实施质量信用分类监管。建立质量安全失信企业“黑名单”并向社会公开，加大对质量失信行为企业惩戒力度，健全质量信用信息收集与发布制度。

### （九）实施顾客满意工程

在旅行社、景区、旅游酒店、商贸企业（含物流企业）、公益性文化服务机构广泛开展服务标准化和质量体系认证工作。

**1. 开展政务服务标准化试点工作**

推进政务服务中心及社区服务中心公共服务标准化建设，营造“六最”投资环境。

**2. 推动教育服务质量标准化试点工作**

适时开展高等院校教育服务质量标准化建设和评价，积极为学生营造入学机会公平、教务程序公开、教学秩序良好、校园环境优美的学习环境。

**3. 建立健全旅游服务业综合质量管理体系**

建立健全旅游质量管理体系、商贸服务质量管理体系和文化服务质量管理体系，努力营造设施完善、服务规范、顾客满意的良好旅游环境和生活环境，提高旅游、餐饮、住宿、购物、客运、娱乐等综合配套服务质量水平。

**4. 强化高端服务企业质量管理水平**

以建立质量管理体系为抓手，实施服务标准体系为载体，支持高端服务企业开展质量管理体系认证，不断提升高端服务和文化创意品位，加快建设宜居、宜游、宜商、宜业的内陆开放型城市新区。

**5. 以计时收费和通信安全为重点，不断提高通信服务质量**

严格执行国家通信服务标准，提高通信服务质量，做到计量准确、服务至上、顾客满意。

**6. 拓展金融保险业市场，规范金融服务流程**

增加金融产品种类，扩大金融保险业市场，建立金融服务标准体系，提高金融服务质量。

**7. 实施物流服务全过程质量控制**

统一规划现代物流信息系统，推行统一的物流服务标准。

**8. 开展综合保税区标准化试点工作**

通过扩大开放、减少行政审批、优化服务质量，建立健全生产、经营服务企业的标准体系、质量管理体系和计量检测体系，着力提升对外贸易的产品质量和服务质量，促进综合保税区的规范化管理和做大做强。

**9. 积极推进医疗服务标准化试点工作**

从构建和谐的医患关系入手，提高医疗服务质量，保证医疗安全，缓解群众看病难、看病贵等问题。

**10. 开展形式多样的顾客满意宣传活动**

发挥青年文明号、青年突击队、青年安全生产示范岗等示范带头作用，组织开展“购物放心一条街”“百城万店无假货”活动，着力提升新区服务业的总体服务质量水平。

### （十）实施市场净化工程

大力整顿和规范市场经济秩序，严厉打击制售假冒伪劣产（商）品、侵犯知识产权等危害产品质量安全的违法行为，有效预防和打击区域性、行业性质量违法行为，努力营造放心满意的消费环境、公平竞争的市场环境、安全可靠的投资环境和有利于知名品牌企业发展壮大的市场氛围。

**1. 严肃处理进出口违法行为**

严把进口检验检疫关，严厉打击进口商品逃漏检和非法出口行为。

**2. 进一步规范工程领域市场秩序**

严厉查处工程领域规避招标、假招标和违规转包行为，大力推行按质论价、优质优价。

**3. 畅通质量投诉渠道**

加快构建市场监管信息化网络，健全质量投诉处理机构，运用现代信息技术完善质量投诉信息平台，充分发挥12365、12315、12369等投诉热线和110报警电话的作用，畅通质量投诉和消费维权渠道。

**4. 支持消费者开展质量维权活动**

增强公众的质量维权意识，支持和鼓励消费者依法开展质量维权活动，积极推进质量仲裁检验和质量鉴定，有效调解和处理质量纠纷，化解社会矛盾，构建社会和谐。

## 四　保障措施

### （一）加强组织领导

成立由新区管委会领导为组长、各职能部门、各镇乡主要负责人为成员的质量兴区工作领导小组，统一领导、指挥质量兴区工作。领导小组下设办公室在新区质监局，负责质量兴区工作的组织协调和日常事务。新区管委会将质量工作纳入国民经济和社会发展规划。各乡镇政府要建立相应工作机构，切实抓好辖区内各项质量兴区具体工作的落实。各有关部门和单位要在质量兴区工作领导小组的领导下，充分发挥职能作用，各负其责、各司其职，相互支持、形成合力，共同推进和完成质量兴区的各项任务。新区纪检监察部门要加强对各部门、各单位完成质量兴区工作任务的情况进行督促检查，对工作不力、措施不实、推诿扯皮的部门和单位依据相关规定给予严肃处理。

### （二）加大资金保障扶持力度

为保证质量兴区工作顺利开展，确保目标任务的实现，采取以下资金保障扶持措施：

**1. 设立质量兴区专项工作资金**

质量兴区专项工作资金纳入新区年度财政预算，用于质量兴区的组织推动、品牌培育推荐、重要工业产品标准研究、标准化示范项目建设、标准化良好行为企业创建、重要技术标准制（修）定、工作奖励，并视财力和工作量适时调整。专项工作资金由质量兴区工作领导小组办公室统筹管理和使用，财政局和纪检监察部门对资金使用情况进行监督。

**2. 建立品牌建设奖励制度**

设立品牌建设专项奖励资金，专项奖励资金由质量兴区工作领导小组办公室统筹管理，由质量兴区工作领导小组对新区品牌建设工作中表现突出的单位、个人进行奖励或资助。

（1）获得中国质量奖的，奖励100万元，获得中国质量奖提名的，奖励50万元；获得贵州省省长质量奖的，新区再奖励20万元。

（2）设立贵安新区主任质量奖，每年评定2个单位，奖励每个获奖单位30万元，另设提名奖3个单位，每个被提名单位奖励5万元。

（3）获得贵州省名牌产品的，每个产品奖励获奖单位20万元，复评有效的每个产品奖励5万元；获得贵安新区名牌产品的，每个产品奖励获奖单位5万元。

（4）获得中国驰名商标的，奖励商标所有者每项50万元；获得贵州省著名商标的，奖励商标所有者每项10万元。

（5）获得中国标准创新贡献奖一、二、三等奖项的，贵安新区再分别给予10万元、5万元、3万元的一次性奖励。

（6）对牵头制定国际标准、国家标准、行业标准、贵州省地方标准及贵安新区地方标准并正式批准发布的单位，分别给予200万元、30万元、10万元、5万元、1万元的资助。

（7）申报国家级各类标准化试点示范项目并通过国家级验收的，奖励项目承担单位10万元；申报省级各类标准化试点示范项目并通过验收的，奖励项目承担单位5万元。

（8）获得国家级标准化良好行为企业称号AAAA级的，奖励10万元；AAA级的，奖励5万元。获得省级标准化良好行为企业称号AAAA级的，奖励5万元；AAA级的，奖励3万元。

（9）通过有机产品认证的，奖励被认证单位（组织）1个产品5万元；通过绿色食品认证或无公害农产品认证的，奖励被认证单位（组织）1个产品2万元。

（10）获得国家质检总局地理标志保护产品公告保护的，奖励被保护单位（组织）1个产品10万元；获得农产品地理标志登记保护的，奖励被保护单位（组织）1个产品5万元；获得产地证明商标保护的，奖励被保护单位（组织）1个产地证明商标5万元。

（11）获中国专利金奖的单位或个人，奖励30万元；获中国专利优秀奖的单位或个人，奖励10万元；获贵州省专利金奖的单位或个人，一次性奖励5万元，获贵州省优秀专利奖的单位或个人，一次性奖励3万元；获贵安新区专利金奖的单位或个人，奖励3万元；获贵安新区优秀专利奖的单位或个人，奖励2万元。

（12）获得鲁班奖、大禹奖、詹天佑奖等国家级工程质量奖的，新区再奖励获奖单位每项50万元；获得省优质工程奖的，新区再奖励获奖单位每项10万元。

（13）获得国家级服务业品牌企业称号的，奖励该企业（机构）10万元；获得省级服务业品牌企业称号的，奖励该企业（机构）5万元。

（14）获得国家级生态环境建设品牌称号的，奖励该企业（机构）10万元；获得省级生态环境建设品牌称号的，奖励该企业（机构）5万元。

（15）对开发节能新产品，经考核并纳入国家、省《节能产品目录》的生产企业，一次性分别给予10万元、5万元奖励。

### （三）建立质量兴区促进制度

**1. 建立质量兴区工作考核制度**

依据质量兴区工作阶段任务和工作进展情况，质量兴区工作领导小组每年制订并下发《年度质量兴区工作行动计划》并纳入各单位年终目标绩效考核，将年度质量兴区具体工作任务分解到部门、部署到乡镇、落实到企业（园区管理部门）；年中对各单位工作进展情况进行督促检查并及时帮助解决存在的问题和困难；年终对全年工作情况进行考核，使质量兴区的各项发展目标真正落到实处。

**2. 建立贵安新区名牌产品评价制度**

制定贵安新区名牌产品申报名录、评价程序和评价指标体系，积极培育和评定新区名牌产品，通过名牌评定引导新区企业加大科技攻关、产品开发、标准提升、管理强化、规模扩张、效益增强的工作力度。

**3. 建立“贵安新区主任质量奖”奖励制度**

对质量兴区工作中表现突出的企业，特别是通过招商引资入驻新区并做出贡献的企业给予表彰和奖励，以此来推动新区广大企业抓质量、创品牌、上项目、扩规模、增效益，不断提高质量工作对新区经济发展和社会进步的贡献率。

### （四）加强质量法制建设

深入贯彻落实国家质量法律、法规和规章，结合新区实际建立健全适应新区开发开放型经济社会快速发展的质量法规体系。加强质量执法队伍建设，改进和充实执法装备，提高执法人员综合素质和执法水平。完善质量执法监督机制，加强行政执法和刑事司法衔接，落实行政许可和行政执法责任制，严格责任追究，保证依法执法、严格执法、公正执法、文明执法和廉洁执法。

### （五）加强质量人才队伍建设

坚持质量人才培养与引进并重的原则，加强质量人才梯队建设，重点培养高层次、高技能、满足不同需求的质量专业人才。创新和探索教育培训方式，强化岗位职业培训，不断提高质量从业人员的业务素质和综合管理能力。强化质量领域的对外合作与人才交流，努力培养一批质量管理、标准化领域的学科带头人和技术专家。

（六）营造良好社会宣传氛围

加大对国务院《质量发展纲要（2011～2020年）》《省人民政府关于贯彻落实〈质量发展纲要（2011～2020年）〉全面推进质量兴省工作的意见》《贵安新区全面推进质量兴区工作实施意见》的宣传力度，采取多种形式广泛宣传质量兴区工作在推动经济社会快速发展、促进经济社会转型升级中的重要意义和作用。牢固树立质量是企业生命的理念，实施以质取胜的经营战略。将诚实守信、持续改进、创新发展、追求卓越的质量精神转化为社会、企业及企业员工的行为准则，自觉抵制违法生产经营行为。着力提升全民质量意识，倡导科学理性、优质安全、节能环保的消费理念，大力增强竞争意识、忧患意识和法制意识。组织开展“质量兴园（区）”“质量兴镇（乡）”“质量兴企”等质量赶超活动，努力形成政府重视质量、企业追求质量、社会崇尚质量、人人关心质量的良好氛围。

# 注　释

1. 习近平总书记对贵安的批示："中央提出把新区建设成为西部重要经济增长极、内陆开放型经济新高地、生态文明示范区，定位和期望值都很高，要求新区无比精心谋划、精心打造。""新区的规划和建设，一定要高端化、绿色化、集约化，不降格以求；项目要科学论证，经得起历史检验。""要发挥贵安新区在黔中城市群发展的带动作用，使新区既成为经济新高地，又称为统筹城乡发展示范区。新区要有一个好的组织领导体制和管理体制，从一开始就要大力营造务实、廉洁、高效的环境。"(2015.06.17)

2. 李克强总理对贵安的批示："看了很受鼓舞，虽然是蓝图，但是一部分已经成为现实了。贵州要朝着把贵安新区建设成国家新型城镇化综合示范区的目标努力，用十年时间建成西部开发建设综合示范区和现代化新兴城市。体制机制创新是贵安新区起飞的重要引擎，在体制机制方面要有创新的勇气。"(2015.02.14)

3. 山水林田湖生命共同体：山水林田湖是一个生命共同体，人的命脉在田，田的命脉在水，水的命脉在山，山的命脉在土，土的命脉在树。用途管制和生态修复必须遵循自然规律，如果种树的只管种树、治水的只管治水、护田的单纯护田，很容易顾此失彼，最终造成生态的系统性破坏。由一个部门负责领土范围内所有国土空间用途管制职责，对山水林田湖进行统一保护、统一修复是十分必要的。——摘自《关于〈中共中央关于全面深化改革若干重大问题的决定〉的说明》(2013年11月9日)

# 后记 1
# 质量兴区

“国家强，则质量必强，经济社会又好又快发展，必须好字当头，质量第一”，贵安新区以质量提升提高经济增长的质量和效益，促进新区整体跨越式发展。贵安新区质量兴区工作领导小组（现在按照统一要求改为贵安新区质量发展领导小组）自成立以来，质量水平显著提升，质量发展成果惠及全区各族人民。作为质量发展的一部分，2014 年，财政部，标准委批准贵安新区作为全国第一批农村综合改革美丽乡村建设标准化试点，2016 年 9 月，试点高分通过验收，作为标准化试点的支撑文本，《贵州贵安新区农村综合改革“田园社区，生态贵安”美丽乡村建设标准体系》发布实施已有一年有余，为全面了解标准的实施情况，及时对标准内容进行修订，使之更加符合新区大质量战略和发展，涉及此项工作的领导和工作人员对部分典型村寨开展了调研，总结了一些问题和经验形成本书。

# 后记2

# 绿色新兴城市再思考

编著这本书，源于对绿色新兴城市（第五代城市）再思考，新兴城市比较传统城市新在哪里？比较复杂城市简单在哪里？比较数字城市“0”和“1”在哪里？比较人民城市主人在哪里？比较社会城市基层在哪里？等等，所以选择从贵安新区山水田园城市实践切入，围绕新区农村综合改革村社标准化建设体系这根线，翻阅了费孝通乡土中国、周其仁城乡中国、刘建军社区中国、李昌平和谭同学村社共同体等资料，结合自己农村经历和再次反复到贵安新区“三型五类”建设发展调研以及持续的主题式讨论，试图从村社空间、产业、建设和服务四方面跨界式记录式去再现实践过程和进行评价，挖掘出并分析社区与村寨这两个山水田园新兴城市基本单元，不断构建起新村社生命共同体，探索村社互助自治网，诠释出新城市社会本源，探寻基层社会城市单元建设。

去年完成《绿色再发现》和《贵安新区绿色指数报告》两本编著，再发现这本侧重从新兴城市“面子”（空间）角度发现绿色新兴城市的诗意图景，提出了绿色城市概念，描绘新城市显性空间；指数报告这本书侧重在新兴城市“数据”角度探索绿色GDP（绿化度）、绿色资源（承载度）、绿色感知（获得感）三个大指标来量化分析；今年完成的《山水田园城市实践》更多是从新兴城市“里子”（社会）角度探索城市基层社会绿色本底单元构建，触角不仅是包含空间与产业，还有社会和精神等方面，通过新村社生命共同体揭开新兴城市的核心社会动力体系，主要体现在城市的隐性空间。

下一步计划在区域协调发展角度探索城市群的区域竞争力，探寻新村社、新城镇、新区、新城市和新城群的发展序列。计划明年完成“区域竞争力研究：贵安一体化调查”，依然想通过大量的调查记录力争对发现黔中城市群的一些比较优势和核心竞争力进行思考，也是新区规划建设领导小组办公室的任务式命题作文，也给自己加压，敬请期待并批评指正！

在此非常感谢贵安新区美丽乡村建设标准体系所有起草人和参与者，新区办公室瞿六亿，市场监管局罗曦、焦晓泉，政治部杨智、袁大章，发展研究中心郎伟，社管局杨德忠等同志，他们一起共同调研探索在实践过程中发现的问题并跟踪了解，不断完善标准体系，不断完善实施规范。还要感谢贵州省建院的刘兆丰副总规划师以及博士微讲堂的各位博士们，名单在讨论篇已一一列出，无论线上还是线下讨论的，在此就不一一赘述，对新区规划建设领导小组办公室吴能鹏、魏迪、彭胜兰、王沛、李静等，尤其是丁凡老师等各位社会科学文献出版社付出辛劳的编辑们，在此诚挚感谢，谢谢你们的宝贵的剩余智力和伟大无私奉献！

绿色新兴城市的基础在于基层单元建设治理，基础不牢，地动山摇！新村社生命共同体研究实施任重道远，不妥处请大家批评！

梁盛平写于新区板房1106

2017.04.01

图书在版编目(CIP)数据

山水田园城市实践：贵安村社微标准质量建设实录 / 梁盛平，王修坤著. -- 北京：社会科学文献出版社，2017.4（2017.9 重印）
（国家级新区绿色发展丛书）
ISBN 978-7-5201-0680-1

Ⅰ.①山… Ⅱ.①梁… ②王… Ⅲ.①生态城市-城市建设-研究-贵州 Ⅳ.①X321.273

中国版本图书馆 CIP 数据核字（2017）第 074912 号

·国家级新区绿色发展丛书·
山水田园城市实践
——贵安村社微标准质量建设实录

著　　者 / 梁盛平　王修坤

出 版 人 / 谢寿光
项目统筹 / 丁　凡
责任编辑 / 丁　凡

出　　版 / 社会科学文献出版社·区域与发展出版中心（010）59367143
地址：北京市北三环中路甲 29 号院华龙大厦　邮编：100029
网址：www.ssap.com.cn
发　　行 / 市场营销中心（010）59367081　59367018
印　　装 / 北京京华虎彩印刷有限公司

规　　格 / 开 本：787mm×1092mm　1/16
印 张：21.25　字 数：330 千字
版　　次 / 2017 年 4 月第 1 版　2017 年 9 月第 2 次印刷
书　　号 / ISBN 978-7-5201-0680-1
定　　价 / 79.00 元